THE ART OF
MATHEMATICS
TAKE TWO
Tea Time in Cambridge

数学的艺术

剑桥大学下午茶时光

[英]

贝拉·博洛巴斯
(Béla Bollobás)

著

李学良
史永堂
王　红

译

机械工业出版社
CHINA MACHINE PRESS

图书在版编目（CIP）数据

数学的艺术：剑桥大学下午茶时光 / （英）贝拉·博洛巴斯著；李学良，史永堂，王红译. -- 北京：机械工业出版社，2025. 7. -- ISBN 978-7-111-78521-7

I. O1-49

中国国家版本馆 CIP 数据核字第 2025918KH3 号

机械工业出版社（北京市百万庄大街 22 号　邮政编码 100037）
策划编辑：刘　慧　　　　　　　　责任编辑：刘　慧　章承林
责任校对：孙明慧　张雨霏　景　飞　责任印制：任维东
河北宝昌佳彩印刷有限公司印刷
2025 年 7 月第 1 版第 1 次印刷
186mm×240mm·14.25 印张·296 千字
标准书号：ISBN 978-7-111-78521-7
定价：89.00 元

电话服务　　　　　　　　　　网络服务
客服电话：010-88361066　　机 工 官 网：www.cmpbook.com
　　　　　010-88379833　　机 工 官 博：weibo.com/cmp1952
　　　　　010-68326294　　金 书 网：www.golden-book.com
封底无防伪标均为盗版　　　机工教育服务网：www.cmpedu.com

数学爱好者，无论是年轻的还是年长的，专业的还是业余的，都会喜欢上这本书. 本书充满趣味，包含一组引人入胜的数学问题，可愉悦并考验读者，其中许多问题取自多年来在剑桥大学下午茶时光娱乐并挑战过学生、访客及同事的大量问题. 这些问题根植于数学的多个领域，它们在难度方面变化巨大：有些很容易，但大多数远不至平凡；有不少相当难. 许多问题给出了意义重大且令人称奇的结果，但这只是冰山一角，提供了进入重要研究课题的导引.

要享受和欣赏这些问题，读者应先浏览全书，再选择一个看上去特别诱人的问题，并且间歇思考一段时间，然后再求助提示和解答.

跟随线索，领略快乐和充实的数学旅程.

贝拉·博洛巴斯担任剑桥三一学院研究员五十余年，担任数学教学主任数十年，为英国最好的本科生授课，并担任孟菲斯大学组合数学杰出首席教授，指导过七十余名博士研究生. 他是英国皇家学会院士和欧洲科学院院士，也是匈牙利和波兰科学院外籍院士. 他获得的奖励有 Senior Whitehead 奖（2007）、Bocskai 奖（2016）和 Széchenyi 奖（2017），并拥有波兰波兹南 Adam Mickiewicz 大学荣誉博士学位. 本书是他的第十三本著作.

学习是生活中
最大的乐趣

本书作者贝拉·博洛巴斯（Béla Bollobás）是匈牙利裔英国数学家、英国皇家学会院士和欧洲科学院院士、匈牙利科学院外籍院士以及波兰科学院外籍院士，他不仅研究成果卓著，而且出版了一些很有影响力的著作和教材. 这本《数学的艺术》就是其中一本数学趣题集锦.

本书分三个部分：第一部分是问题，第二部分是提示，第三部分是解答. 我们鼓励读者浏览到一个感兴趣的问题后，试图自行解决它，而不是先阅读提示，这会减少一些思考的乐趣. 当迫切需要提示时，大多数问题的"提示"能给读者提供一些帮助，而不会带走找到完整解答的乐趣. 特别地，大多数的解答后面都附有注记，有些注记较长，因为它们不仅包含有关数学的注记，而且还包含有关问题的数学家的故事. 这不是一本供系统研究的书，而是一本供享受的书. 我们愿意看到读者被一两个问题所吸引，并乐于在脑海中反复思考，无论是否能取得进展. 如果这些问题能够激发读者的兴趣，让他们无需太多前期工作便能获得精神食粮，我们将感到非常欣慰.

受机械工业出版社的邀请翻译这本著作，我们感到非常荣幸，但也感到诚惶诚恐. 读懂一部原著是一回事，而翻译好一部原著又是另一回事. 我们本着尽量遵循作者原意的原则进行翻译，以期增加书籍的可读性和趣味性. 但由于翻译水平有限，译文不妥之处还请读者不吝赐教，我们当深表感谢.

本书的翻译初稿是在 2023 年南开大学组合数学中心组织的学习课程上形成的，我们要感谢参加本书翻译工作的博士后房宜宾、胡杰，以及研究生郗常清、高靖、王素素、郭琪文，他们付出了很多的时间和精力. 初稿完成之后，我们又核对了几遍，努力体会作者的用意. 同时感谢本书的第一批读者，他们是：冯耀焜、贺凡康、胡映祺、李路易、李兆祥、连晓盼、刘伟浩、孟宪浩、任春莹、司源、孙建、王唱鑫、王宁宁、王帅朝、王素敏、韦春燕、郗常清、杨宁、张俊雪、张玉婉、郑瑞玲. 最后，感谢南开大学组合数学中心对我们的大力支持.

译　者

2024 年 1 月 10 日

南开大学组合数学中心

前言

本书是《数学的艺术：孟菲斯咖啡时光》(*The Art of Mathematics—Coffee Time in Memphis*，CTM) 的续集，也是对我有幸熟识的四位数学和物理巨匠 Paul Erdős、Paul Adrien Maurice Dirac、Israil Moiseevich Gelfand 以及 John Edensor Littlewood 的致敬．就像在 CTM 中那样，本书中许多问题都是他们喜欢思考的类型，也有我早前受到数学大师 Baron Gábor Splényi 和几何学家 István Reiman 影响的结果．

当我意识到随着年龄的增长，我完全忘记了少儿时期所熟知的一些典型的基本数学佳作时，我感到震惊．正是这个原因，若干这样的佳作进入了本书，它们应该被大多数对数学感兴趣的人们所熟知．

这不是一本供读者系统学习的教材，而是一部供人欣赏的书．这些问题之所以能被选上，是因为它们自身的漂亮和解答的优雅．同一主题的问题没有放在不同章节，这是因为我想避免本书可被用于各种专题的开场引言的印象．相反地，我希望这些问题激发读者的兴趣，让他们在没有多少前期知识的情况下就能够思考．

谁是我所期望的读者呢？我试图使本书能够吸引那些具有不同背景的人：喜欢做数学题的学生、寻找放松一下的专业数学家，以及所有年轻时爱好过数学并且仍然喜欢思考数学题的人们．甚至，我希望每个搞学术的人都将受益于本书．

这里的一些问题很简单，而另一些问题即使对于优秀的数学家来说也可能相当吃力．我的希望是读者先被一两个问题吸引住，然后高兴地在头脑中反复思考，不管有没有进展．我发现，在心中装着一个自己不能解决的问题是极其愉快的．大多数问题都有"提示"，这应该会给予读者一些帮助，而不会破坏他们找到完整解答的愉快心情．

这些问题的选择显示出对剑桥数学家的偏爱，在剑桥内部，又偏爱三一学院的成员．由于我已经担任三一学院的研究员五十余年，因此希望这种偏爱能被原谅．我对三一学院的崇敬源于大约六十年前三一学院的数学家 Harold Davenport 和 J.E. Littlewood，以及物理学家 Paul Dirac 对我的熏陶，Paul Dirac 实际上是圣约翰学院的研究员．

我主要的愿望是使本书具有可读性，特别是对于我没有企图简化的证明：我经常提醒读者有关的定义和事实，使他们不必绞尽脑汁继续证明．因此，数学家可能发现这些证明的进展太慢，而缺乏经验的读者也许能接受完全详细说明的证明！

本书的结构与 CTM 的结构相同：第一部分是问题，第二部分是提示，第三部分是解答，即正确断言的证明. 不用说，读者应该尝试解决某个问题而不是先阅读它的提示，只有在非常需要的时候再去看提示.

大多数解答后面有注记，它们一般比 CTM 里的要长些，这是因为它们不仅包括了关于数学的点评，而且还包括了关于涉及这些问题的数学家的点评.

如果有些人读了其中的某个问题，仅思考了一两分钟就去阅读它的解答，我会很失望，这将完全错误地使用了这本书，就像拿着钻头钉钉子一样. 如果发现某个问题所需要的数学专业知识超出读者的范围，我建议放弃那个问题，直到他获得有关背景知识. 本书有很多问题不需要太复杂的数学知识.

有许多人把我的注意力引到了漂亮的问题上，且给予我与他们讨论这些问题的快乐. 我收到了来自 Paul Balister（牛津）和 Imre Leader（剑桥）特别多的帮助，在此表示感谢. 我还要感谢 Józsi Balogh（厄本娜）、Enrico Bombier（IAS, 普林斯顿）、Tim Gowers（剑桥）、Andrew Granville（蒙特利尔）、Misi Hujter（布达佩斯）、Rob Morris（IMPA，里约热内卢）、Julian Sahasrabudhe（剑桥）、Tadashi Tokieda（斯坦福）以及 Mark Walters（伦敦）.

如果没有我才华横溢的数十年的老朋友 David Tranah 的巨大帮助，这本书是不会完成的，他是剑桥大学出版社数学编辑部主任，给了我超出预期的帮助. 我的优秀编辑助理 Tricia Simmons 也给予了我很大帮助. 我深深地感谢他们二人.

我也要感谢我现在的研究生 Vojtěch Dvořák、Peter van Hintum、Harry Metrebian、Adva Mond、Jan Petr、Julien Portier、Victor Souza 以及 Marius Tiba，他们阅读了本书的部分手稿，并且纠正了我的许多愚蠢的错误，如证明某个条件的必要性两次而忘记证明其充分性. 我相信仍然存在许多错误，对此我表示抱歉.

最后，如果没有我太太 Gabriella 的帮助与理解，本书将绝无可能完成，她完成了书名中"艺术"部分的工作.

贝拉·博洛巴斯

2021 年 5 月 13 日于剑桥

目录

第一部分

问　题

1. (实序列) (i) 在开区间 $(0, 2n+1)$ 中，最多可以选择多少个实数，使得任意一个实数与另一个实数的整数倍数之间的差不小于 1？为了把该问题表示出来，即令 n 是一个固定自然数且 $n \geqslant 1$，假设对于所有的 $1 \leqslant i < j \leqslant N$ 的自然数 i, j 以及任意整数 k，都有 $0 < x_1 < \cdots < x_N < 2n+1$，$|kx_i - x_j| \geqslant 1$. 那么 N 最大为多少？

(ii) 在开区间 $(0, (3n+1)/2) = (0, 3n/2 + 1/2)$ 中，最多可以选择多少个实数，满足没有一个实数与另一个实数的奇数倍之间的差不小于 1？

2. (普通分数) 证明：任意介于 0 和 1 之间的有理数都是有限个不同的自然数的倒数之和. 例如

$$\frac{4\,699}{7\,320} = \frac{1}{2} + \frac{1}{8} + \frac{1}{60} + \frac{1}{3\,660}.$$

3. (有理数与无理数的和) 令正整数序列 $2 \leqslant n_1 < n_2 < \cdots$ 满足对于任意 $i \geqslant 1$，

$$n_{i+1} \geqslant n_i(n_i - 1) + 1.$$

令

$$r = \sum_{i=1}^{\infty} \frac{1}{n_i}.$$

证明：r 为有理数当且仅当除有限多个 i 外，对其余所有 i 都有 $n_{i+1} = n_i(n_i - 1) + 1$ 成立.

4. (雾中行船) A、B、C、D、E 五艘船在雾中行驶，分别以不同的速度匀速行驶在不同的固定直线航向上，方向各不相同. AB、AC、AD、BC、BD、CE 和 DE 表示每一对都差点发生了相撞的情况，就称它们 "相撞". 此外，E 是否还与 A 或 B 相撞？或与 A、B 两者都相撞？C 与 D 之间是否相撞？

5. (交集族) 对于 $0 < p < 1$，一个 $[n] = \{1, 2, \cdots, n\}$ 的 p–随机子集 $X = X_p$ 是指，选取 n 个独立二项随机变数 $\xi_1, \xi_2, \cdots, \xi_n$，满足 $\mathbb{P}(\xi_i = 1) = p = 1 - \mathbb{P}(\xi_i = 0)$，再令 $X_p = \{i : \xi_i = 1\}$. 由 $[n]$ 的所有 2^n 个子集形成的集合 $\mathcal{P}_n$ 上的概率测度 $\mathbb{P}_p$，定义为

$$\mathbb{P}_p(A) = \mathbb{P}(X_p = A) = p^{|A|}(1-p)^{n-|A|},$$

所以集族 $\mathcal{A} \subset \mathcal{P}_n$ 的概率为

$$\mathbb{P}_p(\mathcal{A}) = \sum_{A \in \mathcal{A}} \mathbb{P}_p(A) = \sum_{A \in \mathcal{A}} p^{|A|}(1-p)^{n-|A|}.$$

令 $\mathcal{A} \subset \mathcal{P}_n$ 有 p–概率 r：$\mathbb{P}_p(\mathcal{A}) = r$，定义

$$\mathcal{J} = \mathcal{J}(\mathcal{A}) = \{A \cap B : A, B \in \mathcal{A}\}.$$

证明

$$\mathbb{P}_{p^2}(\mathcal{J}) \geqslant r^2.$$

6. **(巴塞尔问题)** 暂时忘记证明中必须具备的数学严谨性,给出一个著名的"巴塞尔问题"的完美的解决方案:证明

$$\sum_{k=1}^{\infty} 1/k^2 = 1 + \frac{1}{4} + \frac{1}{9} + \frac{1}{16} + \cdots = \pi^2/6.$$

7. **(素数的倒数)** 给出素数的倒数和 $\sum_p 1/p = \infty$ 发散的定理的三种证明,这里的是指对所有素数求和.

8. **(整数的倒数)** 令 $1 < n_1 < n_2 < \cdots$ 为自然数列,满足 $\sum_{i=1}^{\infty} 1/n_i < \infty$. 证明集合

$$M = M(n_1, n_2, \cdots) = \{n_1^{\alpha_1} \cdots n_k^{\alpha_k} : \alpha_i \geqslant 0\}$$

有零密度,也就是说若 $\varepsilon > 0$ 且 n 充分大 (依赖 ε),那么存在 M 中至多 εn 个元素最大为 n.

9. **(完全矩阵)** 对于 $1 \leqslant k < n$,令 $\mathcal{A}_{k,n}$ 是 $n \times n$ 矩阵的集合,这些矩阵中的每个元素都是 0 或 1,并且在任意行和任意列都恰好有 k 个 1. 证明:对于 $1 \leqslant r < n$,一个 $r \times n$ 零一矩阵有一个在 $\mathcal{A}_{k,n}$ 中的扩张,当且仅当,其任意行都恰好有 k 个 1 且任意列有至少 $k + r - n$ 个 1,至多 k 个 1.

10. **(凸多面体 (I))** 是否存在一个凸多面体,它包含一个点,这个点在每个面所在平面上的正交投影都落在面的外部? 换句话说,只是没有落在面的内部?

11. **(凸多面体 (II))** 证明:每个至少有十三个面的三维多面体都有一个面,这个面与另外至少六个面相交. 其中两个面相交是指它们有公共点或边.

12. **(一个古老的优等生考核题)** 令 p、q、r 是复数且 $pq \neq r$. 将根为 a、b、c 的三次多项式 $x^3 - px^2 + qx - r = 0$,变为根为 $\dfrac{1}{a+b}$、$\dfrac{1}{a+c}$、$\dfrac{1}{b+c}$ 的三次多项式.

13. **(角平分线——雷米欧司–斯坦纳定理)** 证明:若三角形的两条 (内) 角平分线相等,那么对应的这两个角也相等.

14. **(兰利不定角)** 令 ABC 是等腰三角形,顶点为 A 且顶角为 $20°$. 令 D 为 AB 上的一点,E 为 AC 上的一点,满足 $\angle BCD = 50°$ 且 $\angle CBE = 60°$,如图 1 所示. 那么 $\angle BED$ 多大?

15. **(坦塔洛斯问题)** 令 ABC 是等腰三角形,顶点为 A 且顶角为 $20°$,所以两底角为 $80°$. 再令 D 为边 AB 上的一点,满足 $\angle ECD = 10°$,令 E 为 AC 上的一点,满足 $\angle DBE = 20°$,如图 2 所示. 完全用初等方法,不用任何三角函数知识,确定角 CDE 的大小.

16. **(勾股数)** 称满足 $a^2 + b^2 = c^2$ 的自然数三元组 (a, b, c) 为一组勾股数,并且对于勾股数 (a, b, c),若 a、b、c 没有公因子 (大于 1),就称这组勾股数是本原的或互素的. 很显然,任何一组勾股数都是一组本原勾股数的倍数. 而且若 (a, b, c) 是一组本原勾股数,那 a 和 b 会有相反的奇偶性. 这是因为,如果 a 和 b 同时是奇数,那它们的平方和在模 4 的意义下就

等于 2, 不可能是一个平方数; 如果它们同时是偶数, 那它们的平方和也是偶数, 所以 c 也必须是偶数. 通常情况下认为 a 是奇数, b 是偶数.

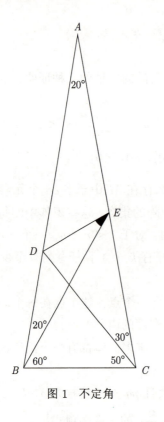

图 1   不定角

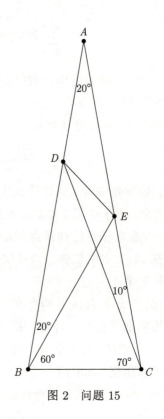

图 2   问题 15

证明: (a, b, c) 是一组本原勾股数且满足 a 是奇数 b 是偶数, 当且仅当存在一对互素的数 $u > v \geqslant 1$ 且两者奇偶性相反, 使得 $a = u^2 - v^2, b = 2uv, c = u^2 + v^2$. 更进一步, 给出两种证明, 一种用代数方法, 一种用几何方法.

17. (四次方的费马定理) 证明: 等式方程 $a^4 + b^4 = c^4$ 没有自然数解. 轻微做一点改变: 若 a, b 都是严格正整数, 那么 $a^4 + b^4$ 不可能是一个四次方数.

18. (相合数) 对于一个自然数 n, 如果存在一个边长为有理数且面积为 n 的直角三角形, 那么我们称 n 为相合数. 例如, 边长为 3、4、5 的直角三角形表明了 6 是一个相合数. 证明: 1 不是一个相合数.

19. (有理数的和) 对于有理数 $s > 1$, 找一个满足 $\sqrt{s+1} - \sqrt{s-1}$ 也是有理数的充分必要条件. 这里 $\sqrt{\cdot}$ 指正平方根.

20. (一个四次方程)   找方程

$$A^4 + B^4 = C^4 + D^4 \tag{1}$$

的一大组整数解. 更具体来说, 寻找 $\mathbb{Z}[a,b]$ 中的一般多项式 A、B、C、D, 满足式 (1) 成立. 为此, 寻找如下形式的解

$$A = ax + c, B = bx - d, C = ax + d, D = bx + c$$

其中, a、b、c、d、x 都是有理数. 考虑 a、b、c、d 为常数, 如果 x 满足第一个和最后一个系数都为 0 的某个四次方程, 则式 (1) 成立. 证明: 当选择合适的 a、b、c、d 时, x^3 的系数也会为 0, 并利用此来找出我们需要的多项式.

21. (正多边形) 证明: 在所有边数相同和周长相等的多边形中, 正多边形面积最大.

22. (柔性多边形) 考虑多边形, 其所有给定边 (除了一条边之外) 按照已知循环序排列. 证明: 如果这样的一个多边形的面积达到最大, 则它可能有一个以未知边为直径的外接圆.

23. (面积极大的多边形) 证明: 对于给定边的多边形, 其面积不会超过具有相同边的循环多边形的面积. 其中循环多边形即有外接圆的多边形. 鼓励读者寻找多种解决本问题的方法.

24. (构造 $\sqrt[3]{2}$) 令 OS_1PS_2 是个 $2m \times m$ 的矩形, 边 $OS_1 = PS_2$ 长度为 $2m$, 边 $OS_2 = PS_1$ 长度为 m. 令 C 是过点 O、S_1、P 和 S_2 的圆, 且令 Q 是圆 C 的弧 PS_2 上的一点, 使得经过 P 和 Q 的直线与 OS_1 和 OS_2 的延长线交于点 R_1 和 R_2, 且线段 PR_1 和 QR_2 长度相同. 最后令 T_1 和 T_2 是 Q 在线段 OR_1 和 OR_2 上的投影. 证明: 线段 OT_1 长度为 $\sqrt[3]{2}m$.

25. (外接四边形) 令 $ABCD$ 是一个以 O 为圆心的圆的外接四边形. 令 E 和 F 是对角线 AC 和 BD 的中点, 如图 3 所示, 证明 E、F 和 O 三点共线.

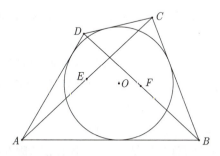

图 3 四边形 $ABCD$ 外接于圆心为 O 的圆; E 和 F 是对角线 AC 和 BD 的中点

26. (整数分拆) 整数 n 的分拆指的是一个正整数的序列 $\lambda = (\lambda_1, \cdots, \lambda_k)$, 满足 $\lambda_1 \geqslant \cdots \geqslant \lambda_k \geqslant 1$ 且和为 n. 这个分拆也可以写作 $\lambda_1 + \cdots + \lambda_k$. 每个 λ_i 称为加数或者部分; 部分的数目 k 称为分拆 λ 的长度. 按照惯例, 用 $p(n)$ 表示分拆函数, 即 $n \geqslant 1$ 的分拆数. 例如, 注意到 4 有 5 个分拆: $4, 3+1, 2+2, 2+1+1, 1+1+1+1$, 因此 $p(4) = 5$, 且 5 有 7 个分拆: $5, 4+1, 3+2, 3+1+1, 2+2+1, 2+1+1+1, 1+1+1+1+1$, 因此 $p(5) = 7$. 另外还有 $p(0) = 1$, 0 的唯一的分拆是空分拆.

(i) 证明：$p(n)$ 的生成函数，即形式幂级数 $\sum_{n=0}^{\infty} p(n)x^n$ 是

$$(1+x+x^2+x^3+\cdots)(1+x^2+x^4+x^6+\cdots)(1+x^3+x^6+x^9+\cdots)\cdots,$$

即

$$\frac{1}{1-x} \cdot \frac{1}{1-x^2} \cdot \frac{1}{1-x^3} \cdots.$$

(ii) 给出三种方法证明：不包含 1 作为一部分的 n 的分拆数是 $p(n)-p(n-1)$. 例如 5 有两个不包含 1 的分拆，即 5 和 $3+2$，且 $p(5)-p(4)=7-5=2$.

27. (能被 m 和 $2m$ 整除的分拆部分) 证明：对于 n 的分拆，m 的倍数不重复出现在分拆部分中的分拆数等于 $2m$ 的倍数不出现在分拆部分中的分拆数.

28. (不等分拆与奇分拆) (i) 证明：将 n 分拆成各部分不相等的分拆数等于将 n 分拆成各部分均是奇数的分拆数.

(ii) 令 $m \geqslant 1$，证明：n 的分拆中没有部分重复超过 m 次的分拆数等于分拆中没有部分是 $m+1$ 的倍数的分拆数.

29. (稀疏基) 一个自然数的集合 S 的密度为 0，是指当 n 趋于无穷的时候 $S(n)$ 趋于 0，其中 $S(n)$ 是 S 中不大于 n 的元素个数.

证明：存在一个密度为零的集合 $S \subset \mathbb{N}$，使得任意正有理数都可以表示为 S 中有限个不同元素的倒数之和.

30. (小交集) 令 $A_1, \cdots, A_m \in [n]^{(r)}$，即令 $A_1, \cdots, A_m$ 是 $[n] = \{1, \cdots, n\}$ 的 r 元子集. 证明：对于 $1 \leqslant i < j \leqslant m$ 如果总有 $|A_i \cap A_j| \leqslant s < r^2/n$ 成立，则 $m \leqslant n(r-s)/(r^2-sn)$.

再证明：如果 r^2/n 是一个整数，且对于 $1 \leqslant i < j \leqslant m$ 总有 $|A_i \cap A_j| < r^2/n$ 成立，则 $m \leqslant r - r^2/n + 1 \leqslant n/4 + 1$.

31. ($0-1$ 矩阵的对角线) 给定 $n \geqslant 1$，令 $\mathcal{A}_n$ 是矩阵中每个元素均为 0 或 1 的 $n \times n$ 矩阵的集合. 对于 $\boldsymbol{A} \in \mathcal{A}_n$，将 $\boldsymbol{A}$ 的行进行排列，所得到的矩阵的集合为 $\mathcal{A}(\boldsymbol{A})$. 因此如果 $\boldsymbol{A}$ 的任意两行都不相同，则 $\mathcal{A}(\boldsymbol{A})$ 中一共有 $n!$ 个矩阵. 用 $d(\boldsymbol{A})$ 表示 $\mathcal{A}(\boldsymbol{A})$ 中矩阵的不同主对角线的数目. 请确定 $d(n) = \max\{d(\boldsymbol{A}) : \boldsymbol{A} \in \mathcal{A}_n\}$.

注意 $0-1$ 矩阵的主对角线的总个数是 2^n，远小于 $n!$，因此没有明显的理由说明不能取到 2^n 个对角线. 例如，对于一个 3×3 的矩阵，如果三行分别为 111、101、001，则对角线为 101；如果 111 保持在第一行，其他的排序下的对角线分别是 111、011 以及 001.

32. (三格骨牌和四格骨牌的铺砌问题) 一个 $m \times n$ 的棋盘是 $m \times n$ 的矩形，由 mn 个单位正方形 (称为单元) 组成；一个有缺失的 $m \times n$ 棋盘是从一个 $m \times n$ 的棋盘中移除若干单元. 一个三格骨牌是指有一个公共点的三个单元的并，而一个 T-形四格骨牌指的是形如 T 字的四个单元的并. 人们感兴趣的是，如何用三格骨牌铺满有缺失的 $n \times n$ 棋盘，以及用 T-形四格骨牌铺满 $m \times n$ 棋盘. 如图 4 所示.

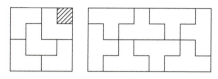

图 4　用三格骨牌铺满有缺失的 4×4 的棋盘，以及用 T-形四格骨牌铺满 4×8 的棋盘

(i) 证明：如果 n 是 2 的幂，则任一有缺失的 $n \times n$ 棋盘均可用三格骨牌铺满.

(ii) 证明：如果一个 $m \times n$ 的矩形可以被 T-形四格骨牌铺满，则 mn 能被 8 整除.

33. (矩形的三格骨牌铺砌问题) 当 m 和 n 取什么值时，一个 $m \times n$ 的矩形可以用三格骨牌铺满？如图 5 所示. (这里的三格骨牌和问题 32 中所指一致，是 2×2 的正方形去掉四分之一的图形.)

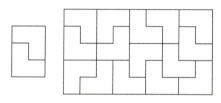

图 5　用三格骨牌铺满 3×2 的棋盘和 5×9 的棋盘

34. (矩阵的数目) 求 $n \times n$ 的非负整数矩阵的数目，其中矩阵要求满足每一行和列最多有三个非零元素，非零元各不相同，且它们的和为 7. 这类矩阵的一个例子如下：

$$\begin{pmatrix} 0 & 1 & 0 & 2 & 4 \\ 5 & 0 & 2 & 0 & 0 \\ 0 & 0 & 4 & 0 & 3 \\ 0 & 6 & 0 & 1 & 0 \\ 2 & 0 & 1 & 4 & 0 \end{pmatrix}$$

35. (等分圆) 设 S 是平面上 $2n+1 \geqslant 5$ 个一般位置点的集合，此处的 "一般位置" 指的是没有三点共线且没有四点共圆. 一个圆 C 等分 S 集合是指 S 有三个点在圆 C 上，有 $n-1$ 个点在圆 C 内部，并且有 $n-1$ 个点在圆 C 外部. 证明：至少有 $n(2n+1)/3$ 个等分圆.

36. (等分圆的数目) 延续之前的问题，证明：对于任意 $n \geqslant 1$，平面上存在一个具有 $2n+1$ 个一般位置点的集合，它恰好有 n^2 个等分圆.

37. (二项式系数的一个基本恒等式) 设 $f(X)$ 是一个次数小于 n 的多项式，证明：

$$\sum_{k=0}^{n} (-1)^k \binom{n}{k} f(k) - 0.$$

38. (泰珀恒等式) 将和式

$$\sum_{i=0}^{n}(-1)^{i}\binom{n}{i}(x-i)^{n}$$

写成一个更简单的形式.

39. (迪克森恒等式 (I)) 按照惯例规定 $0!=1$ 且对于 $k<0$ 令 $1/k!=0$. 设 a、b、c 是非负整数, 证明:

$$\sum_{k}\frac{(-1)^{k}(a+b)!(b+c)!(c+a)!}{(a+k)!(a-k)!(b+k)!(b-k)!(c+k)!(c-k)!}=\frac{(a+b+c)!}{a!b!c!}.$$

左边的和式取遍所有整数 k; 等价地, 也可以取和 $\sum_{-d\leqslant k\leqslant d}$, 其中 $d=\min\{a,b,c\}$.

40. (迪克森恒等式 (II)) (i) 设 m 和 n 是非负整数, 记 X 是一个变量. 请证明如下的实系数多项式恒等式成立:

$$\sum_{k=0}^{2n}(-1)^{k}\binom{m+2n}{m+k}\binom{X}{k}\binom{X+m}{m+2n-k}=(-1)^{n}\binom{X}{n}\binom{X+m+n}{m+n}.$$

在此处或在其他地方, 对于实系数多项式 $f(X)$ 和非负整数 l, 记

$$\binom{f(X)}{l}=f(X)(f(X)-1)(f(X)-2)\cdots(f(X)-l+1).$$

特别地, 记 $\binom{f(X)}{0}=1$, 并且如果 l 是一个负整数, 则 $\binom{f(X)}{l}=0$.

(ii) 请推导, 如果 a、b 和 c 都是非负整数, 且 $b\leqslant a,c$, 则

$$\sum_{k=-b}^{b}(-1)^{k}\binom{a+b}{a+k}\binom{b+c}{b+k}\binom{c+a}{c+k}=\frac{(a+b+c)!}{a!b!c!}.$$

41. (一个不一般的不等式) 令 $x_{0}=0<x_{1}<x_{2}<\cdots$. 证明:

$$\sum_{n=1}^{\infty}\frac{x_{n}-x_{n-1}}{x_{n}^{2}+1}<\frac{\pi}{2}.$$

42. (希尔伯特不等式) 令 $(a_{m})_{1}^{\infty}$ 和 $(b_{n})_{1}^{\infty}$ 是实数的平方可和序列, $\sum_{m}a_{m}^{2}<\infty$ 且 $\sum_{n}b_{n}^{2}<\infty$. 证明:

$$\sum_{m,n}\frac{a_{m}b_{n}}{m+n}<\pi\sqrt{\sum_{m}a_{m}^{2}}\sqrt{\sum_{n}b_{n}^{2}}.$$

43. (中心二项式系数的大小) 令 $k \geqslant 1$ 是一个整数，$c, d > 0$ 是正实数且使得下式成立

$$\frac{c}{\sqrt{k-1/2}} 4^k \leqslant \binom{2k}{k} \leqslant \frac{d}{\sqrt{k+1/2}} 4^k.$$

证明：对所有的 $n \geqslant k$ 均有类似的不等式成立

$$\frac{c}{\sqrt{n-1/2}} 4^n \leqslant \binom{2n}{n} \leqslant \frac{d}{\sqrt{n+1/2}} 4^n,$$

其中 $n \geqslant k$. 特别地，

$$\binom{2n}{n} < \begin{cases} 2^{2n-1}, & \text{如果 } n \geqslant 2, \\ 2^{2n-2}, & \text{如果 } n \geqslant 5 \end{cases}$$

和

$$\frac{0.5}{\sqrt{n-1/2}} 4^n \leqslant \binom{2n}{n} \leqslant \frac{0.6}{\sqrt{n+1/2}} 4^n$$

对 $n \geqslant 4$ 成立.

44. (中心二项式系数的性质) 对 $n \geqslant 1$，考虑中心二项式系数 $\binom{2n}{n}$ 的素因数分解

$$\binom{2n}{n} = \prod_{p < 2n} p^{\alpha_p},$$

其中，p 是一个素数. 证明以下断言：
   (i) 若 $\sqrt{2n} < p < 2n$，那么 $\alpha_p = 0$ 或 1；
   (ii) 若 $2n/3 < p \leqslant n$，那么 $\alpha_p = 0$；
   (iii) 对所有的 p 有 $p^{\alpha_p} \leqslant 2n$.

45. (素数的积) 对实数 $n \geqslant 2$，用

$$\Pi(n) = \prod_{p \leqslant n} p$$

表示所有不超过 n 的素数的积 (通常总是用 p 表示一个素数). 证明：

$$\Pi(n) < 2^{2n-3}$$

对所有的 $n \geqslant 2$ 成立. 对该不等式进行一点改进，请证明：对 $n \geqslant 9$ 有

$$\Pi(n) < 4^n/n.$$

46. (伯特兰公设的埃尔德什证明) 证明：对每一个 $n \geqslant 1$，均存在一个素数介于 n 到 $2n$ 之间. 更确切地说，证明存在素数 p 满足 $n < p \leqslant 2n$.

47. (2 和 3 的幂) 证明：2 和 3 的完美幂不会恰好相差 1，除了 2 和 3、4 和 3，以及 8 和 9.

48. (2 的幂恰好小于完美幂) 证明：$2^m = r^n - 1$ 在大于 1 的正整数 m, r, n 上的解只有 $m = 3, r = 3, n = 2$ 一种，也就是 $2^3 = 3^2 - 1$.

49. (2 的幂恰好大于完美幂) 证明：等式 $2^m = r^n + 1$ 在大于 1 的正整数 m, r, n 上无解.

50. (素数的幂恰好小于完美幂) 设 $p \geqslant 3$ 是一个素数，证明等式 $p^m = r^n - 1$ 在大于 1 的正整数 m、r、n 上无解.

51. (巴拿赫的火柴盒问题) 一个烟瘾者在他夹克的口袋里放了两盒火柴. 每当他想点烟时，他等可能地伸手拿到任何一盒火柴. 过了一会儿，当他拿出来其中一盒时，发现它是空的. 若一开始每个火柴盒中都有 n 根火柴，那么此时另一个盒子恰好有 k 根火柴的概率是多少？

这并非不合理，该问题假设当心不在焉的吸烟者用完了最后一根火柴，他把空盒子也放回口袋里.

52. (凯莱问题) 凸 k 边形的对角线可以构成多少个凸 k 边形？

53. (最小与最大) 设 K_n 是边被赋非负数权重的 n 阶完全图，且将子图的权重定义为其边上权重的和. 考虑两种自然的方式构造 K_n 中的哈密尔顿路径，即通过所有 n 个顶点的路径. 第一种是从顶点 a 开始，并始终选择与当前路的端点相邻的最大权重的边加进来，保证当前路的端点连接到不在当前路径上的顶点. 另一种从顶点 b 开始，始终选择权重最小的边类似构造. 证明：第一种方法构造出的哈密尔顿路径的权重不小于第二种方法构造出来的路径的权重.

54. (平方数之和) 证明：如果任取三个数字，它们不能排列成等差数列，但是它们的总和是 3 的倍数，那么它们的平方和也是另一组 3 个平方数的总和，而且这两个集合没有共同的元素.

55. (猴子与椰子) 五名男子和一只猴子在荒岛上遭遇海难. 他们花了第一天的时间收集椰子，并在他们睡觉前将椰子堆成一堆. 椰子堆非常大，但不可能有超过一万个椰子.

半夜其中一人醒来，而且确保他是清醒的，把椰子分成五个相等的堆，仅一个椰子剩下. 他把余下的椰子给了猴子，藏起了他分的第五堆，并将其余的椰子重新放成一堆，然后回去睡觉了. 后来第二个人醒了，做了同样的事情，然后是第三个、第四个和第五个人. 在早晨醒来后，第一个人成功地将剩余的椰子分成了五个相等的堆：这次没有椰子剩下.

那么一开始共有多少个椰子呢？

56. (复多项式) 给定具有复系数的多项式 h，记 $S_h \subset \mathbb{C}$ 为 $|h(z)| \leqslant 1$ 所在的区域. 证

明：如果 f 和 $g(f \neq g)$ 是至少一次的首一多项式，即 $f(z) = z^n + a_1 z^{n-1} + \cdots + a_n$ 和 $g(z) = z^m + b_1 z^{m-1} + \cdots + b_m$，其中 $n, m \geqslant 1$，则 S_f 不是 S_g 的真子集.

57. (赌徒的破产) 罗森格兰兹和吉尔登斯特恩通过反复投掷不均匀的硬币进行游戏，硬币的正面概率为 p，反面概率为 $q = 1 - p$，其中 $0 < p < 1$. 每次硬币正面出现时，罗森格兰兹都会从吉尔登斯特恩赢得一克朗，否则吉尔登斯特恩会从罗森格兰兹赢得一克朗. 他们一直玩到其中一人输光所有的钱，即"破产"，另一人"获胜". 从相同的金额开始，比如说，每个人都有 k 克朗，他们一直玩到其中一个破产. 什么情况下游戏时间会更长：是罗森格兰兹获胜还是吉尔登斯特恩获胜？

58. (伯特兰的箱子悖论) 有三个完全相同的箱子，每个箱子两侧有完全相同的抽屉，每个抽屉里有一枚硬币. 其中一个箱子里有两枚金币，另外一个箱子有两枚银币，第三个箱子里有一枚金币和一枚银币. 我们随机挑选了一个箱子和一个抽屉，找到了一枚金币. 这个箱子里的另一枚硬币也是金币的概率是多少？

59. (蒙提·霍尔问题)《一锤定音》——蒙提·霍尔 (Monty Hall) 主持的著名电视节目. 参赛者面前有三扇门，其中一扇门里有一辆汽车的钥匙，而另外两扇门藏了两只山羊. 如果参赛者选择了装有钥匙的门，他就赢得了这辆车. 蒙提要求参赛者选择一扇门：参赛者选择了 A 门，但并没有打开. 蒙提非常清楚哪扇门里装着车钥匙，他打开另外两扇门中的一个，比如说 B 门，向参赛者展示它藏着一只山羊. 现在关键时刻到了：他问参赛者是否愿意用他选择的门换第三扇门，也就是 C 门. 参赛者应该换掉还是保留他原来的 A 门以增加他赢得汽车的机会？

60. (整数序列中的整除性) 设 $a_1 < a_2 < \cdots$ 是一个自然数的无限序列. 证明要么存在一个无限子序列，其中没有整数整除另一个整数；要么存在一个无限子序列，其中每一个元素都能整除其后面所有的整数.

61. (移动沙发问题) 单位宽度的长通道有一个直角弯曲. 面积为 A 的扁平刚性板 (由一块组成) 可以被人从通道的一端引导到另一端. (为了增加趣味性，人们通常认为"扁平刚性板"是一种沙发，它被沿着地板推着，而没有被抬起或倾斜——因此有了传统的有趣名称："移动沙发问题".) 证明 $A < 2\sqrt{2} \approx 2.8284$. 如果板有合适的形状 (待定)，那么有

$$A = \frac{\pi}{2} + \frac{2}{\pi} \approx 2.2074.$$

62. (最小的最小公倍数) 设 $a_1 < a_2 < \cdots < a_n \leqslant 2n$ 是一个 $n \geqslant 5$ 的正整数序列. 证明：存在整数 $a_i < a_j$ 使得它们的最小公倍数至多为 $6(\lfloor n/2 \rfloor + 1)$，即

$$[a_i, a_j] \leqslant 6(\lfloor n/2 \rfloor + 1).$$

且证明这个不等式是最优的.

63. (韦达跳跃) 设 a 和 b 均是正整数且使得 $q = (a^2 + b^2)/(ab + 1)$ 也是正整数. 证明: q 是一个完全平方数.

64. (无穷本原序列) 如果一个自然数序列 A 中没有一个元素是另一个元素的倍数, 则称其为本原序列. 证明: 如果 A 是一个无穷本原序列, 那么

$$\sum_{a \in A} \frac{1}{a} \prod_{p \leqslant p_a} \left(1 - \frac{1}{p}\right) \leqslant 1,$$

其中, p_a 是 a 的最大素因子, p 表示素数. 如果 $p_a = 2$, 即 a 是 2 的幂, 那么上面的空乘积仍被取为 1.

65. (具有小项的本原序列) 从问题 1 知道如果 $(a_i)_1^\ell$ 是自然数的本原序列, 使得 $1 < a_1 < a_2 < \cdots < a_\ell \leqslant 2n$, 则 $\ell \leqslant n$. 这个上界 n 显然是最佳的, 像在本原序列 $a_1 = n + 1 < a_2 = n + 2 < \cdots < a_n = 2n$ 中展示的一样. 这个仅由大的数字组成的例子引出了一个问题: a_1 能更小吗? 证明: $a_1 \geqslant 2^k$, 其中 k 被不等式 $3^k < 2n < 3^{k+1}$ 定义.

66. (超树) 一个 r–超树或简单地说成一个 r–树是一个没有孤立顶点的 r-一致超图, 对于其边的某个序列 $E_1, \cdots, E_m$, 有

$$\left| E_{k+1} \cap \left(\bigcup_{i=1}^{k} E_i \right) \right| = 1$$

对于任意的 k, $1 \leqslant k < m$. 因此, 每个"边"包含 r 个顶点, 并且在这些边的某个排序中, 从第二个边开始, 任意边恰有一个顶点属于前面的某个边.

令 G 是一个 r-一致超图, 不包含某个含有 M 条边的 r–树 T. 证明对于 $k = 2(r-1)(m-1) + 1$, G 是 k–可染的.

67. (子树) 在一个顶点数 $n \geqslant 1$ 的树中至少有多少个子树 (顶点数至少为 1), 至多有多少呢? 极树是唯一的吗?

68. (全都在一行) 一个班级里的 20 名学生被要求排成一排, 一个接一个地站在后面, 使得站在最后的第一个学生可以看到整个班级, 第二个学生可以看到除了第一个之外的所有学生, 第三个学生可以看到除了第一个和第二个之外的所有学生, 依此类推, 第二十个学生则看不到任何人. 老师会随机地在每个学生头上放置黑色或白色的帽子: 假设用一个公平的硬币为每个学生投掷, 如果硬币反面朝上, 则在学生头上放置一个白帽子, 如果正面朝上, 则放置一个黑帽子. 学生们接受挑战, 按照从第一个 (可以看到所有人的学生) 开始到第二十个 (看不到任何人) 的顺序, 依次大声说出他们帽子的颜色. 在帽子分发后, 学生们不能相互交流, 但在游戏开始前, 他们可以商定一种策略, 以增加他们猜对的概率. 如果每个学生都随机猜测 (毕竟, 帽子是随机分发的, 没有其他线索可供利用), 那么他们全部猜对的概率是 $(1/2)^{20}$, 小于 $1/1\,000\,000$. 那么, 如果按照最佳策略进行, 他们全部猜对的概率是多少?

69. (一个美国故事) 一名监狱长宣布，如果 20 名死囚通过一个简单的测试，他们将能够逃脱死刑. 他们的名字被放置在 20 个相同的盒子中，每个盒子一个名字；这些盒子是封闭的，并且在密闭的房间被随机排列成一排. 测试中，死囚们将一个接一个地被带入房间，每人最多只能打开其中的 12 个盒子来寻找自己的名字. 每名死囚在离开房间时必须将房间恢复原样，并且在离开后不得与其他人交流. 如果 20 名死囚都找到自己的名字，那么他们将全部获得缓刑；然而，如果其中有 1 人失败，那么 20 人都将被执行死刑. 是否存在一种策略，可以让囚犯有更好的机会逃脱死刑？

70. (六个相等部分) 令 S 是一个平面上一般位置的 $6k$ 个点的集合. (因此任意线都包含 S 中至多两个点.) 证明有三条共点线把 S 划分为六个相等部分. 需要说明的是：存在过同一个点的三条直线使得被这三条直线确定的六个开平面的每一个都包含 S 中恰好 k 个点.

71. (实多项式的乘积) 证明：两个多变量的实多项式 (即有实系数的多项式) 乘积的维数等于两个多项式维数的和，而且两个实多项式的平方和的维数等于这两个实多项式的维数中最大值的两倍.

72. (多项式平方的和) (i) 令 f 是一个单变量的实系数多项式，即 $f \in \mathbb{R}[X]$. 证明：如果对于任意的实数 x 有 $f(x) \geqslant 0$，则 f 是两个实多项式的平方和，即 $f = g^2 + h^2$，其中 $g, h \in \mathbb{R}[X]$.

(ii) 令 f 是一个双变量的多项式 ($f \in \mathbb{R}[X, Y]$)，使得对于所有的 $x, y \in \mathbb{R}$ 都有 $f(x, y) \geqslant 0$. 能否推出 f 是一个平方和，即是否存在多项式 $f_1, \cdots, f_k \in \mathbb{R}[X, Y]$，使得 $f = f_1^2 + \cdots + f_k^2$？

73. (分拆的图表) 证明：把 n 分拆成 p 个部分，最大部分是 q 的分拆的数目，等价于把 n 分拆成 q 个部分，最大部分是 p 的分拆的数目.

74. (欧拉五角数定理) (i) 证明：将正整数 n 分成偶数个不相等的和数的分拆数，等价于将 n 分成奇数个不相等的和数的分拆数，除非 $n = k(3k \pm 1)/2$，此时差值为 $(-1)^k$. 例如，对于 $n = 11$，有六种偶分拆：$10 + 1, 92, 83, 74, 65$ 和 5321，以及六种奇分拆：$11, 821, 731, 641, 632$ 和 542. 对于 $n = 3(3 \times 3 - 1)/2 = 12$（即 $k = 3$），有七种偶分拆：$11 + 1, 10 + 2, 93, 84, 75, 6321$ 和 5421，以及八种奇分拆：$12, 921, 831, 741, 732, 651, 642$ 和 543. 因此，对于 $k = 3$，结论成立，即 $7 - 8 = -1 = (-1)^{-3}$.

(ii) 由此推断无限积 $\prod_{k=1}^{\infty} (1 - x^k)$ 有下面的表达式

$$\prod_{k=1}^{\infty} (1 - x^k) = \sum_{-\infty}^{\infty} (-1)^k x^{k(3k-1)/2} = 1 + \sum_{k=1}^{\infty} (-1)^k \left(x^{k(3k-1)/2} + x^{k(3k+1)/2} \right).$$

75. (分拆) 让 $p_{o,e}(n)$ 表示将正整数 n 分拆为不相等部分的分拆数，其中最大的部分是奇数，且总共有偶数个部分. (要得到这些分拆，从一个奇数开始，并在经过偶数步后结束.) 类似地，定义 $p_{e,o}(n)$, $p_{e,e}(n)$ 和 $p_{o,o}(n)$. 因此，$p_{o,e}(12) = 4$ 表示有 11+1, 9+3, 7+5 和 5+4+2+1

四种分拆；$p_{e,o}(12) = 4$ 表示有 $12, 8+3+1, 6+5+1$ 和 $6+4+2$ 四种分拆；$p_{o,o}(12) = 4$ 表示有 $9+2+1, 7+4+1, 7+3+2$ 和 $5+4+3$ 四种分拆；$p_{e,e}(12) = 3$ 表示有 $10+2$, $8+4$ 和 $6+3+2+1$ 三种分拆. 证明：

$$p_{o,e}(n) - p_{e,o}(n) = \begin{cases} 1, & n = k(3k-1)/2 \text{ 且 } k \text{ 是偶数,} \\ -1, & n = k(3k+1)/2 \text{ 且 } k \text{ 是奇数,} \\ 0, & \text{其他,} \end{cases}$$

并且

$$p_{o,o}(n) - p_{e,e}(n) = \begin{cases} 1, & n = k(3k-1)/2 \text{ 且 } k \text{ 是奇数,} \\ -1, & n = k(3k+1)/2 \text{ 且 } k \text{ 是偶数,} \\ 0, & \text{其他.} \end{cases}$$

76. **(周期细胞自动机)** 令 G 是一个图，其中每个顶点的度数都是奇数. 设 $f_0, f_1, \cdots$ 是将顶点集 $V(G)$ 映射到 $\{0,1\}$ 的函数. 对于 $v \in V(G)$ 和 $t \geqslant 0$，称 $f_t(v)$ 为 v 在时间 t 的状态；同时，f_t 是时间 t 的配置. 这样的序列 $f = (f_t)_0^\infty$ 是图 G 上的多数 Bootstrap 渗透，初始配置为 f_0，如果对于时间 t，$v \in V(G)$ 的状态 $f_t(v)$ 是其邻居在时间 $t-1$ 的大多数状态，即 $f_t(v) = w$ 若有

$$|\{u \in \Gamma(v) : f_{t-1}(u) = \omega\}| > |\{u \in \Gamma(v) : f_{t-1}(u) \neq \omega\}|.$$

注意，整个序列 $(f_t)_0^\infty$ 由初始配置 f_0 决定：更新规则是简单的多数决定原则，即每个顶点在每一步都转换为其邻居的首选状态. 这种更新是同时进行的：每个顶点的状态在每一步都会更新.

如果对于足够大的 t，有 $f_{t+s} = f_t$，则多数 Bootstrap 渗透 $f = (f_t)_0^\infty$ 称为 s-周期的. f 的周期是最小的 s，使得 f 是 s-周期的. 由于图 G 是有限的，存在有限多种配置 (如果有 n 个顶点，最多 2^n 种)，因此，每个序列 $f = (f_t)_0^\infty$ 都是周期的，并且具有有限周期. 显然，f 可能具有周期 1 和 2. 例如，如果 G 是二部图，其顶点集可以分为 V_0 和 V_1，且 $f_0(v) = \omega$ 当 $v \in V_\omega$ 时，则对于任意 $t \geqslant 1$，$f_{2t} = f_0$ 且 $f_{2t+1} = f_1$. 经过这个长篇准备，可以陈述该问题.

证明：在每个顶点的度数都是奇数的图上的多数 Bootstrap 渗透是周期性的，周期为 1 或 2，没有其他可能的周期.

77. **(相交集合系统)** 如果一个集合与某个集合系统中的任意集合都相交，则称这个集合和该集合系统相交. 令 $A = \{A_1, \cdots, A_n\} \subset S^{(\leqslant k)}$ 是一个有限集 S 的 n 个子集的系统，其中每个 A_i 都有至多 k 个元，使得 S 的任意元素都包含于 A_i 的至多 d 个中. 令 X_p 是 S 的一

个 p–随机子集，即独立地以概率 p 删除任意的整数 i，其中 $1 \leqslant i \leqslant N$. 则 X_p 和 $\mathcal{A}$ 相交的概率至多是

$$\left(1 - q^k\right)^{n/d},$$

其中，$q = 1 - p$.

78. (**实数的稠密集**) 令 P 是平面 $\mathbb{R}^2$ 的点集使得

$$\{x/y : (x, y) \in P, y \neq 0\}$$

为 $\mathbb{R}$ 中的稠密集合. 证明：存在一个 $\alpha \in \mathbb{R}$ 使得 $\{x + \alpha y : x, y \in P\}$ 在 $\mathbb{R}$ 中也稠密.

79. (**盒子的分拆**) 一个 n 维组合盒子（或者简单来说，一个盒子）是一个形式为 $A = A_1 \times \cdots \times A_n$ 的集合，其中 A_i 是非空有限集. A 的一个子盒子是 A 的一个形式为 $B = B_1 \times \cdots \times B_n$ 的子集；如果对于任意的 i，都有 $\varnothing \neq B_i \neq A_i$，则称 B 是非平凡的.（这个情况比 $\varnothing \neq B \neq A$ 更强；特别地，如果对于某个 i，有 $|A_i| = 1$，则 A 没有非平凡的子盒子.）注意，如果任意的 A_i 都被分拆成两个非空的集合 B_i 和 C_i，则形式为 $D = D_1 \times \cdots \times D_n$ 的 2^n 个集合，其中的任意 D_i 要么是 B_i 要么是 C_i，都给出了 A 分拆成非平凡盒子的分拆.

证明：在一个 n 维组合盒子不能被分拆为少于 2^n 个非平凡的子盒子的情况下，上面的例子是最有可能的.

80. (**相异代表元**) 令 $A_1, \cdots, A_n$ 是一个有限集满足

$$\sum_{1 \leqslant i < j \leqslant n} \frac{|A_i \cap A_j|}{|A_i| \, |A_j|} < 1.$$

证明：集合有不同的代表，即存在不同的元素 $a_1, \cdots, a_n$ 使得对于任意的 i 都有 $a_i \in A_i$.

81. (**分解完全图**) 一个图 G 被分解为它的子图 $G_1, \cdots, G_r$，如果 G 的每个边恰好是 G_i 的一条边.（我们可以要求 G 的每个点属于至少一个 G_i，但是它们是不相关的.）例如，点集为 $[n]$ 的完全图 K_n 可以被分解为 $G_1, \cdots, G_{n-1}$，其中 G_i 的点集为 $\{i, i+1, \cdots, n\}$，边集为 $\{ij : i < j \leqslant n\}$. 注意到存在把 K_n 分解为 $n-1$ 个完全二部图的其他分解（见图 6）.

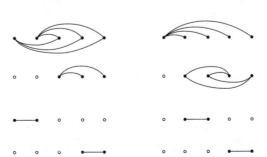

图 6　K_5 划分为四个完全二部图的两个分解

证明：一个 n 个点的完全图不能被分解成 $n-2$ 个完全二部图. 等价地，因为一个二部图可能是单点的平凡图，所以 n 个点的完全图不能被分解为 $n-2$ 或更少的非平凡的完全二部图.

82. (矩阵与分解) (i) 验证一个包含完全二部图和孤立点的图的邻接矩阵是秩为 1 的矩阵和一个非对称矩阵的和.

(ii) 运用 (i) 证明一个 n 个点的完全图不能被分解为 $n-2$ 个完全二部图.

83. (模式与分解) 令点集为 $[n]$ 的完全图 K_n 分解为 r 个完全二部图 $G_1,\cdots,G_r$，其中 G_k 有划分 (U_k, W_k). 因此 U_k 和 W_k 是 $[n]$ 的不交子集，它们的并是 $[n]$ 上的一个（不一定为真）子集，并且对于 K_n 的任意边 e，恰好存在一个 k 使得 e 连接 U_k 到 W_k. 定义一个映射 $f : [n] \to [N]$ 的格是一个 $(r+1)$-元组 $\pi = \pi(f) = (p_1,\cdots,p_{r+1})$，满足对于任意的 $1 \leqslant k \leqslant r$，有 $p_k = \sum_{i \in U_k} f(i)$，并且 $p_{r+1} = \sum_{i=1}^{n} f(i)$.

证明：如果 $r \leqslant n-2$ 并且 N 足够大，则存在映射 $f, g : [n] \to [N]$ 有相同的格. 从而这个推断 r 必须至少为 $n-1$.

84. (六条共点直线) 令 P_1、P_2、P_3 和 P_4 是一个圆上的四个点. 对于 $1 \leqslant i < j \leqslant 4$，令 ℓ_{ij} 是经过线段 $P_i P_j$ 中点的线，并且和 $P_h P_k$ 垂直，其中 $\{i,j,h,k\} = \{1,2,3,4\}$，如图 7 所示，则六条线 ℓ_{ij} 是同时相交的.

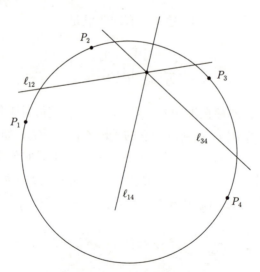

图 7　线 ℓ_{12}，ℓ_{14} 和 ℓ_{34}

85. (短词的特殊情形) 令 $A = \{a_1,\cdots,a_k\}$ 是有 $k \geqslant 2$ 个元素的有限集，一个字母表. 另外，A^ℓ 是所有长度为 ℓ 的集合，并且 $A^* = \bigcup_\ell A^\ell$ 是所有有限单词的集合.（这个集合 A^* 也包含空单词 ε.）例如，如果 $A = \{a,b,c\}$，则 $A^2 = \{aa, ab, ac, ba, bb, bc, ca, cb, cc\}$. 一个单词 $x \in A^*$ 是 $w \in A^*$ 的一个因子，如果对于某个单词 $u, v \in A^*$，有 $w = uxv$，其中 uxv 和相

似的表达式表示连接关系. 一个单词 w 避开一个集合 $X \subset A^*$, 如果 X 中没有单词是 w 的一个因子. 集合 $X \subset A^*$ 是不可避开的, 如果在 A^* 中除了有限多个单词都有 X 中的一个因子. 例如, 集合 $\{a, b^4, c^5, bc\} = \{a, bbbb, ccccc, bc\}$ 在字母表 $\{a, b, c\}$ 上是不可避开的, 但是集合 $\{a, bc^2, b^2c\} = \{a, bcc, bbc\}$ 是可避开的.

对于 $m \geqslant 1$, 记 $n_k(m)$ 是一个不可避开的集合的最小基数, 其中每个单词长度至少是 m. 证明：$n_k(1) = k, n_k(2) = \dbinom{k+1}{2}$ 并且 $n_2(3) = 4$.

86. (短词的一般情形) 设 $A = \{a_1, \cdots, a_k\}$ 是一个字母表, 具有 $k \geqslant 2$ 个元素的有限集合. 此外, A^ℓ 是所有长度为 ℓ 的单词的集合, $A^* = \cup_\ell A^\ell$ 是所有有限长度的单词的集合. (此集合 A^* 也包含空单词 ε.) 例如, 如果 $A = \{a, b, c\}$, 那么 $A^2 = \{aa, ab, ac, ba, bb, bc, ca, cb, cc\}$. 一个单词 $x \in A^*$ 是 $w \in A^*$ 的因子, 如果对于某些单词 $u, v \in A^*$, 有 $w = uxv$, 其中 uxv 和类似表达式表示连接关系. 如果 $X \subset A^*$ 中没有单词是 w 的因子, 则称单词 w 避开集合 X. 如果 A^* 中除了有限多个单词外其余单词都有因子在 X 中, 则称集合 $X \subset A^*$ 是不可避开的. 例如, 集合 $\{a, b^4, c^5, bc\} = \{a, bbbb, ccccc, bc\}$ 在字母表 $\{a, b, c\}$ 中是不可避开的, 但是集合 $\{a, bc^2, b^2c\} = \{a, bcc, bbc\}$ 是可避开的.

对于 $m \geqslant 1$, 记 $n_k(m)$ 为一个不可避开集合的最小基数, 这个集合中每个单词的长度至少是 m. 证明：

$$k^m/m \leqslant n_k(m) \leqslant k^m.$$

87. (因子的个数) 用 $d(n)$ 表示自然数 n 的因子的个数. 因此 $d(1) = 1, d(2) = 2, d(6) = 4, d(72) = 12$, 以此类推. 证明：$d(n) \leqslant 2\sqrt{n}$ 且 $d(n) = n^{o(1)}$.

88.(公共邻顶点) 证明：顶点数为 n 且边数为 m 的图存在两个顶点使得这两个顶点至少有 $\lfloor 4m^2/n^3 \rfloor$ 个公共邻顶点.

89. (和集中的平方数) 设 A 是 n 个整数的集合使得 $A + A$ 包含 $1, 4, 9, \cdots, m^2$, 即前 m 个平方数. 那么 n 最小是多少?

90. (贝塞尔不等式的拓展) 设 $\boldsymbol{\varphi}_1, \boldsymbol{\varphi}_2, \cdots, \boldsymbol{\varphi}_n$ 和 $\boldsymbol{f}$ 是实希尔伯特 (Hilbert) 空间 H 中的向量. 证明：

$$\|\boldsymbol{f}\|^2 \geqslant \sum_{i=1}^n (\boldsymbol{f}, \boldsymbol{\varphi}_i)^2/s_i,$$

其中, $(,)$ 定义为 H 中的内积且 $s_i = \sum_{j=1}^n |(\boldsymbol{\varphi}_i, \boldsymbol{\varphi}_j)|$.

回想一下, 贝塞尔 (Bessel) 不等式表明, 如果 $\boldsymbol{e}_1, \boldsymbol{e}_2, \cdots$ 是具有内积 $(,)$ 的希尔伯特空间中向量的标准正交序列, 也就是说, 对所有的 $i \neq j$, 有 $\|\boldsymbol{e}_i\| = 1$ 且 $(\boldsymbol{e}_i, \boldsymbol{e}_j) = 0$, 那么对每一个向量 $\boldsymbol{f}$, 都有 $\sum_i |(\boldsymbol{f}, \boldsymbol{e}_i)|^2 \leqslant \|\boldsymbol{f}\|^2$. 因此贝塞尔不等式是上述不等式的特殊情形.

91. (均匀染色) 设 S 是平面 $\mathbb{R}^2$ 中的有限点集. 证明：用两种颜色对 S 中的点进行染色，可以使得每条坐标线 (即与其中一个轴平行的线) 都是均匀染色的，也就是说，染其中一个颜色的点至多比染另一种颜色的点多一个.

92. (分散的圆盘) 设 $D_1, \cdots, D_n$ 是中心分别为 $c_1, \cdots, c_n$ 的单位圆盘 (平面上)，其中 $n \geqslant 3$，满足每条线至多与这些圆盘中的两个相交. 证明：

$$\sum_{1 \leqslant i < j \leqslant n} \frac{1}{d_{ij}} < \frac{n\pi}{4},$$

其中，$d_{ij} = d(c_i, c_j)$ 是 c_i 和 c_j 之间的距离.

93. (East 模型) 一个美丽的统计物理学模型，即 East 模型，定义如下. 棋盘 (宇宙) 是由自然数字 $1, 2, \cdots$ 组成的射线：称之为站点. 每个站点处于两种状态之一：要么被占用，要么未被占用. 称被占用的站点集为构型. (同样地，可以将状态的分布看作一种构型.) East 过程或简单的过程是一系列构型 $X_0 \to X_1 \to \cdots \to X_\ell$，其中 X_{j+1} 是通过改变 X_j 中至多一个站点的状态得到的，并且只有当 $x = 1$ 或 $x - 1$ 被占用时，站点 x 的状态才允许改变.

从所有站点都没有被占用开始，并且在每一步中至多有 n 个被占用的站点，用 $V(n)$ 表示这些过程中得到的构型集合. (作为完整性检查，注意到 $V(1) = \{\varnothing, \{1\}\}$ 和 $V(2) = \{\varnothing, \{1\}, \{1, 2\}, \{2\}, \{2, 3\}\}$，所以 $|V(1)| = 2$ 和 $|V(2)| = 5$.) 定义函数

$$A(n) = \max\{x : \{x\} \in V(n)\}$$

且

$$B(n) = \max\{x : x \in X, \text{对于某个 } X \in V(n)\}.$$

因此 $A(n)$ 是属于 $V(n)$ 中只有 x 被占用的构型中 x 的最大值，$B(n)$ 告诉我们在 $V(n)$ 中能到达的最远的站点. 以上例子表明 $A(1) = B(1) = 1, A(2) = 2, B(2) = 3$.

94. (完美三角形) 在这个问题中，如果一个三角形的边长都是整数，并且它的面积等于它的周长，那么称它是完美的. 指出所有的完美三角形.

95. (一个三角形的不等式) 设一个三角形的三条边的长度分别为 a、b、c，面积为 Δ. 证明：

$$a^2 + b^2 + c^2 \geqslant 4\sqrt{3}\Delta.$$

96. (两个三角形的不等式) 给出两个三角形：一个三角形的三条边的长度分别为 a、b、c, 面积为 Δ，另一个三角形的三条边的长度分别为 a'、b'、c'，面积为 Δ'. 证明：

$$a'^2(-a^2 + b^2 + c^2) + b'^2(a^2 - b^2 + c^2) + c'^2(a^2 + b^2 - c^2) \geqslant 16\Delta\Delta'.$$

97. (随机交集) 对于 $0 < p < 1$，$[n] = \{1, 2, \cdots, n\}$ 的 p-随机子集是以概率 p 来独立的选择每个数字 k 得到的，其中 $1 \leqslant k \leqslant n$. 因此，选择的一个集合 $A \subset [n]$ 的概率为

$$\mathbb{P}_p(A) = \mathbb{P}(X_p = A) = p^{|A|}(1-p)^{n-|A|}.$$

等价地，给出了 $[n]$ 的所有 2^n 个子集的集合 $\mathcal{P}_n$ 上的概率测度 $\mathbb{P}_p$

$$\mathbb{P}_p(\mathcal{A}) = \sum_{A \in \mathcal{A}} \mathbb{P}_p(A) = \sum_{A \in \mathcal{A}} p^{|A|}(1-p)^{n-|A|},$$

其中，$\mathcal{A} \subset \mathcal{P}_n$. 在这准备之后，可以陈述该问题.

令 $\mathcal{A} \subset \mathcal{P}_n$，且集合

$$\mathcal{J} = \mathcal{J}(\mathcal{A}) = \{A \cap B : A, B \in \mathcal{A}\}.$$

证明：对于 $0 < p < 1$，有

$$\mathbb{P}_{p^2}(\mathcal{J}) \geqslant \mathbb{P}_p(\mathcal{A})^2.$$

98. (不交正方形) $\mathbb{R}^2$ 中的标准正方形是形式为 $\{(x, y) \in \mathbb{R}^2 : u \leqslant x \leqslant u+s, w \leqslant y \leqslant w+s\}$ 的正方形，其中 $s > 0$ 为边长. (因此，取一个闭合的标准正方形，其边与轴平行.) 设 $\mathcal{F} = \{Q_1, \cdots, Q_n\}$ 是 $\mathbb{R}^2$ 中的标准单位正方形族，满足并集 $A = \bigcup_{i=1}^n Q_i$ 的面积大于 $4k$. 证明：$\mathcal{F}$ 包含 $k+1$ 个两两不相交的单位正方形的子集合.

再证明：如果 A 的面积是 $4k$，则不能保证有 $k+1$ 个两两不相交的正方形.

99. (递增子序列) (i) 证明：每个含有 $pq+1$ 个实数的序列都包含一个长度为 $p+1$ 的严格递增子序列或长度为 $q+1$ 的严格递减子序列. 也就是说，如果 $a_1, \cdots, a_n$ 是含有 $n = pq+1$ 个实数的序列，那么存在一个子序列 $a_{i_0} < a_{i_1} < \cdots < a_{i_p}$ 或子序列 $a_{j_0} \geqslant a_{j_1} \geqslant \cdots \geqslant a_{j_q}$.

(ii) 再证明：(i) 的断言是最优的，即 $pq+1$ 不能换成 pq.

100. (一个排列游戏) 老师与她的学生一起玩排列游戏. 她在数学俱乐部中六位最好的学生的额头上各贴一张纸，并在每张纸上写一个 (实) 数字，任意两个数字都不同. 她让学生们自行分为两组，A 组和 B 组，其中一组由拥有最大的，第三大的和第五大的数字的学生组成，另一组由剩余三名学生组成. 分组只要求：A 组可能包含最大或最小的数字. 每位学生不可以从其他人那里获得任何帮助，并且他们必须同时宣布他们是加入 A 组还是 B 组；但是，他们允许制定自己的策略. 学生可以使用什么策略来赢得排列游戏？

101. (杆上的蚂蚁) 长度为 1 米的杆上有 50 只蚂蚁. 每只蚂蚁沿固定的方向以 10mm/s 的速度急速前进. 当两只蚂蚁相遇时，它们转身并以相同的速度向相反的方向前进. 蚂蚁到达杆的末端就会掉落. 所有蚂蚁掉下来最多需要多长时间？

102. (两个骑自行车的人和一只燕子) 阿达尔贝特从 A 镇开始骑自行车前往 60km 外的 B 镇，速度为 20km/h. 与此同时，他的女朋友伯纳黛特以 10km/h 的速度从 B 镇骑自行车前往 A 镇. 他们的宠物燕子富歇以 40km/h 的速度和阿达尔贝特一起从 A 镇出发，飞向 B 镇：当它遇见伯纳黛特时，它转过身飞回阿达尔贝特，如此反复. 当阿达尔贝特和伯纳黛特相遇时，富歇飞行了多远？

103. (自然数的几乎不相交子集) 正如《孟菲斯咖啡时光》($Coffee\ Time\ in\ Memphis$) 的问题 10 一样，如果两个集合的交集是有限的，那么称它们为几乎不相交的. 从这个问题中可以知道，可数的自然数集有一个几乎不相交的子集构成的不可数集族. 是否存在一个几乎不相交的自然数集的不可数集族 $\{M_\gamma : \gamma \in \Gamma\}$，使得每一对集合的交集 $M_\alpha \cap M_\beta$ 都是 M_α 和 M_β 的初始段？

104. (本原序列) 当 $1 \leqslant i,j \leqslant n$，$i \neq j$，且 k 是整数时，如果 $|ka_i - a_j| \geqslant 1$，那么我们称实数序列 $(a_1, \cdots, a_n)$ 为本原序列. 给定 $b \geqslant 1$，n 的最大值是多少时，本原序列 $(a_1, \cdots, a_n)$ 满足对每个 i，都存在 $0 \leqslant a_i \leqslant b$？

105. (网格上的感染时间) 令 G_n 是一个 $n \times n$ 的棋盘或网格，由 n^2 个单位正方形或单元格组成. 等价地，G_n 是晶格 Z^n 的一个 $n \times n$ 的部分，由 n^2 个顶点或位点以及连接它们的 $2n(n-1)$ 条边组成. 将在 G_n 的这两种表现形式之间自由切换，如图 8 所示.

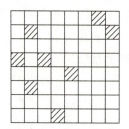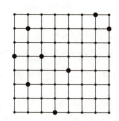

图 8　G_8 的两种表示，以及 8 个最初被感染的单元格/位点导致的全感染

在 0 时刻，有一组初始感染位点的集合 S_0. 在每个时间段，如果位点有至少两个被感染的邻点，那么该位点被感染，同时被感染的位点会一直处于感染状态. 如果在时间 t 之后没有新的位点被感染，则该过程在第 t 步停止. 一般地，对于 $t \geqslant 1$，令

$$S_t = \{x \in S \backslash S_{t-1} : x\ 在\ S_{t-1}\ 中至少有两个邻点\} \cap S_{t-1}.$$

对于某个时刻 t，如果集合 S_t 是整个顶点集 $V(G_n)$，那么称 S_0 感染整个网格 G_n. 具有这种性质的最小的 t 称为 S_0 的感染时间. 从《孟菲斯咖啡时光》的问题 34 知道，感染整个网格 G_n 所需的最小位点数是 n. 如果最初有 n 个被感染的位点，那么所有位点都被感染需要的最短时间是多少？

读者可以验证图 9 中最初被感染的 7 个单元格需要 14 步才能感染 G_7.

10	9	8	7	▨	7	8
▨	8	7	6	5	6	7
10	9	4	▨	4	5	6
11	10	3	2	3	4	▨
12	11	▨	1	▨	5	6
13	12	9	8	7	6	7
14	13	10	9	8	▨	8

图 9 数字表示 7 个最初被感染的单元格如何 14 步感染 G_7

106. (三角形的面积) (i) 给定三角形 ABC，设 D、E 和 F 分别为边 AB、BC 和 CA 上的点，如图 10a 所示. 证明：线段 AD、BE 和 CF 是一致的，即共点的，当且仅当

$$\frac{AF}{FB} \cdot \frac{BD}{DC} \cdot \frac{CE}{EA} = 1.$$

(ii) 如图 10b 所示，一条直线与三角形 ABC 的边 AB 和 BC 相交于点 D 和 E，与 AC 边的延长线相交于点 F. 证明：

$$\frac{AD}{DB} \cdot \frac{BE}{EC} \cdot \frac{CF}{FA} = 1.$$

(iii) 在三角形的边 BC、CA 和 AB 上，取三个点 A'、B'、C' 使得

$$BA' : A'C = p_1 : q_1, \quad CB' : B'A = p_2 : q_2, \quad AC' : C'B = p_3 : q_3.$$

线段 BB' 和 CC'、CC' 和 AA'、AA' 和 BB' 相交于 A''、B''、C''，如图 10c 所示. 证明：三角形 $A''B''C''$ 的面积和三角形 ABC 的面积的比值等于

$$(p_1p_2p_3 - q_1q_2q_3)^2 : (p_2p_3 + q_2q_3 + p_2q_3)(p_3p_1 + q_3q_1 + p_3q_1)(p_1p_2 + q_1q_2 + p_1q_2).$$

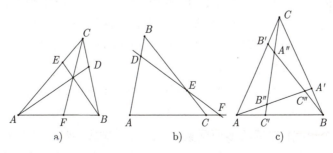

图 10 点、线和三角形

107. (直线与向量) (i) 设三角形 ABC 的外心为 O，重心为 M，垂心为 H(即三条高线的交点)，证明：O、M、H 三点共线，并且 $\overrightarrow{MH} = 2\overrightarrow{OM}$.

(ii) 向量 $\overrightarrow{OA}$、$\overrightarrow{OB}$ 和 $\overrightarrow{OC}$ 的和是什么？

108. (费尔巴赫的著名圆) 假设 H 是三角形 ABC 的高线 AD、BE 和 CF 的交点. 证明：三角形 ABC 三条边的中点，线段 AH、BH、CH 的中点以及高线的垂足 D、E、F 在同一个圆上.

109. (欧拉的比例–积–和定理) 假设 ABC 为三角形，x、y、z 为正数. 请证明下列两个命题等价.

(i) 存在于 BC、AC 和 AB 三边上的点 X、Y 和 Z，使得线段 AX、BY 和 CZ 相交于点 O (见图 11)，并且 $AO/OX = x$，$BO/OY = y$ 和 $CO/OZ = z$.

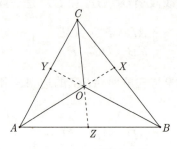

图 11　共点的线段

(ii) x、y 和 z 满足

$$xyz = x + y + z + 2.$$

110. (巴协的砝码问题) 有一个带有两个盘子和 n 个整数砝码的称重器. 例如，若砝码重量分别为 1、2 和 8，则可以通过将砝码放入任一盘中来称量所有重量小于等于 11 的具有整数重量的物体. 在砝码可以放置于任一盘中的前提下，求最大整数 W_n，使得可以称量任何小于等于 W_n 的整数重量，并找出实现最大值的砝码集合.

111. (完美分拆) 有一个带有两个盘子的称重器. 一个盘子用于放整数砝码，另一个盘子用于放置想要称重的物体. 请问将 31 磅分拆为整数砝码的方式有多少种，使得能够用唯一的方式称量从 1 到 31 磅之间的任何具有整磅数重量的物体 (相同重量的砝码被视为相同的)? 例如，$(8,8,8,2,2,2,1)$ 就是这样的一个分拆：可以用三个 8 磅的砝码，三个 2 磅的砝码和一个 1 磅的砝码来称量任何 1 到 31 磅之间的整磅数重量的物体，且只有一种方式. 例如，21 磅的物体称量方法如下：$21 = 8 + 8 + 2 + 2 + 1$.

112. (可数多个玩家) 有可数多个玩家 $P_1, P_2, \cdots$ 排成一排，每个人头顶的帽子上都有一个实数，对于每个人来说，只有在他前面的玩家才能看见他帽子上的数字. 比如，玩家 P_3

不知道 P_1、P_2 和 P_3(他自己) 的数字是多少, 但可以看到 P_4、P_5 等人的数字. 玩家的任务是猜测自己帽子上的数字, 并将其写在其他玩家看不见的纸上. 在数字分配之前, 玩家们可以商定策略, 但数字一旦放到帽子上, 就不允许交流. 玩家们能否做到除了有限个人之外, 其他所有人都猜对自己的数字?

113. (一百个玩家) 一个游戏由一百个玩家来玩, 玩家们在游戏开始前可以商定策略, 但在游戏开始后不允许交流. 每个玩家逐一进入房间, 里面有无限序列的抽屉 $D_1, D_2, \cdots$, 其中抽屉 D_n 包含一个实数 x_n, 任何玩家都不知道这个抽屉是哪个. 每个玩家可以打开尽可能多的抽屉, 但在某个阶段, 他必须指向一个未打开的抽屉, 并猜测其中的实数. 他可以自行决定打开哪些抽屉: 他可以打开一些抽屉, 然后思考、计算、抛硬币十次、再次思考并打开更多抽屉等. 但他不能永远推迟: 他必须猜测一个未打开的抽屉里的数值. 确定好自己的选择和猜测后, 再将已打开的抽屉全部关闭, 然后令下一个玩家进入房间. 玩家们能保证至少有一个玩家猜对吗? 或者可能不止一个人猜对吗?

114. (过河 (I)) (i) 非常重的男人和女人. 一个男人和一个女人带着两个孩子过河, 男人和女人的重量分别为一车载 (车载为重量单位), 两个孩子的总重量为一车载. 他们找到了一艘只能装一车载重量的船. 如果可能的话, 请完成过河, 而不让船沉没.

(ii) 一只狼、一只山羊和一堆卷心菜. 一个人必须把一只狼、一只山羊和一堆卷心菜运过一条河. 他唯一找到的船一次只能装载两个物品 (包括人). 但他被要求把所有这些物品都完好无损地运到对岸, 该怎么做呢?

115. (过河 (II)) 三个朋友和他们的姐姐. 三个朋友, 每个人都有一个姐姐, 这六个人要过河. 现有一艘只能容纳两个人的小船. 请问他们如何才能过河, 而不出现一个朋友和其他两个朋友的姐姐同船的情况?

116. (斐波那契与中世纪数学竞赛) 皇帝弗雷德里克二世 (Emperor Frederick II)(1194—1250), 巴巴罗萨 (Barbarossa) 的孙子, 于 1225 年在比萨举行了一场数学竞赛, 以测试莱昂纳多·斐波那契 (Leonardo Fibonacci)(在他有生之年被称为比萨的列奥纳多或仅为列奥纳多) 的技能. 以下是其中两个问题.

(i) 找到一个数, 其平方无论增加还是减少 5 都是一个平方数. 默认的假设是, 我们要找到的数字是有理数.

(ii) 三个人 A、B、C 拥有一笔钱 u, 他们所占份额的比例为 $3:2:1$. A 拿走自己的份额 x, 自己留下一半, 并将余额存入 D; B 拿走自己的份额 y, 自己留下三分之二, 并将余额存入 D; C 拿走剩下的钱 z, 自己留六分之五, 并将余额存入 D. 最终发现 D 的存款中, A、B、C 所占的份额相等. 请求出 u、x、y 和 z.

斐波那契解决了这两个问题, 但其他竞争对手都无法解决. 你能解决吗?

117. (三角形与四边形) (i) 设 ABC 是一个三角形, AD 是其高, 垂足为 D. 假设

$AC - AB = 3$, $DC - DB = 12$ 且 $AD = 10$. 请求出底边 BC 的长度.

(ii) 假设有一个四边形，其边长按顺时针分别为 a、b、c 和 d. 请构造这样一个内接于圆中的四边形.

118. (点和直线的交叉比) 给定共线的四个点 A、B、C 和 D，将交叉比 $[A, B; C, D]$ 定义为:

$$[A, B; C, D] = \frac{AC}{AD} \bigg/ \frac{BC}{BD} = \frac{AC \times BD}{AD \times BC}.$$

在这里，对于三个共线点 P、Q 和 R，将 PQ/PR 写成有符号的距离比: 如果 P 在 Q 和 R 之间，则比值的符号为 -1，否则为 $+1$. 例如，对于 x 轴上的点 $A = (0,0)$、$B = (1,0)$、$C = (2,0)$ 和 $D = (3,0)$, $[A, B; C, D] = (2/3) \times 2 = 4/3$, $[A, C; B, D] = (2/3) \times (-1) = -1/3$, $[B, D; C, A] = (-1) \times 3 = -3$.

同样地，给定四条共点的直线 a、b、c 和 d，将交叉比 $[a, b; c, d]$ 定义为:

$$[a, b; c, d] = \frac{\sin(ac)}{\sin(ad)} \bigg/ \frac{\sin(bc)}{\sin(bd)} = \frac{\sin(ac)\sin(bd)}{\sin(ad)\sin(bc)}.$$

为了计算这些比值，给 a、b、c 和 d 任意定向，并定义 (ac) 为将 a 旋转到 c 所需的角度，以此类推. 显然，$[a, b; c, d]$ 与之前选择的方向无关. 例如，如果 $(ab) = (bc) = (cd) = \pi/6$, 那么 $(ad) = \pi/2$ 且 $[a, b; c, d] = (\sqrt{3}/2) \times (\sqrt{3}) = 3/2$, $[a, c; b, d] = (1/2) \times (-1) = -1/2$, $[b, d; c, a] = (-1) \times (2) = -2$.

最后，令 A、B、C 和 D 是直线 ℓ 上的点，O 是不在直线 ℓ 上的一点. 定义

$$O[ABCD] = [a, b; c, d],$$

其中，a 是通过 O 和 A 的直线，b 是通过 O 和 B 的直线，以此类推.

通过这些定义，可以陈述有关点和线交叉比的基本性质的简单问题.

(i) 令 A、B、C 和 D 是直线 ℓ 上的点，O 是不在直线 ℓ 上的一点. 证明:

$$O[ABCD] = [A, B; C, D].$$

(ii) 令 A、B、C、D、O 和 O' 是圆上的六个点. 证明:

$$O[ABCD] = O'[ABCD].$$

(iii) 令 $[A, B; C, D] = [A', B; C, D]$, 其中两组点都是共线的，且 A、C、D 和 A'、C、D 的顺序相同. 证明 $A = A'$. 此外，证明对于直线及其交叉比也有类似的结论.

119. (圆中的六边形 (I)) 假设 A、B、C、D、E 和 F 是圆锥曲线 (即椭圆、抛物线或双曲线) 上的点，并且假设六边形 $ABCDEF$ 的对边相交于 G、H 和 I, 如图 12 所示. 即线

段 AB 和 DE 相交于 G，BC 和 EF 相交于 H，CD 和 FA 相交于 I. 证明：点 G、H 和 I 是共线的.

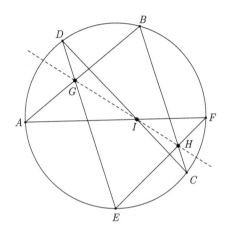

图 12　一个内接于圆中的六边形，以及对边的交点

120. (圆中的六边形 (II)) 假设六边形的顶点位于一个圆上，并且三对对边相交. 证明：相交点在同一条直线上.

121. ($\mathbb{Z}_p$ 中的序列) 设 p 是一个素数，$a_1, \cdots, a_{p-1}$ 是 $\mathbb{Z}_p$ 中的一个序列，使得 $\sum_{i \in I} a_i \neq 0$，其中 I 是任意一个非空的指标集. 证明：这个序列是常数序列，即 $a_1 = \cdots = a_{p-1}$.

122. (素数阶元素) 设 G 是一个有限群，其阶数能被一个素数 p 整除. 证明：G 中阶数为 p 的元素的数量加 1 是 p 的倍数.

123. (平坦三角剖分) 在一个 n 边形的三角剖分中，如果每个内部顶点都为 $6°$，那么最多有多少个三角形？

124. (三角形台球桌) 设 ABC 是一张锐角三角形台球桌. 对于边 BC、CA 和 AB 上的点 P、Q 和 R，如果一只从 P 向 Q 发射的台球，会沿着多边形路径 $PQRPQR\cdots$ 移动，那么这三个点 P、Q 和 R 应该满足什么条件？这里每次"弹跳"都是"真实"的，即球离开一条边的角度与它碰撞这条边时的角度相同. 比如，RP 和 QP 与边 BC 的夹角相等.（见图 13.）

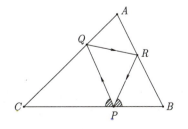

图 13　台球在三角形台球桌面上的轨迹

125. (椭圆的弦) 设 AB 是一个椭圆的弦，M 是其中点，PQ 和 RS 是另外两条通过 M 的弦. 如图 14 所示，在 AB 上分别用 T 和 U 表示弦 PS 和 RQ 与 AB 的交点. 证明：M 是线段 TU 的中点.

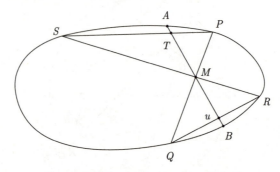

图 14   翅膀为 PMS 和 RMQ 的蝴蝶

126. (分拆函数的递归关系) 用 $p(n)$ 表示将 n 分拆为非负整数的无序分拆函数，因此 $p(1) = 1$，$p(2) = 2$，$p(3) = 3$，$p(4) = 5$，$p(5) = 7$，以此类推. 此外，定义 $p(0) = 1$，且对于每个 $m \geqslant 1$，令 $p(-m) = 0$.

证明：对于 $n \geqslant 1$，有

$$np(n) = \sum_{k=1} \sum_{v=1} vp(n - kv)$$

且

$$p(n) = p(n-1) + p(n-2) - p(n-5) - p(n-7) + p(n-12) \pm \cdots$$

$$= \sum_{k=1} (-1)^{k+1} \left[p\left(n - \frac{k(3k-1)}{2}\right) + p\left(n - \frac{k(3k+1)}{2}\right) \right].$$

在上面的求和中，k 取所有不会给分拆函数负参数的正数；因此，在第二个求和中，k 大约取 $\sqrt{2n/3}$ 个值.

127. (分拆函数的增长) 和问题 126 一样，设 $p(n)$ 为分拆函数，表示将 n 分拆为非负整数的无序分拆的数目，因此 $p(0) = 1$，$p(1) = 1$，并且从 $p(2)$ 开始，$p(n)$ 的值依次为：2, 3, 5, 7, 11, 15, 22, 30, 42, 56, 77, 101, $\cdots$ 证明：

$$p(n) \leqslant e^{c\sqrt{n}}$$

其中，$c = \pi \sqrt{2/3} = 2.565 \cdots$.

在证明中，可能需要用到以下不等式：如果 $0 < x < 1$，则

$$\mathrm{e}^{-x}/(1-\mathrm{e}^{-x})^2 < 1/x^2.$$

128. (稠密轨道) 证明：存在有界线性算子 $T \in \mathcal{B}(\ell^1)$，使得对于某个向量 $\boldsymbol{x} \in \ell^1$，其轨道 $\{T^n\boldsymbol{x} : n = 1, 2, \cdots\}$ 在 ℓ^1 中是稠密的. 这里的 ℓ^1 是经典的序列空间

$$\left\{ \boldsymbol{x} = (x_i)_1^\infty : x_i \in \mathbb{R}, \|\boldsymbol{x}\| = \sum_{I=1}^\infty |x_i| < \infty \right\}.$$

第二部分

提　示

2. 贪婪算法：在已经找到 $2 \leqslant n_1 < n_2 < \cdots < n_i$ 时，如果

$$r > \frac{1}{n_1} + \cdots + \frac{1}{n_i}$$

那么尽可能地选择更大的 $1/n_{i+1}$，使其依然满足

$$r \geqslant \frac{1}{n_1} + \cdots + \frac{1}{n_{i+1}}.$$

用 $\dfrac{4,699}{7,320}$ 来检验这个过程；从这个例子中学习，证明这个过程可以用在每一个有理数上.

3. 利用问题 2 中 J.J. 西尔维斯特 (J.J. Sylvester, 1814—1897) 关于"普通分数"的结果.

5. 令 X_p 和 Y_p 是 $[n]$ 的独立 p-随机子集. 注意就有 $X_p \cap Y_p$ 为 $[n]$ 的 p^2-随机子集.

6. 为此，从 $\sin x$ 的幂级数展开开始，这可以从 $\sin x = (\mathrm{e}^{\mathrm{i}x} - \mathrm{e}^{-\mathrm{i}x})/(2\mathrm{i})$ 得到，然后再考虑 $(\sin x)/x$ 的幂级数展开.

7. 第一种证明中，给出 $\prod_{p \leqslant n}(1 - 1/p)^{-1}$ 的对数的上下界：上界以 $1/p$ 表示，下界以 $\sum_{k=1}^{n} 1/k$ 的对数表示.

在第二种和第三种证明中，令 $p_1 = 2 < p_2 = 3 < \cdots$ 是素数序列. 假设 $\sum_1^{\infty} 1/p_i < \infty$，那么存在一个整数 k，使得 $\sum_{i=k+1}^{\infty} 1/p_i$ 是"小"的数，小于 $1/2$ 或者 $1/8$，或者你自己选的数. 然后，对于足够大的 n，将不超过 n 的整数分成两部分：一部分是有素数因子 p_l 且 $l > k$，另一部分是没有这样的素数因子的整数. 给出两种证明，来说明这两部分都太小，无法构成它们的并集 $[n] = \{1, \cdots, n\}$.

9. 为了证明条件是充分的，对 $r \times n$ 矩阵添加一行，使得到的 $(r+1) \times n$ 矩阵依旧满足条件，即它的 $r+1$ 行的每一行正好有 k 个 1，并且它的 n 列的每列有至少 $k+r+1-n$ 个 1，且至多 k 个 1.

10. 利用物理学的论证方法.

11. 证明与一个面相交的面数的平均数大于 5. 利用 Euler 多面体定理，以及若一个面的顶点度为 $d_1, \cdots, d_l$，那这个面与 $\sum_i (d_i - 2)$ 个其他面相交.

13. 假设断言是错误的. 因此，令 ABC 是一个三角形，A、B 处的角为 α 和 β，且 $\alpha < \beta$，角平分线 AD 和 BE 的长度相同，D 在边 BC 上，E 在边 AC 上. 设 F 是平分线 AD 上的点，使得 $\angle ABF$ 为 $(\alpha + \beta)/2$，因此 $\angle EBF$ 为 $\alpha/2$.

14. 在边 AC 上添加点 F，使得 $\angle CBF = 20°$.

15. 为了证明这个角度是 $20°$，将点 A 在 CD 所在直线上反射，得到点 H. 追逐角.

16. 对于代数证明，利用恒等式 $b^2 = (c+a)(c-a)$. 对于几何证明，考虑平面上通过点 $(-1, 0)$ 和 $(a/c, b/c)$ 的直线.

17. 证明更强的结论，即 $a^4 + b^4 = c^2$ 没有正整数解. 为了达到这个目的，凭直觉，重复利用问题 16 中勾股数的特征. 首先注意到，如果 (a, b, c) 是一个解，那么 (a^2, b^2, c) 是一组勾股数.

18. 很明显，如果存在一个边长为整数的直角三角形，其面积是一个平方数，那么 1 就应该是相合数. 假设存在这样的三角形，其斜边尽可能小，能再构造出一个面积为平方数、斜边更小的边长为整数的直角三角形. 为了做出这个构造，回想一下勾股数组的特征.

19. 主要的问题是找到必要条件: 那么就很容易确定这些条件也是充分的. 假设 $\sqrt{s+1} - \sqrt{s-1} = a/b$，其中 a、b 互素，对这个等式方程两边取平方，并得出适当的整除性结论，再回忆勾股数组的特征.

21. 设 P_n 是面积最大的、周长为 n 的 n 边形. (虽然这样一个多边形 P_n 的存在并不显然，但在这个答案中假设它存在.) 首先，注意到 P_n 是等边的——这很简单，这样就能得出 $n = 3$ 和 $n = 4$ 的结果. 其次，假设 $n \geqslant 5$ 以及 P_n 不是等角的，令 A、B、C、D 是四个连续的顶点，且点 B 处的角度不等于点 C 处的角度. 现在将四边形 $ABCD$ 关于 AD 的垂直平分线进行反射，得到四边形 $AC'B'D$. 证明两个全等四边形 $ABCD$ 和 $AC'B'D$ 的"算术平均"是一个周长更小、面积更大的四边形.

22. 如果给出提示，求解该问题就没有任何难度了.

23. 利用前面的问题来推导出第一种证明方法.

25. 令 $ABCD$ 是一个凸四边形，E 和 F 分别是对角线 AC 和 BD 的中点. 分析 O 对于四边形，使得满足 $S_{\triangle AOB} + S_{\triangle COD} = S_{\triangle BOC} + S_{\triangle DOA}$ 的轨迹是什么样的?

为回答这个问题，借助各种三角形的面积来论证.

26. 对于问题 (ii) 的第一种证明方法，可以使用生成函数去做，在第二个证明方法中，通过巧妙的变化去构造一一对应关系，第三种证明方法可根据分拆中 1 的重复次数对分拆进行分类.

27. 利用生成函数证明.

28. 相信读者都注意到了 (ii) 是比 (i) 更一般的结论，(ii) 显然包含 (i). 而此处希望不必先完成更简单的部分，因为很可能利用生成函数，能在 (ii) 中更容易推导出简单的证明方法.

29. 根据将有理数表示为倒数和的西尔维斯特表示法，推导出对于每个正有理数 r 和正整数 A，都存在一个自然数有限序列 $(n_i)_1^l$，满足条件

$$A < n_1 < n_1 + A < n_2 < n_2 + A < n_3 < \cdots < n_{l-1} + A < n_l$$

并且

$$r = \sum_1^l \frac{1}{n_i}.$$

30. 注意该条件是对所有 i, $\sum_{h=1}^{n} f_i(h)$ 都成立, 且

$$\sum_{h=1}^{n} f_i(h) f_j(h) \leqslant s < r^2/n$$

对 $i \neq j$ 都成立. 通过给出 $\sum_{h=1}^{n} F(h)^2$ 的上下界来推导出所需的不等式.

31. 考虑将矩阵的行和列视为长度为 n 的 $0-1$ 序列, 并注意无论将行进行何种置换, 新对角线都一定穿过每一行.

34. 答案为 $(n!)^3$. 再寻找一种不使用生成函数的简单证明方法.

35. 证明 S 的每对点都在一个等分圆上. 已知点 p 和 q, 找一个过 p 和 q 的圆, 且至少有 n 个点含于内部. 连续地移动圆, 并保持点 p 和点 q 在其上, 直到圆位于其内部最多只有 $n-1$ 个点的位置.

36. 构造 $2n+1$ 个点的集合, 且该集合为两个集合的并, 其中一个集合有 $n+1$ 个点, 另一个有 n 个点. 该集合应满足每个等分圆有两个点在一个集合中, 另一个点在另一个集合中.

37. 对于哪些多项式 $f(X)$, 可以一步证明其线性组合为零?

38. 和为 $n!$.

39. 对 a 做归纳, 从平凡的情况 $a = 0$ 出发. 为了证明归纳步骤, 引入三个函数: 令 $S(a)$ 是原本等式左侧部分, $F(a, k)$ 是左边的第 k 项, 且令

$$G(a, k) = \frac{(-1)^k (a+b)! (b+c)! (c+a)!}{2(a+1+k)! (a-k)! (b+k)! (b-1-k)! (c+k)! (c-1-k)!}.$$

为了证明 $S(a+1) = S(a)(a+1+b+c)/(a+1)$, 将归纳步骤所需的关系 $G(a, k) - G(a, k-1)$, 表示为 $F(a+1, k)$ 和 $F(a, k)$ 的恰当的线性组合.

40. 为了证明第一个不等式, 需要证明等式两端的多项式在 $X = -m-n, -m-n+1, \cdots, n-1, n$ 时都相同. 实际上, 它们除了 n 以外的所有值都为 0. 由于这些多项式的次数最多为 $m+2n$, 并且在 $m+2n+1$ 个点上取值相等, 因此它们是恒等的.

41. 如图 15 所示, 令 $O = (0, 0)$, $X_n = (1, x_n)$, $n \geqslant 0$, $Y_\infty = (0, 1)$, 且用 C 表示圆心为 O 的单位圆. 对于 $n \geqslant 1$, 令 Y_n 是线段 OX_n 与圆 C 的交点, Z_{n-1} 是过 Y_n 的平行于 $X_0 X_n$ 的直线与线段 OX_{n-1} 的交点. 对于 $n \geqslant 1$, 将三角形 $OY_n Z_{n-1}$ 的面积记作 $|T_n|$, 注意 $\sum_{n=1}^{\infty} |T_n| < \pi/4$.

42. 利用在问题 41 的解答中最后出现的不等式去证明.

43. 对 n 做归纳.

44. 将 α_p 直接表示出来, 其中包括 $\lfloor 2n/p^k \rfloor$ 和 $\lfloor n/p^k \rfloor$, 且对 $k = 1, 2, \cdots$ 满足 $p^k \leqslant 2n$.

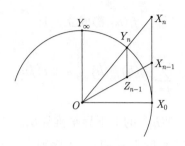

图 15   问题 41

45. 首先理解 $\Pi(n)$ 表示什么，注意到，如果 $x \geqslant 2$ 表示实数，那么 $\Pi(x) = \Pi(\lfloor x \rfloor)$. 同时，如果 $p_k \leqslant x < p_{k+1}$, $p_1 = 2 < p_2 = 3 < \cdots$ 表示素数序列，则 $\Pi(x) = \Pi(p_k)$. 特别地，如果 $m \geqslant 2$ 是自然数，那么 $\Pi(2m) = \Pi(2m-1)$. 更重要的是，可以观察到

$$\Pi(2m-1)/\Pi(m) \leqslant \binom{2m-1}{m}.$$

回忆之前问题中关于中心二项式系数的上界，利用这个不等式并通过数学归纳法对 n 进行证明.

46. 首先证明伯特兰 (Bertrand) 公设对于一个相当大的数字是容易验证的，比如 $2\,500$. 假设该猜想对某些 $n \geqslant 2\,500$ 不成立，使得 $\Pi(2n) = \Pi(n)$，利用问题 42、问题 44 和问题 45 中的结果给出中心二项式系数 $\binom{2n}{n}$ 的上下界，然后证明这些界是不相容的.

47. 取 2 和 3 的幂模 8.

48. 分开考虑 n 是偶数和奇数的情况. 当 n 是偶数时，记 r 为 $r = 1 + 2^k q$，其中 q 是奇数，考虑以 2^{k+1} 为模求解的方程.

49. 模仿方程 $2^m = r^n - 1$ 的证明.

50. 令 $p^m = r^n - 1$，其中 $p \geqslant 3$ 是素数且 m、r 和 n 是大于 1 的整数. 从问题 49 可以知道 $r \neq 2$，那么 $r \geqslant 3$. 注意到 $r^n - 1 = (r-1)(1 + r + r^2 + \cdots + r^{n-1})$，所以两个因子都是 p 的完美幂. 由此可以得到合适的结论.

53. 证明只需要考虑权重是 0 和 1 的情况即可证明该断言.

56. 注意，可以假设 f 和 g 有相同的度. 设 S_g 是 S_f 的子集 (不一定是真子集)，考虑多项式与 S_f 补的无界分量的比率.

57. 定义两个随机变量 T 和 W. 记 T 为比赛的投掷次数且

$$W = \begin{cases} 1, & \text{罗森格兰兹获胜,} \\ 0, & \text{吉尔登斯特恩获胜.} \end{cases}$$

尽管是为了证明

$$\mathbb{E}(T \mid W = 1) = \mathbb{E}(T \mid W = 0),$$

再进一步证明随机变量 T 和 W 是独立的.

首先证明对某些常数 $c > 0$, 有

$$\mathbb{P}(W = 1 \text{ 和} T = t) = c\mathbb{P}(T = t)$$

成立时, 随机变量 T 和 W 是独立的. 其次, 在投掷字符串 $HTTHTHH\cdots$ 与集合 $R(t)$ 之间建立一一映射, 使得吉尔登斯特恩在 t 次投掷后获胜, 同时给出类似的吉尔登斯特恩获胜的集合 $G(t)$. 证明:

$$\mathbb{P}(R(t)) = (p/q)^k \mathbb{P}(G(t)),$$

并继续证明所需断言.

58. 如果不确定, 就用最直接的方法进行论证.

59. 保持冷静——这个问题是平凡的, 如果你想要一个直接 (却冗长) 的解决方案, 可写出整个决策树.

61. (i) 在沙发到达角落之前, 充分考虑沙发的位置, 并将与通道相对应的无限长条形带连接到沙发上. 当沙发远离角落时, 重复这个步骤. 当沙发转过拐角时, 我们能从这些带子和沙发得出什么?

(ii) 想想老式的电话机.

63. 假设 q 不是一个完全平方数, 固定 a, 并考虑二次方程 $x^2 - aqx + (a^2 - q) = 0$, 其中一个根为 b. 对 (a, b) 做一个合理的假设, 比如, $a + b$ 是极小的, a 是极小的, $a^2 + b^2$ 是极小的, 或者其他, 表明这个与 b 不同的二次方程的根可以扮演 b 的角色 (当然也有 a), 并导致矛盾.

65. 记 $a_i = 2^{\alpha_i} b_i$, 其中 α_i 是一个非负整数, b_i 是奇数, 因为所有 a_i 相互不整除, 所以因子 b_i 是不同的. 因为我们有 n 个因子 b_i, 所以它们的序列 $b_1, b_2, \cdots, b_n$ 是 $1, 3, 5, \cdots, 2n - 1$ 的一个排列.

68. 奇偶性.

70. 证明对于平面的 "好" 的度量, 相应的断言是成立的, 其中平面集合的度量对应 $6k$ 个点在该集合中的数目.

72. 对于 (ii), 尝试形式为 $1 + aX^2Y^2 + bX^4Y^2 + cX^2Y^4$ 的多项式.

73. 如图 16 所示, 用费雷尔图 (Ferrers diagram) 或杨表 (Young tableau) 表示分拆. 一个分拆中费雷尔图第 k 行的点或星的数目 (和杨表第 k 行的格子数目) 是分拆的第 k 部分.

74. 将一种分拆重新排列, 得到另一种分拆, 这是定义在几乎所有排列集合上到不等分拆集合里的映射.

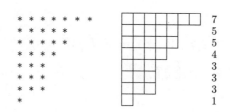

图 16 分拆 31=7+5+5+4+3+3+3+1 的两种表示

75. 考虑富兰克林 (Franklin) 在他的欧拉五角数定理的证明中构造的对合 (见问题 74).

76. 假设对于一个图 G, 该推断是错误的, 因此存在一个在 G 上的多数 Bootstrap 渗流 $f = (f_t)_0^\infty$, 其周期为 $k \geqslant 3$. 我们可以假设周期是从最初开始的: 对于任意的 $t \geq 0$, 都有 $f_{t+k} = f_t$. 为了减少符号的混乱, 记 v_t 为一个点 v 在时间 t 的状态 $f_t(v)$, 模 k 充分大, 使得 $v_{k+1} = v_1$, 以此类推. 因为周期是 $k \geqslant 3$, 所以存在 v 使得对于无限多个时间 t 都有 $v_t \neq v_{t-2}$. 证明对于这样一个数对 (v, t), 有 $\sum_{u \in \Gamma(v)} [\delta(u_{t-1}, v_t) - \delta(u_{t-1}, v_{t-2})] \geqslant 0$, 其中 δ 是 Kronecker δ 函数, 因此, 如果 $x = y$, 则 $\delta(x, y) = 1$, 否则为 0.

利用这个推断

$$\sum_{t=1}^k \sum_{v \in V} \sum_{u \in \Gamma(v)} [\delta(u_{t-1}, v_t) - \delta(u_{t-1}, v_{t-2})] > 0.$$

用两种不同方式计算以上三重求和来得到矛盾.

77. 假设 $A_1 = [k] = \{1, \cdots, k\}$. 对于 $1 \leqslant \ell \leqslant k$, 令 E_ℓ 表示一个事件, 其中 ℓ 是 $X_p \cap A_1$ 的最小元素, 并定义集合

$$\mathcal{A}_\ell = \{A_i \backslash [\ell - 1] : \ell \notin A_i\}.$$

注意 X_p 和 $\mathcal{A}$ 相交, 当且仅当 E_ℓ 成立且 X_p 和 $\mathcal{A}_\ell$ 相交.

79. 如果子盒子 $C = C_1 \times \cdots \times C_n$ 有奇数个元素, 称它是奇的, 即 $|C_i|$ 对于任意的 i 都是奇数. 给定一个把 A 划分到非平凡的盒子 B 中的分拆, 对于每一个 B, 我们关联一个集合 $\mathcal{O}_B$, 它包含所有与 B 相交于奇子盒子的 A 的奇子盒子. 利用这些集合 $\mathcal{O}_B$ 来解决这个问题.

81. 假设在顶点为 $[n] = \{1, 2, \cdots, n\}$ 的完全图被分解为完全二部图 $G_1, G_2, \cdots, G_r$. 对于任意的 i, 设置一个变量 X_i, 并且将这个分解表示为一个 r 项的和, 给出齐次多项式 $X_1 X_2 + X_1 X_3 + X_1 X_4 + \cdots + X_{n-1} X_n$.

82. 考虑矩阵的秩.

83. 映射和模式的数目是多少?

84. 运用复数.

86. 主要工作是证明第一个不等式. 注意到存在一个基数为 $n_k(m)$ 的不可避开的集合 X, 这个集合中的每个单词的长度为 m, 并且没有形式为 $w^2 = ww$ 且长度为 $2m$ 的单词避开 X.

87. 通过从 1 开始，将素因子逐次加到当前的数字来构造 n 的素因子分解，以证明 $d(n) = n^{o(1)}$. 在每一步中，同时改变 $\log n$ 和 $\log d(n)$. 因此，在第一步，当 1 被 p 取代时，将 0 增加到 $\log p$，并将 0 增加到 $\log 2$. 当包含一个素数 p 使得当前值 n 的素因子分解中存在 $p^{(a-1)}$ 时，则 $\log n$ 再次增加 $\log p$，但 $\log d(n)$ 仅增加 $\log((a+1)/a)$. 注意到，给定任何 $\varepsilon > 0$，只有有限多对 (p, a) 使得 $\log((a+1)/a)$ 不小于 $\varepsilon \log p$.

88. 假设该断言是错误的，并以两种不同的方式计算路径的数目.

89. 用 A 定义一个含 n 个点的图，并应用问题 88 中的结果.

90. 注意到，对于常数 ξ_i，有

$$\left\| f - \sum_{i=1}^{n} \xi_i \varphi_i \right\|^2 = \left(f - \sum_{i=1}^{n} \xi_i \varphi_i, f - \sum_{i=1}^{n} \xi_i \varphi_i \right) \geqslant 0.$$

展开上述内积，并对常数 ξ_i 选择合适的值.

93. 答案是 $A(n) = 2^{n-1}, B(n) = 2^n - 1$. 为了证明这个结果，验证并使用以下两个事实:

(i) 该过程是可逆的: 如果构型 X 可以变为 Y，那么 Y 也可以变为 X;

(ii) 如果 $X \in V(n)$ 且 $Y \in V(n - |X|)$，那么对于每个 $x \in X$，都有 $X \cup (x + Y) \in V(n)$，其中 $x + Y = \{x + y : y \in Y\}$.

97. 设 X_p 和 Y_p 是 $[n]$ 的独立 p-随机子集. 注意到 $X_p \cap Y_p$ 是 $[n]$ 的 p^2-随机子集.

100. 用数字 $1, \cdots, 6$ 表示学生. 将数字写在学生的额头上，老师对学生进行排列. 例如，顺序 (即排列)512643 意味着 5 号学生得到最大的数字，1 号学生是第二大的，以此类推. 学生能看到这个排列中除自己以外的部分. 例如，2 号学生可以看到排列 51643. 学生们必须想出划分 $\{2, 4, 5\} \cup \{1, 3, 6\}$. 答案暗示了奇偶性，因此需要考虑排列的奇偶性. 这是排列的符号.

$[n]$ 的一个排列 σ 的特征或符号sgn(σ) 是 -1 的 σ 的逆序数次方，即满足 $1 \leqslant i < j \leqslant n$ 且 $\sigma(i) > \sigma(j)$ 的数对 (i, j) 的个数. 如果一个排列的符号是 $+1$，那么该排列是偶的，如果符号是 -1，那么该排列是奇的. $[n]$ 的所有偶排列的集合是含有 $n!/2$ 个元素的交换群，即所有排列的对称群S_n 中元素的一半. 希望大家能够确定排列，使得排列的符号给出合适的划分.

106. 使用 (ii) 来证明 (iii).

109. 用三角形 ABO、三角形 BCO 和三角形 CAO 的面积表示比例.

110. 假设可以通过向大小为 $n - 1$ 的最佳砝码集合中添加一个砝码来获得大小为 n 的最佳砝码集合. 那么这些砝码是什么?

111. 证明对于一个素数 p 和一个整数 $\alpha \geqslant 1$，有 $2^{\alpha-1}$ 种将 $n = p^{\alpha} - 1$ 磅分成整数砝码的分拆方式，使得对于每一种分拆，都只有一种方式称出从 1 到 n 的任何具有整磅数重量的物体，并且砝码只能放在一个秤盘中. 特别地，当 $p = 2$ 且 $\alpha = 5$ 时，有 $2^4 = 16$ 种方式. 证

明每个合适的分拆都对应着一个多项式恒等式.

112. 如果两个实数序列在除有限项外的每一项都相同，则称它们是等价的. 这显然是一个等价关系，因此每个序列确定一个等价类. 玩家们在每个等价类中选择一个规范代表，即给定一个等价类 E，他们选择其中的一个序列 z_E 作为该等价类的代表. 有了这样一个提示，该问题可能变得非常容易.

113. 在这个问题中，需要比问题 112 中更多的等价类、规范代表和阈值.

118. 证明 (i) 时，将正弦定理应用到三角形 OAC、三角形 OAD、三角形 OBC 和三角形 OBD 中，并选择合适的角度.

119. 用 J 表示边 CD 和边 EF 的交点，用 K 表示边 DE 和边 FA 的交点. 利用交叉比的基本性质证明 $I[EJFH] = I[EJFG]$.

120. 设 $A_0 \cdots A_5$ 是六边形，A_0A_1 与 A_3A_4 相交于 P_0，A_1A_2 与 A_4A_5 相交于 P_1，A_2A_3 与 A_5A_0 相交于 P_2. 设通过 A_1、P_1 和 A_4 的圆与通过 A_0、A_1 和 P_0 的直线相交于 B_0，与通过 A_4、A_3 和 P_0 的直线相交于 B_1. 证明三角形 $A_0A_3P_2$ 和三角形 $B_0B_1P_1$ 是透视的，即它们对应的边是平行的.

125. 利用交叉比：见问题 118.

126. 为了证明第二个递推式，应用问题 74 中的欧拉五边形定理.（参考这个递推式的形式，这并不是一个很有用的提示.）

127. 对 n 进行归纳：在证明中使用问题 126 中出现的递推关系

$$np(n) = \sum_{v=1} \sum_{k=1} vp(n - kv),$$

并使用不等式

$$\mathrm{e}^{-x}/(1 - \mathrm{e}^{-x})^2 < 1/x^2.$$

如果使用这个不等式，请先证明它.

128. 利用这个事实：如果 $Z = \{z_1, z_2, \cdots\}$ 是 ℓ^1 中向量的一个可数稠密集，满足当 $i \to \infty$ 时，$d(z_i, z_i') = \|z_i - z_i'\| \to 0$，那么 Z' 在 ℓ^1 中也是稠密的.

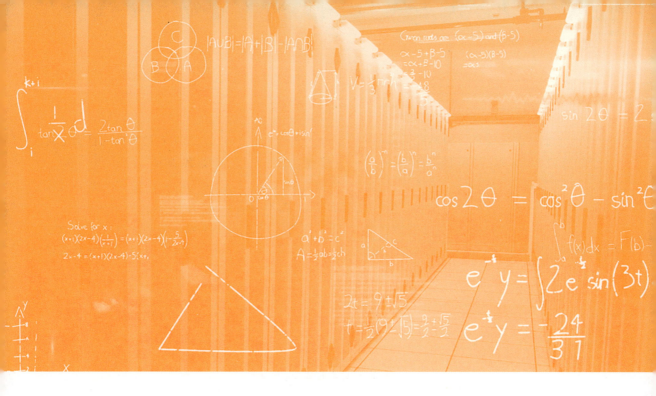

第三部分

解　答

1. 实序列——一道面试题

(i) 令 n 是一个固定自然数且 $n \geqslant 1$, 令 $0 < x_1 < \cdots < x_N < 2n+1$ 是实数列且满足对于任意的 $1 \leqslant i < j \leqslant N$ 的自然数 i、j、k, 都有 $|kx_i - x_j| \geqslant 1$, 那么 $N \leqslant n$.

(ii) 令 n 是一个固定自然数且 $n \geqslant 1$, 令 $0 < x_1 < \cdots < x_N < (3n+1)/2$ 是实数列且满足对于任意的自然数 $1 \leqslant i < j \leqslant N$ 和奇数 $k \geqslant 1$, 都有 $|kx_i - x_j| \geqslant 1$, 那么 $N \leqslant n$.

证明 (i) 记 $x = x_N$. 对于任意满足 $1 \leqslant i \leqslant N$ 的 i, 令 $k_i \geqslant 0$ 为唯一使得 $x/2 < 2^{k_i} x_i \leqslant x$ 的整数. 那么 $2^{k_i} x_i \geqslant x/2 + 1/2$, 否则会有 $\left| 2^{k_i+1} x_i - x_N \right| < 1$. 又因为, 若对于所有满足 $1 \leqslant i < j \leqslant N$ 的 i,j, 都有 $\left| 2^{k_i} x_i - 2^{k_j} x_j \right| < 1$, 将会有

$$\left| 2^{k_i - k_j} x_i - x_j \right| = 2^{-k_j} \left| 2^{k_i} x_i - 2^{k_j} x_j \right| < 2^{-k_j} \leqslant 1,$$

所以, 应有 $\left| 2^{k_i} x_i - 2^{k_j} x_j \right| \geqslant 1$. 因此对于任意 i,

$$x/2 + 1/2 \leqslant 2^{k_i} x_i \leqslant x,$$

且若 $i \neq j$, 则有 $\left| 2^{k_i} x_i - 2^{k_j} x_j \right| \geqslant 1$. 因此

$$x - (x/2 + 1/2) \geqslant N - 1,$$

即

$$2n + 1 > x_N = x \geqslant 2N - 1,$$

所以 $N \leqslant n$.

(ii) 证明思路与 (i) 部分相同, 唯一的不同是将 2 变为 3. 因此, 记 $x = x_N$ 使得 $2x < 3n+1$. 对于任意满足 $1 \leqslant i \leqslant N$ 的 i, 令 $k_i \geqslant 0$ 为唯一使得 $x/3 < 3^{k_i} x_i \leqslant x$ 的整数. 那么 $3^{k_i} x_i \geqslant x/3 + 1/3$, 否则会有 $\left| 3^{k_i+1} x_i - x_N \right| < 1$. 又因为, 若对于所有满足 $1 \leqslant i < j \leqslant N$ 的 i,j, $\left| 3^{k_i} x_i - 3^{k_j} x_j \right| < 1$, 将会有

$$\left| 3^{k_i - k_j} x_i - x_j \right| = 3^{-k_j} \left| 3^{k_i} x_i - 3^{k_j} x_j \right| < 3^{-k_j} \leqslant 1,$$

所以应有 $\left| 3^{k_i} x_i - 3^{k_j} x_j \right| \geqslant 1$. 因此对于任意 i,

$$x/3 + 1/3 \leqslant 3^{k_i} x_i \leqslant x,$$

且若 $i \neq j$, 则有 $\left| 3^{k_i} x_i - 3^{k_j} x_j \right| \geqslant 1$. 因此

$$x - (x/3 + 1/3) \geqslant N - 1,$$

即

$$3n + 1 > 2x_N = 2x \geqslant 3N - 2,$$

所以 $N \leqslant n$. □

注记 上述的结果是非常紧的. 例如, 如果将 (i) 中的严格不等式 $x_N < 2n+1$ 削弱为 $x_N \leqslant 2n+1$, 那 N 可以等于 $n+1$. 实际上, $n+1 < n+2 < \cdots < 2n+1$ 这 $n+1$ 个整数正是满足与另一个整数的倍数之间的距离都不小于 1 的那些数.

读者应该已经意识到 (ii) 有更强的普遍性. 我们假设倍数 k 是奇数, 但是实际我们用的是它至少为 3. 因此当替换 2 和 3, 上述证明 (两次给出的, 有细微差别) 就能用于更多情况.

这个问题是基于 "Erdős Problem for Epsilons" (在 CTM 中称为问题 2(i)) 的拓展, 这是保罗·埃尔德什 (Paul Erdős) 为十几岁的聪明学生设计并提出的. 这本可以是三一学院在面试求学者时的理想问题, 但是早在我想起这个问题之前我就已经停止面试多年了.

2. 普通分数——西尔维斯特定理

任意介于 0 和 1 之间的有理数都是有限个不同的自然数的倒数之和.

证明 在西尔维斯特的术语中, 上述即为任意普通有理数是有限个不同简单有理数的和. 这里, 有理数 r 是 "简单" 的, 如果 $r = 1/n$ 对于某个自然数 $n \geqslant 2$; r 是 "普通" 的, 如果它是最简化形式的 $r = a/b$, 其中 $2 \leqslant a < b$.

更多地证明, 也就是用贪婪算法产生所需的表示: 初始 $r = a/b$, 且 $1 \leqslant a < b$, 令 $n_1 \geqslant 2$ 是最小的满足 $r \geqslant 1/n_1$ 的自然数; 若这是一个等式, 序列就停止, 否则再取 n_2 是最小的满足 $r \geqslant 1/n_1 + 1/n_2$ 的自然数; 若这是一个等式, 序列就停止, 否则再取 n_3 是最小的满足 $r \geqslant 1/n_1 + 1/n_2 + 1/n_3$ 的自然数, 以此类推. 在这个构造中, 有

$$\frac{1}{n_i - 1} > \frac{1}{n_i} + \frac{1}{n_{i+1}},$$

否则, 会选取 $n_i - 1$ 而不是 n_i. 因此

$$n_{i+1} \geqslant n_i(n_i - 1) + 1;$$

特别地, 序列 (n_i) 是递增的: $2 \leqslant n_1 < n_2 < \cdots$. 因此, 所需要确认的就是上述过程能在有限步停止.

对于分数 $\dfrac{4,699}{7,320}$ 进行上述操作:

$$\frac{4,699}{7,320} = \frac{1}{2} + \frac{1,039}{7,320} = \frac{1}{2} + \frac{1}{8} + \frac{124}{7,320} = \frac{1}{2} + \frac{1}{8} + \frac{31}{1,830} = \frac{1}{2} + \frac{1}{8} + \frac{1}{60} + \frac{1}{3,660}.$$

从这个展开式中得到的启示是, 在余数序列中,

$$\frac{4,699}{7,320} > \frac{1,039}{7,320} > \frac{31}{1,830} > \frac{1}{3,660},$$

分母是严格递减的. 如果这是一般情况，只需要验证这个性质就可以得到序列 $n_1 < n_2 < \cdots$ 是有限的，也就得到了 $r = a/b$ 的一个简单分数和的展开.

为了验证这个性质，再次关注序列 $2 \leqslant n_1 < n_2 < \cdots$. 从 $r = a/b$ 开始，令 $a_0 = a$ 且 $b_0 = b$，所以有 $1 \leqslant a_0 < b_0$. 假设已经找到了 a_i/b_i 和 $2 \leqslant n_1 < n_2 < \cdots < n_i$ 使得

$$\frac{a_i}{b_i} = \frac{a}{b} - \frac{1}{n_1} - \cdots - \frac{1}{n_i}.$$

若 $a_i = 0$，则进程停止并有

$$\frac{a}{b} = \frac{1}{n_1} + \cdots + \frac{1}{n_i}.$$

否则，令 n_{i+1} 是最小的的自然数，且满足

$$a_i n_{i+1} \geqslant b_i,$$

也就是令 $n_{i+1} = \lceil b_i/a_i \rceil$ 为唯一的自然数，且满足

$$0 \leqslant a_i n_{i+1} - b_i < a_i,$$

再令

$$a_{i+1} = a_i n_{i+1} - b_i < a_i, b_{i+1} = b_i n_{i+1}.$$

那么

$$\frac{a_{i+1}}{b_{i+1}} = \frac{a}{b} - \frac{1}{n_1} - \cdots - \frac{1}{n_{i+1}}.$$

因为 $a_0 > a_1 > \cdots > a_{i+1}$，所以上述过程会在有限步停止，这样就能得到想要的表达式.

这里再给出贪婪算法的另一个示例，取 $r = 335/336$. 则 $n_1 = \lceil 336/335 \rceil = 2, a_1 = 334, b_1 = 672, n_2 = \lceil 672/334 \rceil = 3, a_2 = 330, b_2 = 2016, n_3 = \lceil 2016/330 \rceil = 7, a_3 = 294, b_3 = 14112, n_4 = \lceil 14112/294 \rceil = 14112/294 = 48$，所以

$$\frac{335}{336} = \frac{1}{2} + \frac{1}{3} + \frac{1}{7} + \frac{1}{48}.$$

$\square$

注记　这个小结果来自西尔维斯特，他是 19 世纪的一名伟大的代数学家，这个问题冠以他的名字.（我希望每个读者都清楚，这不是使得西尔维斯特成名的众多成果之一.）西尔维斯特是剑桥大学圣约翰学院的研究员，也是最早在美国工作 (多年) 的主要数学家之一. 他是新成立的约翰霍普金斯大学的首任数学教授. 有趣的是，回想到西尔维斯特对美元不太有信心，所以他要求用黄金支付，这也能窥探出时代的变化. 他在美国留下的不朽遗产之一是

在 1878 年创办的《美国数学杂志》. (实际上, 他在那本杂志上发表了这篇论文.) 几年后, 他回到英国, 在牛津大学担任教授.

上述对有理数 $r(0 < r < 1)$ 的展开, 也就是自然数倒数的和, 通常称为 r 的西尔维斯特表示. 而我们用的是一个非常普通 (但更有信息量) 的名字, 即贪婪表示. 我们侧重 “贪婪” 二字来重新描述一遍这个过程. 我们依次选择了 $n_1 < n_2 < \cdots$. 定义完 n_i, 若

$$r - \frac{1}{n_1} - \cdots - \frac{1}{n_{i-1}} - \frac{1}{n_i} > 0,$$

选择尽可能大的 $1/n_{i+1}$ 满足

$$r - \frac{1}{n_1} - \cdots - \frac{1}{n_i} - \frac{1}{n_{i+1}} \geqslant 0.$$

因为在这样的选取条件下, 不可以用 $1/(n_i - 1)$ 替换 $1/n_i$, 所以

$$r - \frac{1}{n_1} - \cdots - \frac{1}{n_{i-1}} - \frac{1}{n_i - 1} < 0,$$

所以

$$\frac{1}{n_i - 1} - \frac{1}{n_i} > \frac{1}{n_{i+1}},$$

也就是

$$n_{i+1} \geqslant n_i(n_i - 1) + 1.$$

有时候, 这个关于序列 (n_i) 增长的下界被证明是很有用的.

参 考 文 献

1. Sylvester, J.J., On a point in the theory of vulgar fractions, *Amer. J. Math.* 3 (1880) 332-335.
2. Sylvester, J.J., Postscript to a note on a point in vulgar fractions, *Amer. J. Math.* 3 (1880) 388-389.

3. 有理数与无理数的和

令正整数序列 $2 \leqslant n_1 < n_2 < \cdots$ 满足, 对于任意 $i \geqslant 1$, 有

$$n_{i+1} \geqslant n_i(n_i - 1) + 1. \tag{2}$$

则

$$r = \sum_{i=1}^{\infty} \frac{1}{n_i}$$

为有理数，当且仅当不等式 (2) 除有限多个 i 外，其余所有 i 都使得等号成立.

证明   开始证明前先做一些准备工作. 令 $2 \leqslant a_h < a_{h+1} < \cdots$ 满足

$$a_{i+1} = a_i(a_i - 1) + 1,$$

也就是对于任意 $i \geqslant h$,

$$\frac{1}{a_i} = \frac{1}{a_i - 1} - \frac{1}{a_{i+1} - 1}.$$

那对于 $k \geqslant h$，就有

$$\sum_{i=h}^{k} \frac{1}{a_i} = \sum_{i=h}^{k} \left(\frac{1}{a_i - 1} - \frac{1}{a_{i+1} - 1} \right) = \frac{1}{a_h - 1} - \frac{1}{a_{k+1} - 1},$$

所以

$$\sum_{i=h}^{\infty} \frac{1}{a_i} = \frac{1}{a_h - 1}. \tag{3}$$

关系式 (3) 表明了 r 是良定义的：级数 $\sum_{i=1}^{\infty} 1/n_i$ 确实是收敛的. 并且，若 $n_1 = 2$ 且对于任意 i，$n_{i+1} = n_i(n_i - 1) + 1$，则有 $r = 1$，否则 $0 < r < 1$.

现在，回到这个问题实际要证的.

(i) 假设不等式 (2) 除有限多个 i 外，其余所有 i 都使得等号成立. 这表明存在整数 k，使得 $i \geqslant k$ 时，不等式 (2) 的等号都成立. 那由关系式 (3),

$$r = \sum_{i=1}^{k-1} \frac{1}{n_i} + \sum_{i=k}^{\infty} \frac{1}{n_i} = \sum_{i=1}^{k-1} \frac{1}{n_i} + \frac{1}{n_k - 1},$$

所以 r 是一个有理数.

(ii) 假设不等式 (2) 对于无限多个 i 都有严格不等号成立. 那由关系式 (3)，对于任意 $h \geqslant 1$，有

$$\sum_{i=h}^{\infty} \frac{1}{n_i} < \frac{1}{n_h - 1}.$$

这表明

$$\frac{1}{n_h} < r - \sum_{i=1}^{h-1} \frac{1}{n_i} = \sum_{i=1}^{\infty} \frac{1}{n_i} - \sum_{i=1}^{h-1} \frac{1}{n_i} = \sum_{i=h}^{\infty} \frac{1}{n_i} < \frac{1}{n_h - 1}.$$

因此，回顾问题 2，原始序列 (n_i) 给了 r 的西尔维斯特表示，即

$$r = \sum_{i=1}^{\infty} \frac{1}{n_i}.$$

因为对于有理数 r 来说, 西尔维斯特表示是有限的, 所以这里 r 确实是无理数. $\square$

　　注记　这个简单的问题出自埃尔德什和斯泰因 (Stein) 于 1963 年发表的论文中.

参 考 文 献

Erdős, P. and S. Stein, Sums of distinct unit fractions, *Proc. Amer. Math. Soc.* 14 (1963) 126-131.

4. 雾中行船

　　A、B、C、D、E 五艘船在雾中行驶, 分别以不同的速度匀速行驶在不同的固定直线航向上, 方向各不相同. AB、AC、AD、BC、BD、CE 和 DE 表示每一对都差点发生了相撞的情况, 就称它们 "相撞". 证明此外还有 E 与 A、B 相撞, C 与 D 相撞.

　　证明　将这个系统表示在三维空间 $\mathbb{R}^3$ 中, 依托时间画出船的位置图像: 令时间 t 时, 船 A 的位置为 $(x_a(t), y_a(t))$, 因此 $\{(x_a(t), y_a(t), t) : -\infty < t < \infty\}$ 是 A 的 "世界线" a. 类似地定义出世界线 b、c、d、e.

　　如果两艘船的世界线相交, 它们就会相撞. 现在已知世界线 a、b、c 彼此相交, 所以这三条线在同一平面 P 上. 如果一条线至少有两个点在 P 上, 那么整条线都在 P 上. 又因为 D 与 A 和 B 相撞, 因此世界线 d 在 P 上. 再者, E 与 C 和 D 相撞, 因此世界线 e 在 P 上. 因此五条线 a、b、c、d、e 都在 P 上, 并且因为任意两条线都不平行, 所以每一对线都会相交. $\square$

　　注记　这是《李特尔伍德杂录》(*Little wood's Miscellong*) 中 "最小原料数学" ("Mathematics with Minimum Raw Material") 一章中的一个简单问题的小变形.

参 考 文 献

Littlewood, J.E., *Littlewood's Miscellany*. Edited and with a foreword by Béla Bollobás, Cambridge University Press (1980).

5. 交集族

　　对于 $0 < q < 1$, 由 $[n] = \{1, \cdots, n\}$ 的子集形成的集族 $\mathcal{F}$, 其 q-概率定义为

$$\mathbb{P}_q(\mathcal{F}) = \sum_{F \in \mathcal{F}} \mathbb{P}_q(F) = \sum_{F \in \mathcal{F}} q^{|F|}(1-q)^{n-|F|}.$$

令 $\mathcal{A}$ 为由 $[n]$ 的子集形成的 p-概率为 r 的集族, 也就是令 $\mathbb{P}_p(\mathcal{A}) = r$. 定义

$$\mathcal{J} = \mathcal{J}(\mathcal{A}) = \{A \cap B : A, B \in \mathcal{A}\}.$$

那么

$$\mathbb{P}_{p^2}(\mathcal{J}) \geqslant r^2.$$

证明 令 X_p 和 Y_p 是 $[n]$ 的独立 p–随机子集. 因为事件 $\{1 \in X_p \cap Y_p\}, \{2 \in X_p \cap Y_p\},$ $\cdots, \{n \in X_p \cap Y_p\}$ 是独立的, 且每一个的概率都是 p^2, 所以 $X_p \cap Y_p$ 是 $[n]$ 的一个 p^2–随机子集. 因此, 若 $\mathcal{B}$ 是 $[n]$ 的子集形成的集族, 那它的 p^2–概率为

$$\mathcal{P}_{p^2} = \mathcal{P}(X_p \cap Y_p \in \mathcal{B}).$$

令 $\mathcal{B} = \mathcal{I}$, 可以得到

$$\mathbb{P}_{p^2}(\mathcal{J}) = \mathbb{P}(X_p \cap Y_p \in \mathcal{J}) \geqslant \mathbb{P}(X_p \in \mathcal{A} \text{ 且 } Y_p \in \mathcal{A}) = \mathbb{P}(X_p \in \mathcal{A})\mathbb{P}(Y_p \in \mathcal{A}) = r^2.$$

$\square$

注记 埃利斯 (Ellis) 和纳拉亚南 (Narayanan) 将这个不等式用在了证明彼得·弗兰克尔 (Peter Frankl) 很早提出的一个猜想中, 这个猜想是若 $\mathcal{A} \subset \mathcal{P}_n$ 是 $[n]$ 的子集形成的一个对称三交集集族, 那么 $|\mathcal{A}| = o(2^n)$. (因此对于所有的 $A, B, C \in \mathcal{A}$, 有 $A \cap B \cap C \neq \varnothing$, 且 $\mathcal{A}$ 的自同构群在 $[n]$ 上是传递的, 也就是对于所有的 $1 \leqslant i < j \leqslant n$, 都存在 $[n]$ 上的置换把 i 映射为 j, 也将 $\mathcal{A}$ 的集合映射为 $\mathcal{A}$ 内的集合.) 更具体地, 埃利斯和纳拉亚南证明了 $p = 1/2$ 时的结果: 在纳拉亚南关于弗兰克尔猜想的证明的研讨会上, 保罗·巴里斯特尔 (Paul Balister) 注意到了上面给出的这个扩展和证明.

上面的证明可以简单地延续到下面的扩展. 令 $\mathcal{A}_1, \cdots, \mathcal{A}_k$ 是 $[n]$ 的子集形成的集族, $0 < p_1, \cdots, p_k$, 并设

$$\mathcal{J} = \{A_1 \cap \cdots \cap A_k : A_i \in \mathcal{A}\}.$$

参 考 文 献

Ellis, D. and B. Narayanan, On symmetric 3-wise intersecting families, *Proc. Amer. Math.* Soc. 145 (2017) 2843-2847.

6. 巴塞尔问题——欧拉的解答

无穷级数

$$\sum_{k=1}^{\infty} 1/k^2 = 1 + \frac{1}{4} + \frac{1}{9} + \frac{1}{16} + \cdots$$

的和是 $\pi^2/6$.

证明 无穷幂级数

$$1 - x^2/3! + x^4/5! - x^6/7! \pm \cdots$$

对于任意 $x \in \mathbb{R}$ 都是收敛的; 可以记它为函数 $p(x)$,

$$p(x) = 1 - x^2/3! + x^4/5! - x^6/7! \pm \cdots$$

并将其看作一个多项式. 因为

$$e^{ix} = \cos x + i\sin x = 1 + ix - x^2/2! - ix^3/3! + x^4/4! + ix^5/5! \pm \cdots,$$

所以

$$\sin x = (e^{ix} - e^{-ix})/(2i) = x - x^3/3! + x^5/5! - x^7/7! \pm \cdots,$$

因此

$$p(x) = \frac{x - x^3/3! + x^5/5! - x^7/7! \pm \cdots}{x} = \frac{\sin x}{x}.$$

因此, $p(x)$ 的根就是 $\sin x$ 除 0 之外的根, 也就是 $\pm\pi, \pm2\pi, \pm3\pi, \cdots$. 又因为 $\sin x$ 没有二重根, 所以它每个根的重数也都为一. 利用多项式 $p(x)$ 的根做分解, 则有

$$p(x) = \left(1 - \frac{x}{\pi}\right)\left(1 + \frac{x}{\pi}\right)\left(1 - \frac{x}{2\pi}\right)\left(1 + \frac{x}{2\pi}\right)\cdots$$
$$= \left(1 - \frac{x^2}{\pi^2}\right)\left(1 - \frac{x^2}{4\pi^2}\right)\cdots.$$

现在对这个无穷乘积做展开, 可以得到 $p(x)$ 的另一个幂级数表示

$$p(x) = 1 - \frac{x^2}{\pi^2}\left(1 + \frac{1}{4} + \frac{1}{9} + \frac{1}{16} + \frac{1}{25} + \cdots\right) + \cdots.$$

这里不关心 x 的更高幂次的系数. 这个幂级数一定都与之前设定的 $p(x)$ 的幂级数逐项一致; 特别地, x^2 项的系数相同:

$$-\frac{1}{6} = -\frac{1}{\pi^2}\left(1 + \frac{1}{4} + \frac{1}{9} + \frac{1}{16} + \frac{1}{25} + \cdots\right),$$

这里就得到了题目所需要的结论. □

注记　寻找无穷级数 $1 + \frac{1}{2^2} + \frac{1}{3^2} + \cdots$ 的巴塞尔问题将永远与莱昂哈德·欧拉 (Leonhard Euler, 1707—1783) 联系在一起. 事实上, 这个问题很可能是博洛尼亚神职人员和数学家皮埃特罗·门格利 (Pietro Mengoli) 在 1650 年左右提出的, 当时出生在巴塞尔并成为那里数学教授的雅各布·伯努利 (Jacob Bernoulli) 试图解决这个问题, 但失败了, 之后这个问题就作为巴塞尔问题出名了. 他能证明的是, 这一总和小于 2. 几乎所有欧洲伟大的数学家, 包括莱布尼茨 (Leibniz)、棣莫弗 (de Moivre)、约翰 (Johann) 和丹尼尔·伯努利 (Daniel Bernoulli) 以及哥德巴赫 (Goldbach), 都试图解决这个问题, 但充其量只能提出近似值. 欧拉也出生在巴塞尔, 在约翰·伯努利的指导下学习, 在他 20 岁出头的时候就对这个问题着迷, 并最终在 1735 年解决了这个问题, 当时他只有 28 岁: 这个问题的答案让他一举成名. 后来, 他又给出了至少两个很容易做到完全严谨的证明.

如今，人们对这个问题的兴趣是惊人的，毕竟这是一个老生常谈的问题. 尽管如此，似乎数学家和业余爱好者仍然被这个美丽的问题迷住了，且确实提供了各种各样令人吃惊的证明. 有点像毕达哥拉斯 (Pythagoras) 定理，但巴塞尔问题的复杂性却要大得多. 1999 年，埃克塞特 (Exeter) 的罗宾·查普曼 (Robin Chapman) 写了一篇题为"评估 $\zeta(2)$"的手稿，其中收集了十四个相关证明. 虽然在 2003 年，他更新了这个手稿，但遗憾的是，他从未将它出版. 在这个手稿之后，又有几个证明发表了. 下面的参考资料提供了少量的几个证明.

参 考 文 献

1. Apostol, T.M., A proof that Euler missed: Evaluating $\zeta(2)$ the easy way, *Math. Intelligencer* 5 (1983) 59-60.

2. Chapman, R., Evaluating $\zeta(2)$, unpublished manuscript, 13 pp (2003).

3. Dunham, W., *Euler: The Master of Us All*, The Dolciani Mathematical Expositions 22, MAA (1999).

4. Dunham, W., When Euler met l'Hôpital, *Math. Mag.* 82 (2009) 16-25.

5. Giesy, D.P., Still another elementary proof that $\sum_{k=1}^{\infty} 1/k^2 = \pi^2/6$, *Math. Mag.* 45 (1972) 148-149.

6. Harper, J.D., Another simple proof of $1 + \frac{1}{2^2} + \frac{1}{3^2} + \cdots = \pi^2/6$, *Amer. Math. Monthly* 110 (2003) 540-541.

7. Hofbauer, J., A simple proof of $1 + \frac{1}{2^2} + \frac{1}{3^2} + \cdots = \pi^2/6$ and related identities, *Amer. Math. Monthly* 109 (2002) 196-200.

8. Kalman, D., Six ways to sum a series, *College Math.* J. 24 (1993) 402-421.

9. Pace, L., Probabilistically proving that $\zeta(2) = \pi^2/6$, *Amer. Math. Monthly* 118 (2011) 641-643.

10. Papadimitriou, I., A simple proof of the formula $\sum_{k=1}^{\infty} k^{-2} = \pi^2/6$, *Amer. Math. Monthly* 80 (1973) 424-425.

7. 素数的倒数——欧拉与埃尔德什

素数的倒数和是发散的.

证明 下面将会给出三个简洁、优雅且著名的证明. 按习惯，在公式中 p 代表素数；因此 $\sum_{p \leq n}$ 表示不超过 n 的所有素数的求和. 令 $p_1 = 2 < p_2 = 3 < \cdots$ 代表素数列.

欧拉的证明 因为任意自然数都可分解为素数的乘积，所以

$$\sum_{k=1}^{n} 1/k \leq \prod_{p \leq n} \left(1 + 1/p + 1/p^2 + \cdots\right) = \prod_{p \leq n} (1 - 1/p)^{-1}.$$

又因为 $\log n \leq \sum_{k=1}^{n} 1/k$，所以

$$\prod_{p \leq n} (1 - 1/p)^{-1} \geq \log n.$$

非常自然地，若 $0 \leqslant t \leqslant 1/2$，则有 $\log(1-t) \geqslant -2t$，所以对上面不等式取对数后，就有

$$2 \sum_{p \leqslant n} 1/p \geqslant \log(\log n),$$

这就是欧拉的证明. □

埃尔德什的第一种证明   假设 $\sum_1^\infty 1/p_i < \infty$，令 k 满足 $\sum_{i=k+1}^\infty 1/p_i < 1/2$. 给定一个自然数 n，令 A_n 为不超过 n 且不能被任一"大的"素数 $p_{k+1}, p_{k+2}, \cdots$ 整除的数的集合，令 B_n 为其余不超过 n 的整数的集合. 那么任意整数 $m \in A_n$，都有 $m = st^2$，这里的 s 是无平方因子的，也就是 s 是一些"小的"素数 p_i 的乘积，且它们的次数都是 1. 因为任意一个这样的无平方因子数 s 都对应了集合 $\{p_1, \cdots, p_k\}$ 的一个子集，所以 s 的选择至多有 2^k 种. 又因为 $t^2 \leqslant n$，所以至多有 $\sqrt{n}$ 种 t，所以有

$$|A_n| \leqslant 2^k \sqrt{n}.$$

因为任意整数 $m \geqslant 1$ 的 $\lfloor n/m \rfloor$ 倍都不超过 n，且任意整数 $m \in B_n$ 都是至少一个"大的"素数 $p_{k+1}, p_{k+2}, \cdots$ 的倍数，所以

$$|B_n| \leqslant \sum_{i=k+1}^\infty \lfloor n/p_i \rfloor \leqslant \sum_{i=k+1}^\infty n/p_i = n \sum_{i=k+1}^\infty 1/p_i < n/2.$$

将 $|A_n|$ 与 $|B_n|$ 的上界合在一起，就有

$$n = |A_n| + |B_n| < 2^k \sqrt{n} + n/2,$$

这与 $n \geqslant 2^{2(k+1)}$ 矛盾. □

埃尔德什的第二种证明   与第一种证明一样，假设 $\sum_1^\infty 1/p_i < \infty$，但是这时的 k 为使得级数的尾项更小的数

$$\sum_{i=k+1}^\infty \frac{1}{p_i} < \frac{1}{8}.$$

这里给出一个很简单的有关裂项和的不等式

$$\sum_{m=2}^\infty \frac{1}{m^2} \leqslant \frac{1}{4} + \frac{1}{2 \times 3} + \frac{1}{3 \times 4} + \cdots = \frac{1}{4} + \left(\frac{1}{2} - \frac{1}{3}\right) + \left(\frac{1}{3} - \frac{1}{4}\right) + \cdots = \frac{3}{4}.$$

若 n 足够大，这两个不等式就会产生矛盾. 实际上，任意不超过 n 的数，要么是一个平方数 $m^2 \geqslant 4$ 的倍数，要么是一个"大的"素数 $p_i(i > k)$ 的倍数，要么是一些"小的"素数的乘积且它们的次数都是 1. 因此

$$n \leqslant n/8 + 3n/4 + 2^k,$$

这就与 $n > 2^{k+3}$ 矛盾. $\square$

注记　这是一个非常著名的结果，是有关素数分布的基础结果之一. 这个结果来源于欧拉，他在 1737 年给出了一个并不完整的证明. 在 1938 年，埃尔德什发表了上面两个证明；几年后，许多其他的证明相继出现并发表：可以在贝尔曼 (Bellman, 1943)、杜克斯 (Dux, 1956)、莫泽 (Moser, 1958)、克拉克森 (Clarkson, 1966) 以及梅斯特罗维奇 (Meštrović, 2013) 上挑选阅读.

在上述欧拉的第一个证明中，我们对界限太宽容了：细心一些就可以得到

$$\sum_{p \leqslant n} \frac{1}{p} \geqslant [1 + o(1)] \log\log n.$$

欧拉的证明与黎曼 ζ 函数 (Riemann zeta function) 的欧拉乘积公式 (Euler's product formula) 有关：对于所有 $s \in \mathbb{C}$ 满足 $\mathrm{Re}\, s > 1$，有

$$\zeta(s) = \sum_{n=1}^{\infty} \frac{1}{n^s} = \prod_p \frac{1}{1 - p^{-s}}.$$

凯舍里尼·希尔波斯坦 (Ceccherini-Silberstein)，斯卡拉蒂 (Scarabotti) 和托利 (Tolli) 在他们有关离散谐波分析的书中，展示了如下欧拉的证明. 对于任意的 $s > 1$，

$$\log \zeta(s) = \sum_p \log\left(\frac{1}{1 - p^{-s}}\right) = \sum_p \left(\frac{1}{p^s} + R\left(\frac{1}{p^s}\right)\right),$$

其中 $|R(1/p^s)| < 1/p^{2s}$. 这个 R 的界意味着

$$\left| \sum_p R\left(\frac{1}{p^s}\right) \right| \leqslant \sum_p \frac{1}{p^{2s}} \leqslant \sum_{n=1}^{\infty} \frac{1}{n^2} = \frac{\pi^2}{6}.$$

因此

$$\sum_p \frac{1}{p^s} \geqslant \log \zeta(s) - \frac{\pi^2}{6},$$

因为当 $s \to 1^+$ 时，$\zeta(s) = \sum_{n=1}^{\infty} 1/n^s$ 趋向于 $+\infty$，所以当 $s \to 1^+$ 时，左边会趋向于 $+\infty$. 关于埃尔德什给出的两个证明，有趣的是，他将这两个证明都发表在了同一篇不到一页半的论文中：虽然那时他已经在曼彻斯特 (Manchester) 待了好几年，但这份简短的文章却是用德语写的.

参 考 文 献

1. Bellman, R., A note on the divergence of a series, *Amer. Math. Monthly* 50 (1943) 318-319.

2. Ceccherini-Silberstein, T., F. Scarabotti and F. Tolli, *Discrete Harmonic Analysis -Representations, Number theory, Expanders, and the Fourier Transform*, Cambridge Studies in Advanced Mathematics 172, Cambridge University Press (2018).

3. Clarkson, J.A., On the series of prime reciprocals, *Proc. Amer. Math. Soc.* 17 (1966) 541.

4. Dux, E., Ein kurzer Beweis der Divergenz der unendlichen Reihe $\sum_{r=1}^{\infty} 1/p_r$ (in German), *Elem. Math.* 11 (1956) 50-51.

5. Erdős, P., Über die Reihe $\sum \frac{1}{p}$ (in German), *Mathematica, Zutphen B* 7 (1938) 1-2.

6. Euler, L., Variae observationes circa series infinitas, *Comment. Acad. Sci. Petropol.* 9 (1744) 160-188. [Reprinted in *Opera Omnia* I.14, 216-244, Teubner, Lipsiae et Berolini, 1924.]

7. Meštrović, R., A note on two Erdős's proofs of the infinitude of primes, *Electronic Notes in Discrete Mathematics* 43 (2013) 179-186.

8. Moser, L., On the series $\sum 1/p$, *Amer. Math. Monthly* 65 (1958) 104-105.

8. 整数的倒数

令 $1 < n_1 < n_2 < \cdots$ 为自然数列, 且满足 $\sum_{i=1}^{\infty} 1/n_i < \infty$. 那么集合

$$M = M(n_1, n_2, \cdots) = \{n_1^{\alpha_1} \cdots n_k^{\alpha_k} : \alpha_i \geqslant 0\}$$

有零密度.

证明　令 M_n 为 M 内不超过 n 的整数的集合. 令 $\varepsilon > 0$, 那现在要证的就是当 n 充分大时, $|M_n| < \varepsilon n$. 以此为目的, 令 k 满足 $\sum_{i=k+1}^{\infty} 1/n_i < \varepsilon/2$. 那么满足不超过 n 且能被至少一个 $n_i(i \geqslant k+1)$ 整除的整数的个数, 至多有

$$\sum_{i=k+1}^{\infty} n/n_i < \varepsilon n/2.$$

M_n 中其他的整数都满足

$$n_1^{\alpha_1} \cdots n_k^{\alpha_k} = t^2 \prod_{i \in I} n_i,$$

其中, $I \subset [k] = \{1, \cdots, k\}$. 因为至多有 $\sqrt{n}$ 种 t 的选法, 以及至多 2^k 种 I 的选法, 所以这种数至多有 $\sqrt{n}2^k$ 个. 这意味着

$$|M_n| < \varepsilon n/2 + \sqrt{n}2^k.$$

因此当 $n > 2^{2(k+1)}/\varepsilon^2$ 时, 有 $|M_n| < \varepsilon n$. 　　□

注记　很明显, 这个问题的结论比问题 7 中我们证明的 $\sum_p 1/p = \infty$ 更强. 这里的证明其实就是前面所写的埃尔德什的第一种证明, 做了一些变更而已.

参 考 文 献

Erdős, P., Über die Reihe $\sum \frac{1}{p}$, *Mathematica, Zutphen B* 7 (1938) 1-2.

9. 完全矩阵

一个 $r \times n$ 的零一矩阵 $\boldsymbol{A}_{r,n}$ 能扩张为一个在每行和每列都恰好有 k 个 1 的 $n \times n$ 的零一矩阵，当且仅当 $\boldsymbol{A}_{r,n}$ 的每行都恰好有 k 个 1 且每列有至少 $k+r-n$，至多 k 个 1.

证明 必要性是很显然的. 事实上，$\boldsymbol{A}_{r,n}$ 的每行都必须恰好有 k 个 1，且每列有不多于 k 个数的 1 是非常显然的. 那现在只有第三个条件需要稍微说明一下：当扩张 $\boldsymbol{A}_{r,n}$ 时，每一列最多可以再加入 $n-r$ 个 1，又因为最后想得到每列 k 个 1，所以初始时至少要有 $k-(n-r)=k+r-n$ 个 1.

下面来证明充分性，如提示中所说的，将一行接一行的扩张 $\boldsymbol{A}_{r,n}$，且每次扩张都满足条件，以此来达到扩张的目的. 令 $\boldsymbol{C}_1,\cdots,\boldsymbol{C}_n$ 是 $\boldsymbol{A}_{r,n}$ 的列，设

$$A = \{i : C_i恰有k+r-n个1\},$$

$$B = \{i : C_i至多有k-1个1\},$$

因此 $A \subset B$. 因为 $\boldsymbol{A}_{r,n}$ 总共有 kr 个 1，所以

$$kr \leqslant |A|(k+r-n) + (n-|A|)k$$

且

$$kr \geqslant (n-|B|)k + |B|(k+r-n).$$

这几个不等式说明了

$$|A| \leqslant k \leqslant |B|.$$

因此，可以将有 k 个 1 和 $n-k$ 个 0 的一行 $(a_1,\cdots,a_n)$ 添加进 $\boldsymbol{A}_{r,n}$，使得

$$C = \{i : a_i = 1\}$$

满足

$$A \subset C \subset B.$$

那么新得到的 $(r+1) \times n$ 阶矩阵 $\boldsymbol{A}_{r+1,n}$，它的零一分布满足：

(1) 每行刚好有 k 个 1，

(2) 因为 $A \subset C$，所以每列有至少 $(k+r-n)+1=k+(r+1)-n$ 个 1，

(3) 因为 $C \subset B$，所以每列至多有 k 个 1.

就这样一行一行添加，在经过 $n-r$ 步后，就能得到一个在每行和每列都恰好有 k 个 1 的 $n \times n$ 零一矩阵. □

10. 凸多面体 (I)

对于凸多面体的每一点，都存在一个面，使得该点在该面所在平面上的正交投影落在该面的内部.

证明 假设有一个点，它在每个面上的正交投影都不在面的内部. 在这个点上附上一个质量，再让多面体的其余部分没有质量，把多面体放在一个平面上，那我们就会得到一个永远运动的永动机：一个永远翻跟头的杂技演员. 很明显，如果投影在面的外部，翻滚会持续；如果投影在边上，则不需要借助任何外力来使多面体持续做翻滚运动.

下面是一个不那么浪漫的说法. 给定多面体的一个点 P，取一个与 P 的距离最小的面 F. 那么 P 在 F 所在平面上的投影 P' 在 F 的内部（见图 17），因为否则的话线段 PP' 会与另一个面相交，那这个面比 F 更接近 P. 这也适用于当 P' 位于 F 与另一个面 G 的公共边缘边时的情况：那么 G 比 F 更接近 P. □

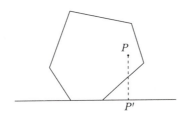

图 17 P 在这个面所在平面上的投影在面的外部

注记 这仅仅是诉诸物理证明的最简单的数学结果. 我第一次是从保罗·狄拉克 (Paul Dirac) 那里听到这个问题，几年后又从约翰·康威 (John Conway) 那里听过，最后从掌握这类证明方法的时枝正 (Tadashi Tokieda) 那里得到，他们的两篇论文我们放在下面. 这是一个数学笑话，所以说一个人知道它是不礼貌的.

参 考 文 献

1. Tokieda, T.F., Mechanical ideas in geometry, *Amer. Math. Monthly* 105 (1998) 697-703.
2. Tokieda, T.F., Roll models, *Amer. Math. Monthly* 120 (1998) 265-282.

11. 凸多面体 (II)

每个至少有十三个面的三维多面体都存在一个面，与另外至少六个面相交.

证明 令 K 是一个凸多面体，有 V 个顶点，E 条边，F 个面. 假设 K 没有面与多于五个面相交，那么特别地，它每个面都最多被五条边包围.

若一个面被一个 ℓ-圈包围，这个 ℓ-圈上的顶点度为 $d_1, \cdots, d_\ell$. 因为任意两个面要么不相交、要么相交于一个顶点、要么相交于一条边，所以这个面会与其他 $\sum_{i=1}^{\ell}(d_i - 2)$ 个面相

交. 因此

$$\sum_{i=1}^{\ell}(d_i - 2) \leqslant 5. \tag{4}$$

欧拉多面体定理表明

$$V + F = E + 2.$$

又记 f_i 为所围边数为 i 的面的数目，那么

$$\sum_i f_i = \sum_{i=3}^{5} f_i = F \text{ 且} \sum_{i=3}^{5} i f_i = 2E,$$

所以

$$2E \leqslant 5F.$$

记 $D_1, \cdots, D_V$ 为 K 的 V 个顶点的度. 将不等式 (4) 对于所有的 F 个面求和，发现

$$\sum_{i=1}^{V} D_i^2 - 2 \sum_{i=3}^{5} i f_i = \sum_{i=1}^{V} D_i^2 - 4E \leqslant 5F.$$

因为 $\sum_{i=1}^{V} D_i = 2E$ 且函数 $x \to x^2$ 是凸的，所以

$$V(2E/V)^2 - 4E \leqslant 5F,$$

所以

$$4E \leqslant (4E + 5F)V = (4E + 5F)(E - F + 2) = 4E^2 - 5F^2 + EF + 8E + 10F.$$

因此，因为 $E \leqslant 5F/2$，

$$5F^2 \leqslant EF + 8E + 10F \leqslant 5F^2/2 + 30F,$$

所以有 $F \leqslant 12$，证明完毕.   □

注记　十二面体的每个面都与其他五个面相交，所以界 13 就是最优的.

12. 一个古老的优等生考核题

令 p、q、r 是复数且 $pq \neq r$. 将根为 a、b、c 的三次式 $x^3 - px^2 + qx - r = 0$，变为根为 $\dfrac{1}{a+b}$、$\dfrac{1}{a+c}$、$\dfrac{1}{b+c}$ 的三次式.

答案 首先，$a+b$、$a+c$、$b+c$ 都是非零的. 实际上，若 $a+b=0$，那么 $x^3-px^2+qx-r=(x-a)(x+a)(x-c)=x^3-cx^2-a^2x+a^2c$，所以 $pq=r$，与假设矛盾. 因此 $1/(a+b)$、$1/(a+c)$、$1/(b+c)$ 都是复数.

因为 $x^3-px^2+qx-r=(x-a)(x-b)(x-c)$，所以

$$a+b+c=p, ab+bc+ca=q, abc=r.$$

设 $x^3-p'x^2+q'x-r'$ 为变换得到的三次式，其根为 $\dfrac{1}{a+b}$、$\dfrac{1}{a+c}$、$\dfrac{1}{b+c}$，那它的系数 p'、q'、r' 也满足类似的等式. 首先

$$p'=\frac{1}{a+b}+\frac{1}{b+c}+\frac{1}{c+a}=\frac{(b+c)(c+a)+(a+b)(c+a)+(a+b)(b+c)}{(a+b)(b+c)(c+a)}.$$

分子是

$$(a^2+2ab+b^2+2ac+2bc+c^2)+(ab+bc+ca)=(a+b+c)^2+(ab+bc+ca)=p^2+q,$$

分母是

$$2abc+a^2(b+c)+b^2(c+a)+c^2(a+b)=(a+b+c)(ab+bc+ca)-abc=pq-r.$$

类似地，

$$q'=\frac{1}{(a+b)(b+c)}+\frac{1}{(b+c)(c+a)}+\frac{1}{(c+a)(a+b)},$$

所以

$$q'=\frac{2p}{pq-r}$$

以及

$$r'=\frac{1}{(a+b)(b+c)(c+a)}=\frac{1}{pq-r}.$$

因此

$$x^3-\frac{p^2+q}{pq-r}x^2+\frac{2p}{pq-r}x-\frac{1}{pq-r}$$

就是满足条件的三次式. $\qquad\square$

注记 在 1801 年，这是最后一篇十四个问题的论文中的第十二道题，题目是为那些希望成为荣誉毕业生的候选人设定的. 我不期望读者会觉得这个问题令人兴奋，但是看到 200 年前一个适合三一学院的问题确实是很有趣的. 毫不奇怪，这个标准非常低.

13. 角平分线——雷米欧司–斯坦纳定理

如果三角形的两条角平分线相等，那么对应的这两个角也相等.

证明   令 ABC 是一个三角形，A、B 处角为 $\alpha\beta$，角平分线为 AD、BE 且这两条角平分线相等. 假设 $\alpha \neq \beta$，则不妨认为 $\alpha < \beta$. 为了证明所需结论，就将说明由此会产生矛盾.

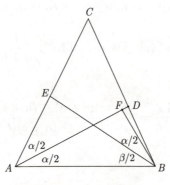

图 18 $\alpha < \beta$ 的图示

令 F 为 AD 上的一点，满足 $\angle ABF$ 大小为 $(\alpha+\beta)/2 < \pi/2$，所以 $\angle EBF$ 为 $(\alpha+\beta)/2 - \beta/2 = \alpha/2$，与 $\angle EAF$ 相等 (见图 18). 因为角不相等，所以 F、E、A、B 四点共圆.

圆上越短的弦对应的锐角越小；因此，因为 AF 比 AD 短，而 AD 与 BE 一样长，且 $\angle ABF$ 和 $\angle EAB$ 都是锐角，所以 $\angle ABF$ 比 $\angle EAB$ 小，也就是 $(\alpha+\beta)/2 < \alpha$，这与假设的 $\alpha < \beta$ 矛盾.   □

注记   这是一个老生常谈的问题，在我上学的时候，大多数学生都被教过，但是如今它不那么出名了. 就我而言，它是几何学家伊斯特万·雷曼 (István Reiman) 给我的一个练习，我永远感激他在我十几岁的时候教了我这么多数学. 随着我学习的深入，发现这个结果原是 C.L. 雷米欧司 (C.L.Lehmus) 在 1840 年提出的一个问题，并被伟大的几何学家雅各布·斯坦纳 (Jacob Steiner) 证明.

14. 兰利不定角

令 ABC 是等腰三角形，顶点为 A 且顶角为 $20°$. 令 D 为 AB 上的一点，E 为 AC 上的一点，满足 $\angle BCD = 50°$ 且 $\angle CBE = 60°$. 那么 $\angle BED = 30°$.

证明   根据提示，在边 AC 处添加点 F，使得 $\angle CBF = 20°$. 将多次利用三角形的三角和是 $180°$ 这一事实. 由已知信息，其实不少角都由点确定了；特别地，$\angle BCF = \angle BFC = 80°$，$\angle BCD = \angle BDC = 50°$，$\angle FBE = \angle FEB = 40°$，如图 19 所示. 因此，对应的三个三角形都是等腰三角形，也就有 $BF = BD = FE$，也就是这三对距离相等.

因为 $\angle DBF = 60°$ 且 $BF = BD$，所以三角形 BDF 是等边三角形，所以 $DF = FE$，

也就是三角形 FDE 也是等腰的. 在这个三角形中顶点 F 对应的角是

$$\angle DFE = 180° - \angle BFC - \angle BFD = 180° - 80° - 60° = 40°,$$

所以两个底角是 $\angle DEF = \angle EDF = 70°$. 最后就有

$$\angle DEB = \angle DEF - \angle BEF = 70° - 40° = 30°. \qquad \square$$

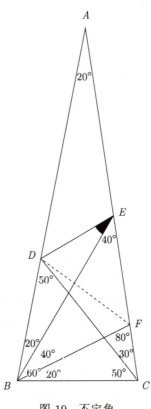

图 19　不定角

注记　爱德华·曼·兰利 (Edward Mann Langley, 1851—1933) 在剑桥三一学院读数学学位, 在 1878 年他成为第十一名荣誉毕业生. 他以在 1894 年创建"数学公报"(The Mathematics Gazette), 并提出上述的不定角问题而闻名. 我在 20 世纪 70 年代初从 J.E. 李特尔伍德 (J.E.Littlewood, 1885—1977) 那里第一次听到这个问题, 他认为它是一个可爱的奇趣问题. 直到最近, 我才发现詹姆斯·莫瑟 (James Mercer, 1883—1932) 以上述方式解决了这个问题 (我 50 年前重新发现的方式).

正如在 1907 年, 也是两位来自三一学院的学者, 李特尔伍德和莫瑟, 他们都被冠以高级荣誉毕业生的称号, 李特尔伍德一直很有风度的尊重莫瑟. 这种尊重并非不可能是李特尔伍德记住这个问题，并且偶尔用它来挑战人们的原因.

不定角，即 π 的有理倍数，也引起了真正的数学研究：参见下面的参考文献. 特别是波尔 (Bol)、孔 (Kong)、张 (Zhang)、奎德林 (Quadling)、里格比 (Rigby) 和特里普 (Tripp) 等人研究了四边形，以及斯坦豪斯 (Steinhaus)、克罗夫特 (Croft)、福勒 (Fowler)、哈伯斯 (Harborth)、里格比 (Rigby)、普南 (Poonen) 和鲁宾斯坦 (Rubenstein) 等研究了对角交叉的相关问题. 例如，斯坦豪斯推测，对于素数 p，没有正则的 p-gon 满足三条对角线相交于同一点：这是克罗夫特和福勒证明的. 虽然这个结果的证明并不是特别错综复杂，但它比目前收藏的大多数证明更加复杂.

参 考 文 献

1. Bol, G., Beantwoording van prijsvraag no. 17, *Nieuw Archief voor Wiskunde* 18 (1930) 14-66.
2. Croft, H.T. and M. Fowler, On a problem of Steinhaus about polygons, *Proc. Camb. Phil. Soc.* 57 (1961) 686-688.
3. Harborth, H., Diagonalen im regularen n-Eck, *Elem. Math.* 24 (1969) 104-109.
4. Kong, Y. and S. Zhang, The adventitious angles problem: The lonely fractional derived angle, *Amer. Math. Monthly* 123 (2016) 814-816.
5. Langley, E.M., Problem 644, *Math. Gaz.* 11 (1922) 173.
6. Poonen, B. and M. Rubinstein, The number of intersection points made by the diagonals of a regular polygon, *SIAM J. Discrete Math.* 11 (1998) 135-156.
7. Quadling, D.A., The adventitious angles problem: A progress report, *Math. Gaz.* 61 (1977) 55-58.
8. Quadling, D.A., Last words on adventitious angles, *Math. Gaz.* 62 (1978) 174-183.
9. Rigby, J.R., Adventitious quadrangles: A geometrical approach, *Math. Gaz.* 62 (1978) 183-191.
10. Rigby, J.R., Multiple intersections of diagonals of regular polygons, and related topics, *Geom. Dedicata* 9 (1980) 207-238.
11. Steinhaus, H., Problem 225, *Colloq. Math.* 5 (1958) 235.
12. Tripp, C.E., Adventitious angles, *Math. Gaz.* 59 (1975) 98-106.

15. 坦塔洛斯问题——来自《华盛顿邮报》

令 ABC 是等腰三角形，顶点为 A，且顶角为 20°，底角为 80°. 再令 D 为边 AB 上的一点，满足 $\angle ACD = 10°$，令 E 为 AC 上的一点，满足 $\angle ABE = 20°$. 完全用基本的方法，不用任何三角函数知识，证明 $\angle CDE = 20°$.

证明　根据提示，画出 A 关于 CD 的对称点 H. 再令 G 在 AB 上，满足 EG 与 BC 平行. 所以三角形 CAH 与三角形 ABC 是全等的，三个角分别为 20°、80°、80°. 又因为 $\angle BCH = \angle CGE = 60°$，所以点 C、G、H 共线. 再加一个点 F，它是 BE 与 CG 的交点：那这四个点 C、F、G、H 共线. 因为 G 是 AB 与 CH 的交点，且三角形 CHA 与三角形

ABC 是全等的, 所以 $BG = HG$. 那么因为三角形 BCF、EFG、ADH 的三个角都是 $60°$, 所以它们都是等边三角形, 如图 20 所示. 因此 $\angle DCE = \frac{1}{2}\angle DHA = 30°$.

三角形 BGF 和三角形 HGD 的角度都为 $20°$、$40°$、$180° - 60° = 120°$, 且有一组相等边 $BG = HG$, 所以它们俩全等; 因此更不用说, 有 $GF = GD$. 回顾一下, 三角形 EGF 是等边的, $GD = GE$. 因为等腰三角形 GDE 的顶点 G 对应的角度是 $80°$, 所以 $\angle DEG = 50°$. 最后, $\angle DCE = 30°$, 所以

$$\angle CDE = \angle DEG - \angle DCE = 50° - 30° = 20°,$$

证毕. □

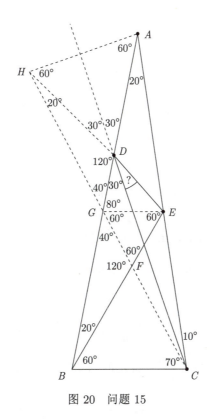

图 20 问题 15

注记 读者一定注意到了前面问题的风格和现在的 "弟弟" (即当前问题), 与这个系列中其他问题的风格有很大的不同. 其他问题被收录是因为它与兰利、莫瑟和李特尔伍德的联系, 而这一个被收录是出于完全不同的原因.

这个问题来自 1995 年 9 月 13 日一期《华盛顿邮报》(*The Washington Post*) 的卡罗琳·哈克斯 (Carolyn Hax) 专栏. 在这个系列中, 这个问题被收录似乎是对流行的谜题的一种致敬, 并强调, 作为一个没有后续结果的独立问题, 它不是能吸引真正的数学家的那种问题. 这

个问题当然不是微不足道的，而且非常棒的是一些流行报纸的读者试图解决这个问题. 然而，关于它的评论，对于数学家的工作以及他们的能力是非常误导人的. 以下是这篇评论的一部分，转载于海尔布朗 (Heilbron) 书的第 292 页，因此只能按字面意思理解.

1995 年，《华盛顿邮报》提出了一个几何难题，由于其表面上的简单和实际的困难，就称之为坦塔罗斯问题. 有些读者虽然想尽方法但仍未解决问题，他们就抱怨谜题的作者没有提供足够的信息来解决问题. 首次刊登该谜题的合众国际社 (The United Press Syndicate) 坚持认为这个谜题是可以解决的，但解决方法太长，无法印刷. 出题者的职业是为大学能力测试编写学习指南，他说他已经忘记了如何解这个谜题，不能再复现他之前的解法了. 他求助于 30 多名几何学家，但他说，没有一个人能找到答案. "我联系了全国大约 40 位天才，他们都给了我一些关于这个问题的见解，但却无法解决它." 凭借这些见解和一个周末的努力，他找到了解决办法.

参 考 文 献

Heilbron, J.L., *Geometry Civilized - History, Culture and Technique*, Clarendon Press (1998).

16. 勾股数

满足 a 是奇数、b 是偶数的一个自然数三元组 (a, b, c) 是一组本原勾股数，当且仅当存在一对互素的数 $u > v \geqslant 1$ 且两者奇偶性相反，使得 $a = u^2 - v^2$、$b = 2uv$、$c = u^2 + v^2$.

第一种证明 令 (a, b, c) 是一组本原勾股数，且满足 a 是奇数，b 是偶数，则 c 是奇数，所以 $a + c$ 与 $a - c$ 都是偶数. 因此由

$$b^2 = c^2 - a^2 = (c + a)(c - a)$$

知

$$\left(\frac{b}{2}\right)^2 = \left(\frac{c + a}{2}\right)\left(\frac{c - a}{2}\right) = xy.$$

那整数 x 和 y 是互素的吗？回答是肯定的. 因为如果存在 $x = tx', y = ty'$，且 $t \geqslant 2, x'$、y' 都是自然数，那么有 $c = x + y = t(x' + y')$ 以及 $a = x - y = t(x' - y')$，这说明 t 是 a 和 c 的公共因子，矛盾. 那现在，因为 x 和 y 互素，且它们的乘积是个平方数，那 x 与 y 本身就是平方数：设 $x = u^2$，$y = v^2$，其中 u、v 都是自然数. 因此有 $a = u^2 - v^2$、$b = 2uv$、$c = u^2 + v^2$. 又因为 a、c 都是奇数，所以 u、v 有相反的奇偶性. 最后因为 a、c 互素，所以 u^2、v^2 互素，u、v 也互素.

相反，若 u、v 互素且有相反的奇偶性，并且 $u > v$，令 $a = u^2 - v^2$、$b = 2uv$、$c = u^2 + v^2$，因为 a、c 互素且

$$(2uv)^2 + (u^2 - v^2)^2 = (u^2 + v^2)^2,$$

所以 (a, b, c) 是一组本原勾股数. □

第二种证明　勾股数 (a, b, c) 的最低形式对应于单位圆 $x^2 + y^2 = 1$ 上的点 (x_0, y_0)，其中，x_0、y_0 都是严格正的有理数. 经过点 (x_0, y_0) 和 $(-1, 0)$ 的直线 ℓ 满足等式

$$y = \alpha(x + 1),$$

其中，$\alpha = y_0/(x_0 + 1)$ 为有理数，如图 21.

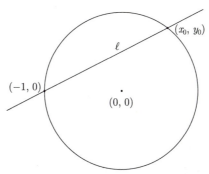

图 21　其中 $x_0 = 3/5$, $y_0 = 4/5$, 直线 ℓ 为 $y = \left(\dfrac{y_0}{x_0 + 1} \right)(x + 1) = \dfrac{x + 1}{2}$

因此为了找到所有的这种有理数点 (x_0, y_0)，需要找实数斜率 $\alpha(0 < \alpha < 1)$，使得直线 ℓ 与单位圆 $x^2 + y^2 = 1$ 交于点 $(-1, 0)$ 和一个有理数点. 现在 ℓ 与单位圆的交点满足

$$y = \alpha(x + 1) \text{ 且} x^2 + y^2 = 1.$$

通过解这个方程组，有

$$(1 + \alpha^2)x^2 + 2\alpha^2 x + (\alpha^2 - 1) = 0.$$

因为 $x = -1$ 是它的根，所以 $(1 + x)$ 是左边的一个因子:

$$(1 + x)\left[(1 + \alpha^2)x + (\alpha^2 - 1)\right] = 0,$$

所以 $x = (1 - \alpha^2)/(1 + \alpha^2)$, $y = 2\alpha/(1 + \alpha^2)$. 将 α 写成最简形式，即 $\alpha = v/u$, u、v 是互素的正整数，且 $u > v$，由此发现

$$x = \frac{u^2 - v^2}{u^2 + v^2} \text{ 且} y = \frac{2uv}{u^2 + v^2}.$$

因此 $a = u^2 - v^2$、$b = 2uv$、$c = u^2 + v^2$ 给出了所有互素的勾股数 (a, b, c). □

注记　说这是老生常谈，并不能公正地评价勾股数的简单特征. 尽管如此，我还是把它放进了这个系列里，因为我怀疑很多人在学校里会遇到它，尽管我确信是这样. 我记得在我

十几岁的时候 (或者就在那之前)，我第一次看到它，就对它印象深刻. 能以如此简单的方式构建所有的勾股数，这似乎是不可思议的. 令人惊讶的是，我认为这个美丽的小结果在我们上学时居然从来没有被提到过，虽然这样说可能对我的优秀老师们不公平，但我确实不记得.

17. 四次方的费马定理

等式方程 $a^4 + b^4 = c^4$ 没有自然数解.

证明　下面证明个更强的结论，也就是等式方程

$$a^4 + b^4 = c^2$$

没有正整数解. 假设这个论断是错误的，令 (a, b, c) 是满足 c 最小的解. 接下来就是找矛盾.

不妨假设 a、b、c(或者说是其中任意两个) 是互素的，那么可以选择 b 是偶数，而 a、c 是奇数. 因为

$$(a^2)^2 + (b^2)^2 = c^2,$$

(a^2, b^2, c) 是一组勾股数，所以根据之前问题的描述，存在互素的正整数 $u > v$ 且两者奇偶性相反，使得

$$a^2 = u^2 - v^2, b^2 = 2uv, c = u^2 + v^2.$$

第一个等式也是互素数的勾股式

$$a^2 + v^2 = u^2,$$

所以 u 是奇数，v 是偶数. 由互素勾股数的特征，存在互素的正整数 $u_1 > v_1$，且两者奇偶性相反，使得

$$a = u_1^2 - v_1^2, v = 2u_1 v_1, u = u_1^2 + v_1^2.$$

为了完成证明，下面将会证明上面第三个等式与原始的等式方程 $a^4 + b^4 = c^2$ 是同类型的，也就是任意的 u、u_1、v_1 都是平方数；那么因为 $u < \sqrt{c}$，这就与 c 的最小性矛盾.

因为 u、v 互素，u 是奇数且 $b^2 = 2uv$，那么 u、$2v$ 是平方数，即 $u = x^2$ 且 $2v = (2y)^2$. 那么

$$2y^2 = v = 2u_1 v_1;$$

因为 u_1、v_1 是互素的，且乘积为 y^2，那么它们每个都是平方数：

$$u_1 = a_1^2, v_1 = b_1^2.$$

最后由 $c_1 = x$，知 $u = c_1^2$，所以

$$a_1^4 + b_1^4 = c_1^2.$$

因为 $c_1 = x < c$，这与 c 的最小性矛盾，证明完成. $\qquad\square$

注记　毫无疑问，每一位读者都已经意识到，这个问题是费马定理的 $n = 4$ 时的特殊情形，费马定理表述为：当 $n \geqslant 3$ 时，方程 $a^n + b^n = c^n$ 没有严格正整数解. $n = 4$ 不仅是一个特例，而且也是最简单的特例，费马 (Fermat) 在 1637 年已经证明了这一点：它是前面问题中勾股数特征的一个自然附加条件. 我想强调的是，这种情况与安德鲁·怀尔斯 (Andrew Wiles) 在 1994 年给费马定理的惊人证明没有任何关系，他在与理查德·泰勒 (Richard Taylor) 合著的论文中充分利用了这些结果，这篇论文发表在怀尔斯的杰作之后. 这些结果的重要性都难以估计.

参 考 文 献

1. Taylor, R. and A. Wiles, Ring-theoretic properties of certain Hecke algebras, *Ann. of Math.* (2) 141 (1995) 553-572.

2. Wiles, A., Modular elliptic curves and Fermat's last theorem, *Ann. of Math.* (2) 141 (1995) 443-551.

18. 相合数——费马

自然数 1 不是一个相合数，也就是不存在边长为有理数且面积为 1 的直角三角形.

证明　假设 1 是一个相合数，也就是存在有理数 $r_1 = p_1/q_1$、$r_2 = p_2/q_2$、$r_3 = p_3/q_3$，其中 p_i、q_i 都是正整数，满足 $r_1^2 + r_2^2 = r_3^2$ 且 $r_1 r_2/2 = 1$. 那么令 $q = q_1 q_2 q_3$，则边长为 $a = qr_1$、$b = qr_2$、$c = qr_3$ 的三角形是直角三角形，且面积是平方数 q^2. 用另一个方法来考虑，就存在勾股数 (a, b, c)，满足对应三角形面积 $ab/2$ 为一个平方数. 现在的任务就是证明这是不可能的. 用无限下降法来证明 (非常平凡的一个叫法)：取 c 为最小的这样一个三元组 (a, b, c)，再证明有另一组勾股数 (a', b', c')，满足 $a'b'/2$ 是一个平方数，且 $c' < c$.

因为 c 是最小的，所以勾股数 (a, b, c) 是本原的，回忆问题 16，可以假设 $a = n^2 - m^2$、$b = 2mn$、$c = m^2 + n^2$，其中 m、n 互素且奇偶性相反.

这个三角形的面积 $A = ab/2 = nm(n+m)(n-m)$，且这四个因子是互素的. 因为 A 是一个平方数，所以这四个因子的每一个都是平方数：设 $n = x^2$、$m = y^2$、$n + m = s^2$、$n - m = t^2$，其中 x、y、s、t 都是互素的自然数，且 s、t 都是奇数. 接下来构造符合所需的勾股数 (a', b', c')，满足 $c' = x = \sqrt{n} < n^2 + m^2 = c$. 首先，有

$$2x^2 = 2n = s^2 + t^2, \tag{5}$$

且

$$2y^2 = 2m = s^2 - t^2 = (s+t)(s-t). \tag{6}$$

因为 s、t 是互素的奇数，若 d 同时整除 $s+t$ 和 $s-t$，那么它就整除 $2s=(s+t)+(s-t)$ 和 $2t=(s+t)-(s-t)$，这也就是它整除 2. 因此 $s+t$ 和 $s-t$ 的最大公约数是 2. 因此式 (6) 的两个因子可以写成 $2q^2$ 和 $4r^2$，其中 q 是奇数，有两种可能的方式. 这就有 $2y^2=8(qr)^2$，所以 $y=2qr$，也就有

$$s=\frac{1}{2}\left[(s+t)+(s-t)\right]=q^2+2r^2,$$

且

$$t=\frac{1}{2}\left[(s+t)-(s-t)\right]=\frac{1}{2}\left|2q^2-4r^2\right|=\left|q^2-2r^2\right|.$$

回看式 (5)，则有

$$x^2=n=\frac{1}{2}(s^2+t^2)=\frac{1}{2}\left[(q^2+2r^2)^2+(q^2-2r^2)^2\right]=q^4+4r^4,$$

所以 $(q^2,2r^2,x)$ 是一组勾股数. 这组边形成的直角三角形的面积为 $2q^2r^2/2=(qr)^2$. 最后，我们已经注意到此三角形的斜边 x 比 $c=n^2+m^2$ 小. □

注记　上述结果由伟大的法国数学家皮耶·德·费马 (Pierre de Fermat, 1607—1665) 证明. 他以 "费马小定理" (Fermat's Lit tle Theorem)，甚至更多是因为 "费马大定理" (Fermat's Last Theorem) 而出名，他的陈述在他的 "*Diophantus's Arithmetica*" 中被草草记录下来，358 年后被安德鲁·怀尔斯证明.

刚刚展示的 1 不是一个相合数的完美证明是费马的证明：我们使用了约翰·科茨 (John Coates) 在 2014 年提出的这个证明.

科茨在 2014 年和 2017 年写道："数论中，甚至整个数学界中，最古老的未解决的主要问题就是相合数问题：即判定哪些正整数是相合数." 尽管这个问题有着不可否认的名声，但它得到的关注比 "费马大定理" 要少得多. 1995 年，安德鲁·怀尔斯在理查德·泰勒的帮助下证明了这个问题，引起了 20 世纪数学界的轰动.

在 10 世纪或更早的时候，阿拉伯 (可能还有印度) 的数学家发现数

$$5,6,7,13,14,15,21,22,23,29,30,31,34,37,38,39,41,46,47,\cdots$$

都是相合数. 其中一些数字很容易被看出来，而另一些则需要做相当多的工作才能发现.

上述费马的结果与他的最终定理有一定的联系：它意味着方程 $x^4-y^4=z^2$ 在非零整数中没有解. 事实上，假设这个方程在正整数中有一个解. 假设 $x>y$，设 $n=x^2$、$m=y^2$，取勾股数 n 和 m，定义：$a=n^2-m^2$、$b=2nm$、$c=n^2+m^2$. 那么这个对应三角形的面积为 $(n^2-m^2)nm=x^2y^2z^2$. 将每边的长度除以 xyz，得到一个满足边长为有理数且面积为 1 的直角三角形，这与费马的上述结果相矛盾.

不用说，如果 $x^4 - y^4 = z^2$ 在非零整数中没有解，那么 $x^4 + y^4 = z^4$ 也没有解，所以这是前面问题的另一个解. 几个世纪以来，许多其他的证明已经被发现了. 这个简单结果的一个推论是，在证明 $n \geqslant 3$，且方程 $x^{n_1} + y^{n_2} = z^{n_3}$ 在正整数中没有解时，可以假设 n 是一个素数.

最后，注意到，把这个问题和前一个问题的结果放在一起，则会发现，如果方程 $x^{n_1} + y^{n_2} = z^{n_3}$ 的其中两个指数为 4，第三个指数为 2，则该方程在自然数中无解. 但是，如果其中两个指数是 2，第三个指数是 4，则有解，例如 $40^2 + 3^4 = 41^2$ 和 $24^2 + 7^2 = 5^4$.

参 考 文 献

1. Coates, J., Congruent numbers, *Acta Math. Vietnam.* 39 (2014) 3-10.
2. Coates, J., The oldest problem, *ICCM Not.* 5 (2017) 8-13.
3. Taylor, R. and A. Wiles, Ring-theoretic properties of certain Hecke algebras, *Ann. of Math.* (2) 141 (1995) 553-572.
4. Wiles, A., Modular elliptic curves and Fermat's last theorem, *Ann. of Math.* (2) 141 (1995) 443-551.

19. 有理数的和

对于有理数 $s > 1$，$\sqrt{s+1} - \sqrt{s-1}$ 也是有理数的一个充分必要条件是，存在整数 c、d，使得 $s = (c^4 + 4d^4)/(4c^2 d^2)$.

证明　假设 $s = a/b$，a、b 为互素的整数，$a > b$，且 $\sqrt{s+1} - \sqrt{s-1}$ 是一个有理数. 将 $\sqrt{s+1} - \sqrt{s-1}$ 平方，于是发现 $\sqrt{s^2-1}$ 也是有理数，令

$$s^2 - 1 = u^2/v^2,$$

其中，u、v 为互素的自然数. 因此

$$(a^2 - b^2)v^2 = b^2 u^2.$$

因为 u^2、v^2 互素，所以 b^2、$a^2 - b^2$ 也互素，因此发现 $b = v$，所以

$$a^2 = b^2 + u^2.$$

由勾股数的特征，下面两种情况之一成立：

(i) $a = m^2 + n^2, b = m^2 - n^2, u = 2mn$;

(ii) $a = m^2 + n^2, u = m^2 - n^2, b = 2mn$.

其中，$m > n$ 且两者互素，$m + n$ 是奇数.

情形 (i) 导致的矛盾是下面的表达式应该也是有理数：

$$\left(\frac{m^2+n^2}{m^2-n^2}+1\right)^{1/2}+\left(\frac{m^2+n^2}{m^2-n^2}-1\right)^{1/2}=\frac{\sqrt{2}(m+n)}{\sqrt{m^2-n^2}}=\sqrt{2}\sqrt{\frac{m+n}{m-n}}.$$

因为 $m+n$ 和 $m-n$ 都是奇数，这显然不可能成立．因此只能有第二种情形成立，所以有 $a=m^2+n^2$ 和 $b=2mn$．

因为表达式

$$\left(\frac{m^2+n^2}{2mn}+1\right)^{1/2}+\left(\frac{m^2+n^2}{2mn}-1\right)^{1/2}=\frac{2m}{\sqrt{2mn}}$$

是有理数，所以有 $2m/n=c^2/d^2$，其中 c、d 是互素的自然数．若 n 是偶数，就有 $m=c^2, n=2d^2$，所以

$$a=c^4+4d^4, b=4c^2d^2. \tag{7}$$

若 m 是偶数，则 $m/2=(c/2)^2, n=d^2$，这里 c 是偶数，所以

$$a=4(c/2)^4+d^4, b=4(c/2)^2d^2.$$

这其实就是式 (7) 做了个符号替换，所以不妨假设式 (7) 成立．因此 $s=(c^4+4d^4)/(4c^2d^2)$，这就证明了必要性．

充分性是很平凡的：若 $s=(c^4+4d^4)/(4c^2d^2)$，那么

$$\sqrt{s+1}-\sqrt{s-1}=\frac{c^2+2d^2}{2cd}-\frac{c^2-2d^2}{2cd}=\frac{2d}{c}$$

确实是一个有理数．   □

注记   这个练习是牛津大学三一学院的约翰·哈默斯利 (John Hammersley) 所使用的一个比较普通和简单的例子，他在论文中阐述了他的传奇演讲"现代数学以及学校和大学里类似的软知识垃圾对数学技能的削弱"，这是他于 1967 年 6 月 8 日在数学研究所及其应用年度大会上的发言．让我引用这篇文章的惊人开头：

"modern"这个词来自拉丁语"modo"，意思是片刻之前，今天在这里，明天就走了，转瞬即逝．我们经常在这个意义上谈论现代艺术．在这里，这位艺术家抛开了既定的传统技巧，取而代之的是他的当代风格：把画布放在地板上，在你的自行车轮子上作画，四处骑行，希望别人的心灵能从中得到一些东西．在所有这些完全合理的实验中，只有一小部分会成为对人类成就的原创的和重要的贡献，其余的将被遗忘，就像所有昨天的无关紧要和琐事一样．收藏家们知道在今天的垃圾堆里发现明天的宝石是多么困难．另外，说到现代语言，我们通常指的是人们在日常事务中用来表达当前思想、情感和闲聊的词汇和表达方式，用于外交、专

业和技术交流，以及商业贩运. 这就将现代语言和死亡语言做了对比. 后者有其辉煌之处，并没有被废弃，但是，它已经过时了，并且，正如任一个教堂奠基纪念非常清楚地表明的那样，它缺乏术语和表达的范围，无法处理人类现在认为重要或要达到的许多概念. 我想以后再考虑现代数学是否像现代艺术或现代语言那样具有现代性.

在结束他的论文时，哈默斯利给出了 16 个问题，这些问题的难度各不相同，中学生和大学生应该能够解决. 本问题在列表中排在第九位，是最简单的问题之一.

参 考 文 献

Hammersley, J., On the enfeeblement of mathematical skills by 'Modern Mathematics' and by similar soft intellectual trash in schools and universities, *Bull. Inst. Math. Appl.* 4 (1968) 66-85.

20. 一个四次方程

求方程

$$A^4 + B^4 = C^4 + D^4 \tag{8}$$

的一大组整数解. 更具体来说，寻找 $\mathbb{Z}[a,b]$ 中的一般多项式 A、B、C、D，满足式 (8). 为此，寻找如下形式的解：

$$A = ax + c, B = bx - d, C = ax + d, D = bx + c, \tag{9}$$

其中，a、b、c、d、x 都是有理数. 考虑 a、b、c、d 为常数，如果 x 满足第一个和最后一个系数都为 0 的某个四次方程，则式 (8) 成立. 证明当选择合适的 a、b、c、d 时，x^3 的系数也会为 0，并利用此来找到需要的多项式.

证明 设 $A = ax + c, B = bx - d, C = ax + d, D = bx + c$，如上所述，如果

$$4(a^3 c - b^3 d - a^3 d - b^3 c)x^3 + 6(a^2 c^2 + b^2 d^2 - a^2 d^2 - b^2 c^2)x^2 +$$

$$4(ac^3 - bd^3 - ad^3 - bc^3)x = 0,$$

则式 (8) 成立. 因此，若

$$c(a^3 - b^3) = d(a^3 + b^3),$$

则 x^3 的系数为 0. 如果 $c = a^3 + b^3, d = a^3 - b^3$，这当然成立，这就是要取的. 用这个等式除以 $2x$，则有

$$3x(a^2 c^2 + b^2 d^2 - a^2 d^2 - b^2 c^2) = 2(-ac^3 + bd^3 + ad^3 + bc^3),$$

也就是

$$3x(a^2 - b^2)(c^2 - d^2) = 2c^3(b - a) + 2d^3(a + b).$$

将 $c = a^3 + b^3, d = a^3 - b^3$ 代入，就有

$$12xa^3b^3(a^2 - b^2) = 4ab(a^4 - b^4)(a^4 - 3a^2b^2 + b^4),$$

所以若

$$3a^2b^2x = (a^2 + b^2)(a^4 - 3a^2b^2 + b^4),$$

则有式 (8) 成立.

最后，将 x、c、d 代入式 (9)，再将所有的式子乘以 $3a^2b^2$，就得到

$$A = a^7 + a^5b^2 - 2a^3b^4 + 3a^2b^5 + ab^6,$$

$$B = a^6b - 3a^5b^2 - 2a^4b^3 + a^2b^5 + b^7,$$

$$C = a^7 + a^5b^2 - 2a^3b^4 - 3a^2b^5 + ab^6,$$

$$D = a^6b + 3a^5b^2 - 2a^4b^3 + a^2b^5 + b^7.$$

这些多项式满足四次方程式 (8).　　　　　　　　　　　　　　　　　　　□

注记　莱昂哈德·欧拉 (Leonhard Euler, 1707—1783) 是第一个给出方程 (8) 整数解的人. 1772 年，他给出了整系数七次齐次多项式，A、B、C、D 有两个参数 f 和 g[见狄克逊 (Dickson, 1929) 第 60~62 页，哈代 (Hardy) 和赖特 (Wright, 2008) 第 202 页]. 在 1915 年，捷勒丁 (Gérardin) 给出了一个更简单的解，他首先把它作为一个问题发表；不久，雷吉纳德 (Rignaud) 指出，这个更简单的解可以通过替换欧拉的 $f = a + b$ 和 $g = a - b$ 得到.

这个问题解答是捷勒丁结果的简单直观的证明，是彼得·斯温纳顿–戴尔 (Peter Swinnerton-Dyer, 1927—2018) 爵士在伊顿做学者时，在他 15 岁生日后给出的. 在伊顿，彼得爵士还不是他后来成为的第 16 位男爵，这篇论文被彼得·斯温纳顿·戴尔署名；路易斯·莫德尔 (Louis Mordell, 1888—1972) 亲切地向这位年轻的学生提供了适当的推荐信. 当时莫德尔已经是曼彻斯特著名的教授了. 事实上，在 20 世纪 30 年代，他在曼彻斯特建立了一支庞大的数学家队伍，其中包括库尔特·马勒 (Kurt Mahler, 1903—1988)、哈罗德·达文波特 (Harold Davenport, 1907—1969)、柯超 (Chao Ko, 1910—2002) 和保罗·埃尔德什 (Paul Erdős, 1913–1996). 后来，当哈代退休，莫德尔返回剑桥，他仍然是圣约翰学院的会员，直到他生命的尽头. 他经常开玩笑说，美国人把他从费城送到剑桥来，是要他做最后一个第一荣誉生，但他没有做到，只做了第三荣誉生.

在他简短的论文中，斯温纳顿–戴尔 (Swinnerton-Dyer) 指出，用以上方法，从

$$p^4 + q^4 = r^4 + s^4$$

可以得到进一步的结果. 实际上，设

$$A = ax + p, B = bx + q, C = ax + r, D = bx + s,$$

再选择 a、b，使得结果方程中 x 的系数为 0. 一个显然的 x 的解为

$$x = \frac{3a^2\left(r^2 - p^2\right) - 3b^2\left(q^2 - s^2\right)}{2a^3(p - r) + 2b^3(q - s)},$$

这给出了 A、B、C、D 的新值.

从伊顿公学毕业后，斯温纳顿–戴尔去了剑桥大学三一学院攻读数学荣誉学位，并在完成博士学位之前获得了奖学金. 几十年来，他一直是三一学院的中流砥柱，也是英国学术界最有影响力的人之一. 在数学方面，他最著名的是代数几何中的 Birch-Swinnerton-Dyer 猜想，这是数学中最重要的问题之一，也是价值七百万美元的千年难题之一.

参 考 文 献

1. Dickson, L.E., *Introduction to the Theory of Numbers*, The University of Chicago Press, (1929).
2. Dyer, P.S., A solution of $A^4 + B^4 = C^4 + D^4$, J. *London Math. Soc.* 18 (1943) 2-4.
3. Gérardin , A., *Intermédiaire des Math.* 24 (1917) 51.
4. Hardy, G.H. and E.M. Wright, *An Introduction to the Theory of Numbers*, Sixth edition, Revised by D.R. Heath-Brown and J.H. Silverman, with a foreword by Andrew Wiles, Oxford University Press (2008).
5. Rignaud, A., *Intermédiaire des Math.* 25 (1918) 27-28; 133-134.

21. 正多边形

在所有边数相同且周长相等的多边形中，正多边形面积最大.

证明 对于 $n \geqslant 3$，令 a_n 表示边长为 1 的正 n 边形的面积. 接下来就证明任意周长至多为 n 的 n 边形，它的面积最大是 a_n. 题目所说其实就等价于任意周长至多为 n 的 n 边形，它的面积最大是 a_n.

对 n 做归纳. 归纳基础从平凡的 $n = 3$ 开始，尽管下面也会证明这个平凡的结论.

对于 $n \geqslant 3$，令 P_n 是周长为 n 且面积 $m_n \geqslant a_n$ 最大的多边形. [这样一个多边形 P_n 是存在的，是这类具有豪斯多夫 (Hausdorff) 距离的多边形的集合所具有的紧性的一个简单推论，但不深入讲这个——紧性不是古希腊人的朋友，它甚至不是 19 世纪伟大的几何学家雅各布·施泰纳 (Jakob Steiner) 的朋友.] 显然，在面积至少为 m_n 的所有 n 边形中，P_n 也是周长最小的多边形. 我们的任务是证明 P_n 是等边等角的. 下面将分几个步骤完成这一工作.

记下连接点 X 与点 Y 的线段 XY，以及它的长度. 另外，记 $\lambda(P)$ 是多边形 P 的面积（"勒贝格测度"），那么 $\lambda(ABC)$ 就是三角形 ABC 的面积，$\lambda(ABCD)$ 就是四边形 $ABCD$ 的面积.

(i) P_n 是等边的.

为了证明这个, 令 A、B、C 是 P_n 的三个连续顶点, 假设 $AB \neq BC$. 接下来就证明由此导致矛盾.

在 AC 的垂直平分线上反射 B, 得到 B', 令 B^* 为线段 BB' 的中点, 如图 22. 则三角形 ABC 和三角形 AB^*C 面积相同, 顶点 B 和 B' 都在由满足 $AX + XC = AB + BC$ 的点 X 构成的椭圆上. 因为椭圆是凸的, 所以中点 B^* 在椭圆的内部, 所以 $AB^* + B^*C < AB + BC$, 这与 P_n 的定义矛盾.

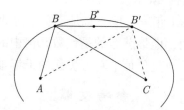

图 22 椭圆 $AX + XC = AB + BC$ 上的点 B 和 B', 线段 BB' 的中点 B^*

(ii) 该断言对于 $n = 3$ 和 4 成立.

对于 $n = 3$, 由 (i) 知是成立的: 这时的 P_3 是等边三角形, 所以是正三角形. 再者, 对于 $n = 4$, (i) 告诉我们 P_4 是菱形. 因为每条边长度为 1 的菱形的面积最大为 1, 即一个单位的平方面积, 所以这时也是成立的. 那么从现在开始, 可以假设 $n \geqslant 5$.

(iii) 令 A、B、C、D 是 P_n 的四个连续顶点, 这里 $n \geqslant 5$, 以使得 $AB = BC = CD = 1$. 则有 $AD > 1$.

实际上, 否则由归纳假设, 四边形 $ABCD$ 的面积最多为 a_4, 剩下的 $n - 2$ 边形的面积至多是 a_{n-2}, 那么会得到 $m_n \leqslant a_4 + a_{n-2} < a_n \leqslant m_n$, 产生矛盾, 所以我们的断言成立.

(iv) 多边形 P_n 是等角的.

这个断言是证明的核心: 一旦它被证明, 整个断言也就被证明. 为了证明 (iv), 需要证明若 A、B、C、D 是 P_n 的四个连续顶点, 那么 B 和 C 的角相等, 也就是边 BC 与弦 AD 平行. 假设这不成立, 现在的目的就是得到矛盾. 不妨假设 B 比 C 离 AD 远.

从一些符号开始. 在线段 AD 的垂直平分线上反射 B 得到 B'; 同样, 设 C' 是 C 的反射. 设 E 是线段 BC' 的中点, F 线段 $B'C$ 的中点. 设 B^* 是 B 到直线 AD 的投影, 类似地定义 C^*、E^* 和 F^*, 使得 $b = BB^*$ 是 B 到线 AD 的距离, 并且 $c = CC^* < b$ 是 C 到 AD 的距离. 记 d 为对角线 AD 的长度, 所以 $d > 1$. 因为 $1 = BC < d = AD$, 所以 $\angle ADC$ 小于 $\pi/2$. 因此应该根据 $\angle DAB$ 角度的大小来区分两种情况.

(a) $\angle DAB$ 至多为 $\pi/2$, 也就是顶点 B^* 和 C^* 在线段 AD 上. 定义线段 AB^* 长度为 s, DC^* 长度为 t, 所以有 $s < t$. 注意到 B 的投影在距 D 的距离为 s 处, C' 的投影在距 A 的

距离为 t 处，所有这些投影都在线段 AD 上. 此外，$AE^* = (s+t)/2 = DF^*$，如图 23 所示.

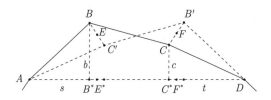

图 23 长度为 1 的边：$AB = BC = CD = AC' = C'B = B'D = 1$；此外，$AB^* = s, BB^* = b, CC^* = c, DC^* = t$，以此类推

那么每个线段 AB、DC、AC'（DC 的反射）、DB'（AB 的反射）、BC、$B'C'$（BC 的反射）的长度都是 1，因此线段 AE 和 DF 的长度也小于 1. 最后，$EF = E^*F^* = d - s - t = B^*C^* < BC = 1$. 要寻求的矛盾是四边形 $AEFD$ 的面积大于原来四边形 $ABCD$ 的面积. 通过计算各种四边形和三角形的面积，这是很容易做到的. 事实上，设

$$S = \lambda(B^*BCC^*) = (d-s-t)(b+c)/2 = \lambda(E^*EFF^*),$$

则有

$$\lambda(ABCD) = \lambda(ABB^*) + \lambda(B^*BCC^*) + \lambda(C^*CD) = bs/2 + S + ct/2$$

和

$$\lambda(AEFD) = \lambda(AEE^*) + \lambda(E^*EFF^*) + \lambda(F^*FD) = (b+c)(s+t)/4 + S.$$

因此

$$\lambda(AEFD) - \lambda(ABCD) = (b+c)(s+t)/4 - bs/2 - ct/2 = (b-c)(t-s)/4 > 0,$$

符合问题所说的. 这就证明了情况 (a) 的结论.

(b) $\angle DAB$ 大于 $\pi/2$，因此在直线 AD 上的点是这样排序的：B^*、A、E^*、C^*、F^*、D. 计算与 (a) 情况完全相同，但公式 $s < t$ 中必须用 $-s$ 代替. 然后有 $\lambda(AEFD) - \lambda(ABCD) = (b+c)(t-s)/4 + bs/2 - ct/2 = (b-c)(s+t)/4 > 0$，这样就证明了 (b) 的情形，从而 P_n 确实是等角的.

重复一遍这显而易见的结论：通过 (i) 有多边形 P_n 是等边的，通过 (iv) 有它是等角的，所以它确实是正多边形，即完成了证明. □

注记 上述结果是芝诺多罗斯 (Zenodorus) 从他《关于等周图》(*On Isoperimetirc Figures*) 的小论义中得到的几个定理之一. 虽然这篇论文现在丢失了，但我们从后来的评注中了解到这一点. 芝诺多罗斯是一位希腊数学家，他从公元前 200 年一直活到公元前 140 年左右. 他是第一个研究等周问题，也就是面积和周长之间的联系的人. 我们从托马斯·希思

(Thomas Heath) 爵士的《希腊数学史》(*The History of Greek Mathematics*) 中了解到，大约在公元前 130 年，"波利比优斯 (Polybius) 观察到，有些人无法理解拥有相同边缘 (边长) 的营地可能有不同的承载能力 (面积)". 在其他结果中，芝诺多罗斯证明了 (不完全严格) 一个圆的面积大于任何同周长的正多边形的面积，以及对于两个等周长的正多边形，有更多角的那个有更大的面积. 其实后一个断言与上面这个问题的结果直接相关.

托马斯·希思爵士在剑桥大学三一学院读数学和古典文学，两门课都获得了一等学位. 他于 1882 年成为了第十二名荣誉学生，并获得了三一学院奖学金. 几年后，他成为荣誉院士. 他是研究希腊数学领域的最杰出的文职人员和最伟大的专家之一，翻译了一些杰出的数学家的著作.

这里给出的证明不是最简单的 (远非如此！)，但它是很容易找到的"行人"的证明之一. 稍后将给出两个更强有力的断言的和更简单的证明，但这些简单而优雅的证明需要意想不到的想法.

参 考 文 献

Heath, Sir Thomas, *A History of Greek Mathematics: Vol. II, From Aristarchus to Diophantus*, Clarendon Press (1921).

22. 柔性多边形

对于除了一条边以外其余所有边都已知的面积最大的多边形，它可能有一个以未知边为直径的外接圆.

证明   令 $P_n = ABC \cdots Z$ 是由给定边 $AB, BC, \cdots, YZ$ 和未知边 ZA 组成的最大面积多边形. 显然 P_n 是凸多边形. 因此只需证明，如果 E 是除了 A 和 Z 之外的任何一个顶点，则 $\angle AEZ$ 为 $\pi/2$.

假设不是这样，则将弦（或边）AE 和 EZ 绕 E 旋转，使它们垂直. 同时保持多边形 $AB \cdots DE$ 和 $EF \cdots YZ$ 固定不变. 这会增加三角形 AEZ 的面积，因此会增加 P_n 的面积，从而完成证明.   □

注记   严格来说，上述论证并不完整. 当旋转弦 AE 和 EZ 使它们垂直时，如果 $AB \cdots DE$ 和 $EF \cdots YZ$ 的旋转图像相交，就会遇到困难. 然而这不可能发生，因为最初 $\angle DEF$ 小于 π，我们最多增加 $\pi/2$.

更多有关信息，请参阅问题 23 末尾的注记.

23. 面积极大的多边形

给定边依次为 $a_1, \cdots, a_n$ 的多边形，其面积不大于具有同样这些边的循环多边形的面积，其中循环多边形是指有外接圆的多边形.

第一种证明 当多边形的顶点数 $n = 3$ 时，结论显然成立．所以假设 $n \geqslant 4$．设 $P_n^* = A^*B^* \cdots Y^*Z^*$ 是边为 $a_1, \cdots, a_n$ 的循环多边形．显然 P_n^* 存在且唯一 (全等意义下)．令 M^* 是与 A^* 直径相对的点．

首先考虑当 M^* 不是 P_n^* 的点的情况．令 $n+1$ 个点的循环序为 A^*、B^*、$\cdots$、E^*、M^*、F^*、$\cdots$、Y^*、Z^*，其中 A^*、E^* 和 M^* 各不相同，且 M^*、F^* 和 Z^* 也都不同，如图 24 所示．

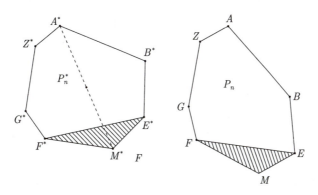

图 24　由 P_n^* 和 P_n 得到的 $n+1$ 边形的划分

现在再给定一个边为 $a_1, \cdots, a_n$ 的多边形 $P_n = AB \cdots YZ$，添加一个点 M 使得三角形 EFM 和三角形 $E^*F^*M^*$ 是全等的．那么对不同的多边形的面积 $\lambda(\cdots)$ 有什么结论呢? 根据问题 21 可知

$$\lambda(AB \cdots EM) \leqslant \lambda(A^*B^* \cdots E^*M^*)$$

并且

$$\lambda(MF \cdots YZA) \leqslant \lambda(M^*F^* \cdots Y^*Z^*A^*).$$

因此 $(n+1)$ 边形 $Q_{n+1} = AB \cdots EMF \cdots YZ$ 的面积小于等于 $Q_{n+1}^* = A^*B^* \cdots E^*M^*F^* \cdots Y^*Z^*$ 的面积，进而对于 n 边形 P_n 和 P_n^* 的面积同样如此，只要减掉同样的面积 $\lambda(EMF)$ 即可．

下面考虑当 M^* 是 P_n^* 的点时，情况会更简单．如果 M^* 前面是 E^*，后面是 F^*，则再次根据问题 21,

$$\lambda(AB \cdots EM) \leqslant \lambda(A^*B^* \cdots E^*M^*)$$

并且

$$\lambda(MF \cdots YZA) \leqslant \lambda(M^*F^* \cdots Y^*Z^*A^*),$$

因此

$$\lambda(P_n) \leqslant \lambda(P_n^*),$$

从而第一种证明结束.   □

第二种证明   这个证明比第一种更加优雅简洁，但是它基于平面等周问题的基本结论，即圆是平面等周问题的解.

令 P_n 是一个具有给定边的 n 边形，且 P_n^* 是由同样边构成的循环 n 边形，内接于半径为 r 的圆盘上. 将 P_n^* 的每一条边 K^*L^* 对应的圆弧部分连接到 P_n 的边 KL 上，将 P_n 与这 n 个圆弧部分并起来的区域记作 D. (这个符号不应误导读者，没有假定或声称 D 是一个圆盘，远非如此.) 注意 D 和 D^* 的周长相同，因此除非 D 也是半径为 r 的圆盘，否则它的面积小于 D^*. 但是，除非 P_n 内接于一个圆 (显然圆的半径是 r)，否则 P_n 的面积会小于 P_n^* 的面积. 这就完成了第二个证明.   □

第三种证明   通过使用公式有很多种方法可以证明这一基本结果. 此处利用 1842 年布雷特施奈德 (Bretschneider) 提出的公式，它曾出现在几乎所有的平面几何的书籍中，如欧内斯特·威廉·霍布森 (Ernest William Hobson, 1856—1993) 在 1918 年出版的书. 令 P_n 是边为 $a_1, \cdots, a_n$ 且具有最大面积的多边形. 这个多边形存在性可以利用一个简单的紧性论证得到，在这里省略它的证明.

因为三个点可以确定一个圆，所以只需要证明 P_n 中任意四个连续的顶点都在一个圆上. 为此，令 a、b 和 c 分别是三个连续边的长度，令 d 表示连接形成四边形的弦长. 根据 P_n 的存在性可知，在所有的以 a、b、c 和 d 为边长的四边形中，P_n 中出现的这个四边形具有最大面积. 因此需要证明在所有以 a、b、c 和 d 为边长的四边形中，其面积最大的是一个循环四边形. 由布雷特施奈德公式，一个四边形的边长分别为 a、b、c 和 d，且其对角线上相对的两个角为 α 和 β，则其面积如下：

$$\sqrt{(s-a)(s-b)(s-c)(s-d) - abcd\cos^2[(\alpha+\gamma)/2]},$$

其中，s 是该四边形的半周长. 固定 a、b、c 和 d，当 $\alpha+\gamma=\pi$ 时，即该四边形为循环四边形时，这个表达式取到最大值. 因此完成了证明.   □

注记   第一种方法的证明来源于托马斯·希尔 (Thomas Hill, 1818—1891)，可以参考他 1863 年著作的第 48 页，第二种证明方法则来自于伊萨克·莫伊塞耶维奇·亚格隆 (Isaak Moiseevich Yaglom, 1921—1988) 和弗拉米基尔·格里戈里耶维奇·博尔琴斯基 (Vladimir Grigorevich Boltyanskiǐ, 1925—2019) 近期的著作，以及布雷特施奈德公式和一些显然的结论，即在所有给定边长的四边形中，循环四边形的面积最大. 这是来自于霍布森 1918 年的著作 (见第 204–205 页). 霍布森一定是自己发现了这个公式，但这并不是什么很了不起的成就！因为他没有提到布雷特施奈德，而是将循环多边形的特例归功于一位六世纪的印度数学家，婆罗摩笈多 (Brahmegupta). 为了完整起见，我们还是重述一下霍布森的证明.

令 $ABCD$ 是一个边为 $a=AB$、$b=BC$、$c=CD$ 以及 $d=DA$ 的凸四边形，对角线为 x 和 y，在 A 和 C 处的角分别为 α 和 γ，如图 25 所示. 令 $\xi = (\alpha+\gamma)/2$，将半周长记作

$s = (a + b + c + d)/2$，四边形的面积记为 S.

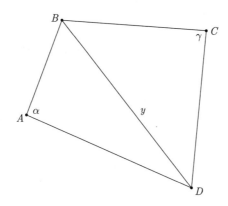

图 25 凸四边形的符号标记

关注由长为 y 的对角线 BD 划分出的两个三角形. 首先

$$y^2 = a^2 + d^2 - 2ad\cos\alpha = b^2 + c^2 - 2bc\cos\gamma,$$

因此有

$$ad\cos\alpha - bc\cos\gamma = \frac{1}{2}(a^2 + d^2 - b^2 - c^2).$$

接下来，取这两个三角形的面积，发现

$$ad\sin\alpha + bc\sin\gamma = 2S.$$

平方并将最后两个等式相加，得到

$$a^2 d^2 + b^2 c^2 - 2abcd\cos(2\xi) = 4S^2 + \frac{1}{4}(a^2 + d^2 - b^2 - c^2)^2,$$

因此有

$$16S^2 = 4(ad + bc)^2 - (a^2 + d^2 - b^2 - c^2)^2 - 16abcd\cos^2\xi,$$

即

$$16S^2 = [(a + d)^2 - (b - c)^2][(b + c)^2 - (a - d)^2] - 16abcd\cos^2\xi.$$

把这个式子重新改写成想要的形式，即布雷特施奈德公式：

$$S^2 = (s - a)(s - b)(s - c)(s - d) - abcd\cos^2\xi.$$

上面提到过的三本著作的四位作者都是非常有趣的数学家.

托马斯·希尔不仅是一个数学家，而且更是 (事实上也主要是) 一个牧师、科学家、哲学家和发明家. 他发明了科学仪器，还申请了"希尔计算器"这种早期的按键式加法计算器的专利. 他曾任哈佛大学第 20 任校长.

欧内斯特·威廉·霍布森是一位英国几何学家和分析学家. 他的大部分时间是在剑桥大学的基督学院度过的，先是作为本科生，之后作为研究员. 在 1878 年剑桥大学的数学考试中，他排名第一. 他的重要著作为弥补英国数学和欧洲大陆数学之间的差距做出了很大贡献. 他有两个杰出的学生，菲利帕·福塞特 (Philippa Fawcett) 和约翰·梅纳德·凯恩斯 (John Maynard Keynes). 前者福塞特是剑桥大学纽纳姆学院的女校友，在数学考试中曾被评为 "比第一名更高"，而后者是国王学院的毕业生，也就是之后的凯恩斯勋爵，他可称得上是 20 世纪最有影响力的经济学家.

伊萨克·莫伊塞耶维奇·亚格隆是一位犹太—俄罗斯数学家，兴趣广泛，是几本面向学生的数学书籍的作者，并且他经常与其孪生兄弟阿基瓦 (Akiva) 一起编写书籍. 最后，弗拉基米尔·格里戈里耶维奇·博尔琴斯基是一位杰出的俄罗斯数学家，最擅长将微分方程应用于最优控制，并且撰写了一些畅销的数学书籍.

对我而言，早在我青少年时期，我的导师，几何学家伊斯特万·雷曼 (István Reiman) 向我介绍了亚格隆-博尔琴斯基 (Yaglom–Boltyanskiĭ) 的书，我非常喜欢. 尽管当时我的俄语很差，却不得不用俄语阅读这本杰作，这可能有助于我在阅读之前先证明结果. 惭愧的是，我需要大卫·埃普斯坦 (David Eppstein) 的提醒，才记起第二种证明方法在亚格隆-博尔琴斯基的书中有出现.

参 考 文 献

1. Bretschneider, C.A., Untersuchung der trigonometrischen Relationen des geradlinigen Viereckes, *Archiv der Mathematik und Physik* 2 (1842) 225–261.
2. Hill, Tho., *A Second Book in Geometry*, Brewer and Tileston (1863).
3. Hobson, E.W., *A Treatise on Plane Trigonometry*, Cambridge University Press (1918).
4. Yaglom, I.M. and V.G. Boltyanskiĭ, *Vypuklye Figury* (in Russian), State Publishing House (1951); English Translation: *Convex Figures*, Holt, Rinehart and Winston (1961).

24. 构造 $\sqrt[3]{2}$——拜占庭的菲隆

令 OS_1PS_2 是个 $2m \times m$ 的矩形，边 $OS_1 = PS_2$ 长度为 $2m$，边 $OS_2 = PS_1$ 长度为 m. 令 C 是过点 O、S_1、P 和 S_2 的圆，且令 Q 是圆 C 的弧 PS_2 的一点，使得经过 P、Q 的直线与 OS_1 和 OS_2 的延长线交于点 R_1 和 R_2，且线段 PR_1 和 QR_2 长度相同. 最后令 T_1 和 T_2 是 Q 在线段 OR_1 和 OR_2 上的投影. 证明：线段 OT_1 长度为 $\sqrt[3]{2}m$.

证明　除了 $PS_1 = m$ 外，再令 $PR_1 = \ell$ 且 $S_1R_1 = n$，如图 26 所示. 则由定义有 $QR_2 = \ell$，因此 $T_2R_2 = m$ 且 $T_2Q = n$. 鉴于 $OQ \perp QP$，则根据定义会有很多（八个？）与 PS_1R_1 相似的直角三角形，包括 QT_2O，长边与短边的比值为 n/m，并且能得出一些线段的等式关系. 特别地：

(i) $OT_1 = T_2Q = n$ 且 $OS_2 = S_1P = m$，因此 $OT_1/OS_2 = n/m$；

(ii) $OT_1 = T_2Q$，因此 $OT_2/OT_1 = OT_2/T_2Q = n/m$；

(iii) $OS_1 = S_2P$ 且 $OT_2 = S_2R_2$，因此 $OS_1/OT_2 = S_2P/S_2R_2 = n/m$.

因此，

$$(n/m)^3 = \frac{OT_1}{OS_2} \cdot \frac{OT_2}{OT_1} \cdot \frac{OS_1}{OT_2} = \frac{OS_1}{OS_2} = 2,$$

因此 $OT_1/OS_2 = n/m = \sqrt[3]{2}$，即 $OT_1 = \sqrt[3]{2}m$，结论得证. □

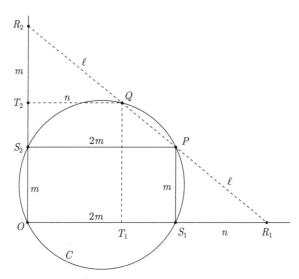

图 26　$2m \times m$ 的矩形 OS_1PS_2 及其外接圆 C 还有一些其他的点

注记　上述结论归功于拜占庭的菲隆 (Philon，公元前 280—公元前 220) 在尝试解决一个古老而著名的德里安问题 (Delian Problem) 时提出的构造方法，他是一位非常有创造力的希腊工程师、物理学家和数学家. 其中德里安问题，即"倍立方"问题，即找出一个正方体的边长，使其体积是给定正方体体积的两倍. 现在知道这是一个无法用直尺和圆规解决的问题，但当时的人们对该问题非常着迷. 菲隆构造方法中出现的 PQ 线被称为菲隆线 (Philon's line).

根据昔兰尼的埃拉托色尼 (Eratosthenes，公元前 276—公元前 195) 所说，"当神向德里安人发出神谕，要想摆脱瘟疫，必须要建造一个比原来祭坛体积大一倍的祭坛. 但对于工匠们来说，如何构造一个其体积是一个给定相似体体积两倍的固体是让他们感到相当困惑的. 于是他们去请教柏拉图 (Plato)，而他的回答是，神谕的意思不是要一个两倍大小的祭坛，而是他希望通过这个任务来羞辱那些无视数学和蔑视几何的希腊人."

正如托马斯·希思先生所说 (文献中第 246 页)，毫无疑问，这个问题在柏拉图学派中得到研究，且这个问题的解决归功于欧多克斯 (Eudoxus)、梅内克摩斯 (Menaechmus) 甚至

是 (虽然不一定正确) 归功于柏拉图本人. 之后还有很多人提出了解决方案，包括尼科德梅斯 (Nicodemes)、帝奥克勒斯 (Diocles)、斯波鲁斯 (Sporus) 和帕普斯 (Pappus) 等人. 埃拉托色尼也提出了一种机械解法. 而上述菲隆提出的解法可能是最好的：他是通过取双曲线 $xy = 2$ 与图中圆 C 的交点 Q 来构造出 $\sqrt[3]{2}$ 的. (参见希思第 262-263 页). 有关菲隆线的最新研究结果，请参阅科塞特 (Coxeter) 和范德克拉茨 (van de Craats) 以及韦特林 (Wetterling) 的论文.

下面这个基本极值问题是上述菲隆问题的一个扩展. 给定相交于点 O 的两条直线 ℓ_1 和 ℓ_2，令 P 是两条线之外的另一点. 确定过 P 的直线 ℓ 使得其在 ℓ_1 和 ℓ_2 之间的线段长度最小.

这个问题的解是，如果直线 ℓ 与 ℓ_1 和 ℓ_2 的交点分别为 S_1 和 S_2，那么当 $PS_1 = QS_2$ 时，S_1S_2 最小，其中 Q 为从点 O 到直线 ℓ 的垂足，如图 27 所示. 牛顿提供了一个不同的解法：存在一个点 C，可以使得 $CS_1 \perp \ell_1$，$CS_2 \perp \ell_2$ 且 $CP \perp \ell$.

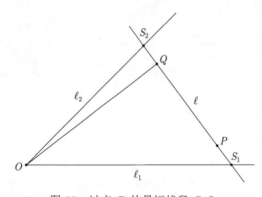

图 27 过点 P 的最短线段 S_1S_2

50 年前，在那段 "美好的旧时光"，当剑桥大学三一学院和其他学院奖学金的评定是基于 6 份三小时的考试卷时，其中唯一真正重要的是几何考卷，考题就有类似这样的问题. 在几何考试中表现出色的人当之无愧能获得奖学金. 后来，我在奖学金面试中使用了这个问题，我记得有个聪明的学生约翰 · 里卡德 (John Rickard) 轻松地完成了这个题目，但其他人发现当场做起来很难.

参 考 文 献

1. Coxeter, H.S.M. and J. van de Craats, Philon lines in non-Euclidean planes, *J. Geometry* 48 (1993) 26–55.

2. Heath, Sir Thomas, *A History of Greek Mathematics: Vol. I, From Thales to Euclid*, Clarendon Press (1921).

3. Wetterling, W.W.E., Philon's line generalized: An optimization problem from geometry, *J. Optim. Theory Appl.* 90 (1996) 517–521.

25. 外接四边形——牛顿

令 $ABCD$ 是一个以 O 为圆心的圆的外接四边形. 令 E 和 F 是对角线 AC 和 BD 的中点, 证明 E、F 和 O 三点共线.

证明 如果 $ABCD$ 是平行四边形, 则它实际上是一个菱形, 点 E、F 和 O 重合. 因此, 不妨假设不是这种情况.

因为有一个内切于 $ABCD$ 的圆 (因此与四条边都有接触), $AB + CD = BC + DA$, 因此 $S_{\triangle AOB} + S_{\triangle COD} = S_{\triangle BOC} + S_{\triangle DOA}$.

我们将证明下面一个断言, 其内容超出了所需要证明的结论.

断言 令 $ABCD$ 是一个非平行四边形的凸四边形, E 和 F 是对角线 AC 和 BD 的中点. 则满足 $S_{\triangle AOB} + S_{\triangle COD} = S_{\triangle BOC} + S_{\triangle DOA}$ 的点 O 的轨迹是直线 EF 与四边形的交点.

证明 注意 $S_{\triangle AOB} + S_{\triangle COD} = S_{\triangle BOC} + S_{\triangle DOA}$, 当且仅当 $S_{\triangle AOB} + S_{\triangle COD}$ 和 $S_{\triangle BOC} + S_{\triangle DOA}$ 都是四边形 $ABCD$ 的面积的一半. 如果将 O 替换为 E 或 F, 则显然成立.

(i) 首先证明, 如果 O 是经过 E 和 F 的直线 ℓ 在该四边形上的一点, 则 $S_{\triangle AOB} + S_{\triangle COD} = S_{\triangle BOC} + S_{\triangle DOA}$, 即 $S_{\triangle AOB} + S_{\triangle COD} = \dfrac{1}{2} S_{\text{四边形} ABCD}$. 为了证明这一点, 注意 A 和 C 到直线 ℓ 的距离相同, 并且 B 和 D 到直线 ℓ 的距离也相等. 因此 $S_{\triangle AOE} = S_{\triangle COE}$ 且 $S_{\triangle BOE} = S_{\triangle DOE}$. 故如图 28 所示, 不妨假设 O 在三角形 ABC 中. 则有,

$$S_{\triangle AOB} = S_{\triangle AEB} + S_{\triangle BOE} - S_{\triangle AOE}$$

并且类似地,

$$S_{\triangle COD} = S_{\triangle CED} + S_{\triangle COE} - S_{\triangle DOE}.$$

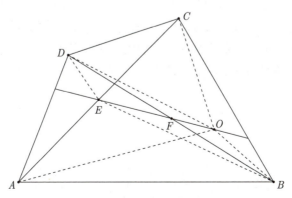

图 28 四边形 $ABCD$, 其中 E 和 F 是对角线 AC 和 BD 的中点, O 是直线 EF 上的一点

将这两个等式相加，发现

$$S_{\triangle AOB} + S_{\triangle COD} = S_{\triangle AEB} + S_{\triangle CED} + (S_{\triangle BOE} - S_{\triangle DOE}) + (S_{\triangle COE} - S_{\triangle AOE})$$

$$= S_{\triangle AEB} + S_{\triangle CED} = \frac{1}{2}S_{\text{四边形}ABCD},$$

则 (i) 证明完成.

(ii) 为了完成证明，我们需要证如果 O 不在 ℓ 上，则 $S_{\triangle AOB} + S_{\triangle COD} \neq \frac{1}{2}S_{\text{四边形}ABCD}$. 根据 (i)，这显然可以从以下断言推得.

设 A、B 和 U 是直线 ℓ_1 上的三个点，C、D 和 V 是直线 ℓ_2 上的三个点，ℓ_2 不与 ℓ_1 平行. 令 α_i 为 ℓ_i 与 UV 之间的角 ($i = 1, 2$). 对 UV 上的点 X，定义 $f(X) = S_{\triangle ABX} + S_{\triangle CDX}$. 那么，除非 $AB(\sin\alpha_1) = CD(\sin\alpha_2)$，否则 $f(X)$ 是严格单调的，在这种情况下它是常数 (如图 29 所示). 事实上确实有 $2f(X) = AB \times UX(\sin\alpha_1) + CD \times XV(\sin\alpha_2)$. □

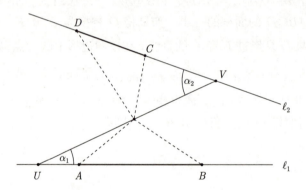

图 29   在不平行的两条直线上的两条线段，以及连接它们的线段 UV

注记   这是艾萨克·牛顿 (Isaac Newton) 爵士在几何学中的许多小成果之一. 对他和读者来说，只用几行描述他的成就是一种侮辱，所以我只好介绍他的生日，按照旧历也就是儒略历 (Julian calendar)，他出生于 1642 年 12 月 25 日，如果按新历，也就是格里历 (Gregorian calendar) 换算，他出生于 1643 年 1 月 4 日. 鉴于此，如今他的日期经常被认为是 1643—1727(新历). 如果在 16 世纪，英国国教主教们没有阻止约翰·迪伊 (John Dee，三一学院第一位数学家，也是牛顿的前辈) 向伊丽莎白女王提出引入格里历的建议，就不会出现这种混乱.

26. 整数分拆

(i) 分拆函数 $p(n)$ 的生成函数是

$$\sum_{n=0}^{\infty} p(n)x^n = \frac{1}{1-x} \cdot \frac{1}{1-x^2} \cdot \frac{1}{1-x^3} \cdot \cdots .$$

(ii) 不包含 1 的 n 的分拆的数目是 $p(n) - p(n-1)$.

证明 (i) 考虑以下形式幂级数的无穷乘积:

$$(1 + x + x^2 + x^3 + \cdots)(1 + x^2 + x^4 + x^6 + \cdots)(1 + x^3 + x^6 + x^9 + \cdots) \cdot \cdots.$$

在这个乘积的展开式中, 从所有因子中 (除了有限多个因子外) 取 1, 并且从其余的因子中取 x 的某个非零次幂, 然后对所有这些项求和. 那么在这个展开式中, x^n 的系数是多少呢? x^n 可以表示成来自第一个因子的单项式 $x^{m_1 \times 1}$、来自第二个因子的单项式 $x^{m_2 \times 2}$, 依此类推, 以及最后来自第 n 个因子的单项式 $x^{m_n \times n}$ 的乘积. 其中 m_k 必须满足条件 $\sum_1^n m_k k = n$. 毫无疑问, 没有必要从任何一个因子 ("括号") 中取 1, 只需要取次数至少是 1 的 x 的幂. 出于同样的原因, 也不必理会其他 (无穷多个) 括号, 因为只能从每个括号中取 1. 乘积 $x^{m_1 \times 1} x^{m_2 \times 2} \cdots x^{m_n \times n}$ 对应于 n 的一个分拆, 其中 k 恰好发生了 m_k 次. 因此, 在展开式中 x^n 的系数恰好是 $p(n)$.

最后, 两个形式幂级数 $1 + x^k + x^{2k} + x^{3k} + \cdots$ 和 $1 - x^k$ 的乘积是 1, 故完成 (i) 的证明.

(ii) **第一种证明** 令 $p_1(n)$ 表示不包含 1 的 n 的分拆数目. 满足这种条件的分拆的充要条件是在上面证明中 1 的重数 m_1 为 0, 因此 $p_1(n)$ 是下面展开式中 x^n 的系数,

$$(1 + x^2 + x^4 + x^6 + \cdots)(1 + x^3 + x^6 + x^9 + \cdots) \cdots,$$

使得

$$\sum_{n=0}^{\infty} p_1(n) x^n = \prod_{k=2}^{\infty} \frac{1}{1 - x^k}.$$

因为

$$\prod_{k=1}^{\infty} \frac{1}{1 - x^k} = \sum_{n=0}^{\infty} p(n) x^n,$$

发现

$$\sum_{n=0}^{\infty} p_1(n) x^n = (1 - x) \sum_{n=0}^{\infty} p(n) x^n.$$

右式中 x^n 的系数是 $p(n) - p(n-1)$, 因此 $p_1(n) = p(n) - p(n-1)$, 证明完成.

第二种证明 把 1 加到 $n-1$ 的分拆中, 得到一个在 $n-1$ 的 $p(n-1)$ 分拆和 n 的包含 1 的分拆之间的一一对应. 因此, n 的不包含 1 的分拆数是 $p(n) - p(n-1)$.

第三种证明 这个证明对分拆的研究和讨论要比之前的证明更细致. 为了减少杂乱, 在对分拆的描述中不妨省略 + 号, 写成 775422111 而不是 $7 + 7 + \cdots$.

如果 n 的一个分拆中包含 1 的重数为 $m \geq 0$, 则这个分拆可以被表示为由一个不包含 1 的 $n - m$ 的分拆和 m 个单项 1 的拼接而成的唯一组合, 其中 $0 \leq m \leq n$. (例如, 20 的划分

55322111 是 17 的划分 55322 和 3 的划分 111 的拼接.）因此，有以下式子，

$$p(n) = p_1(n) + p_1(n-1) + \cdots + p_1(2) + p_1(1) + p_1(0)$$

$$= p_1(n) + p_1(n-1) + \cdots + p_1(2) + 1, \tag{10}$$

由于 $p_1(1) = 0$ 且 $p_1(0) = 1$.（事实上 1 没有不含单项 1 的分拆，且 0 的唯一的分拆是 "空分拆"，不含 1.）

现在的任务是需要证明 $p_1(n) = p(n) - p(n-1)$ 在 $n \geqslant 2$ 成立. 对 n 做归纳. 当 $n = 2$ 时，结论成立，因平凡地，$p_1(2) = 1$ 且 $p(2) - p(1) = 2 - 1 = 1$. 假设对 $2, \cdots, n-1$ 成立，由式 (10) 我们有，

$$p(n) = p_1(n) + [p(n-1) - p(n-2)] + [p(n-2) - p(n-3)] + \cdots +$$

$$[p(2) - p(1)] + 1 = p_1(n) + p(n-1).$$

这就完成了 (ii) 的第三种证明，至此证明该问题的方法均已呈现. □

注记　分拆理论是一个广泛的主题——上面的两个问题和我们将要处理的几个问题甚至还没有触及这个理论的表面，它们几乎不足以激发读者的兴趣. 所使用的符号有很大差异，因此选择势必是有些折中的.

一些伟大的数学家，包括欧拉、凯莱 (Cayley)、西尔维斯特、哈代和斯里尼瓦萨·拉马努金 (Srinivasa Ramanujan)，都在分拆问题上做出过贡献. 对于分拆问题的兴趣最早是由欧拉引起的，他是历史上最伟大的数学家之一，也许是最伟大的，没有之一.

乘法数论，涉及分解、整除、质数等问题，可以追溯到 2000 多年前的欧几里得，但是加法数论在真正意义上的开始，要追溯到不到 300 年前的欧拉：他在他著名的著作，无限分析引论 (*Introductio in Analysin Infinitorum*，1748 年) 的第 16 章中，讨论了加法数论的问题. 正是欧拉将分拆定义为将自然数分解成一些自然数的和，而忽略求和的顺序. 通过对加数施加不同的条件，可以产生很有意思的问题：可以要其均为不同的数，或者是质数，或是立方数等.

欧拉的理论基于一个基本事实，即相同底数的整数幂的代数乘法等同于它们的指数相加. 正如我们所看到的，n 的分拆数正好是 $1/(1-x)(1-x^2) \cdots$ 的展开式中，作为 x 的幂级数的，x^n 项的系数. 欧拉把分拆理论与各种幂级数的研究紧密联系起来. 虽然我们处理的是形式幂级数，但事实上这些级数在 $|x| < 1$ 时是绝对收敛的，即使 x 取复数值也是如此. 这些级数的收敛性在其他结果中很重要，但在我们考虑的美丽而简单的现象中并不那么重要. 有几本关于分拆的书籍，珀西·亚历山大·麦克马洪 (Percy Alexander MacMahon，1854—1929) 上校的著作中有相当一部分是关于分拆的，而安德鲁斯 (Andrews) 则有一篇很漂亮的关于分拆理论的简介.

参 考 文 献

1. Andrews, G.E., *The Theory of Partitions*, Addison-Wesley Publishing (1976). Reprinted in the series Cambridge Mathematical Library, Cambridge University Press (1998).
2. Euler, L., *Introductio in Analysin Infinitorum* (1748); see also Euler Archive: https://scholarlycommons.pacific.edu/euler-works/102.
3. MacMahon, Major P.A., *Combinatory Analysis*, volumes I and II, Cambridge University Press (1916). Reprinted with *An Introduction to Combinatory Analysis* (1920), Dover Publications (2004).

27. 能被 m 和 $2m$ 整除的分拆部分

不重复出现 m 倍数的 n 的分拆数，等于不出现 $2m$ 倍数的 n 的分拆数.

证明 对于不出现 $2m$ 倍数的分拆，其生成函数为

$$\left(\prod_{2m\nmid k}(1-x^k)^{-1}\right) = \left(\prod_k(1-x^k)^{-1}\right)\left(\prod_k(1-x^{2mk})\right),$$

且不重复出现 m 倍数的分拆的生成函数为

$$\left(\prod_{m\nmid k}(1-x^k)^{-1}\right)\left(\prod_k(1+x^{km})\right).$$

后一个的幂级数可以重新改写为

$$\left(\prod_k(1-x^k)^{-1}\right)\left(\prod_k(1-x^{mk})\right)\left(\prod_k(1+x^{km})\right)$$

$$= \left(\prod_k(1-x^k)^{-1}\right)\left(\prod_k(1-x^{2mk})\right),$$

证明结束. □

注记 这是利用幂级数来表示分拆的一个特别简单的应用.

28. 不等分拆与奇分拆

(i) n 的各部分不相同的分拆数等于各部分均是奇数的分拆数.

(ii) 对于 $m \geqslant 1$，n 的没有部分重复超过 m 次的分拆数等于没有部分是 $m+1$ 的倍数的分拆数.

证明　正如在之前提示中所建议的那样，只需要证明 (ii) 即可. 对于 d 值比较大的时候，更容易发现简单的证明. 没有部分会重复出现 m 次的分拆的生成函数是

$$\prod_k (1 + x^k + x^{2k} + \cdots + x^{mk}) = \prod_{k=1}^{\infty} \frac{1 - x^{(m+1)k}}{1 - x^k}.$$

根据问题 26，得知所有分拆的生成函数，即分拆函数 $p(n)$ 的生成函数是

$$\prod_{k=1}^{\infty} (1 - x^k)^{-1},$$

其中，因子 $(1 - x^k)^{-1}$ 要顾及的是等于 k 的部分 (可以出现任意次). 因此，对于每个部分都不是 $m+1$ 的倍数的分拆数，它的生成函数是不含能被 $m+1$ 整除的那些 k 值的乘积，即

$$\prod_{k=1}^{\infty} (1 - x^k)^{-1} \prod_{k=1}^{\infty} (1 - x^{(m+1)k}) = \prod_{k=1}^{\infty} \frac{1 - x^{(m+1)k}}{1 - x^k}.$$

证明完成.　　　　　　　　　　　　　　　　　　　　　□

注记　已经证明了当 $m = 1$ 时的恒等式

$$\prod_{k \geqslant 1} (1 + x^k) = \prod_{k \geqslant 1} (1 - x^{2k-1})^{-1},$$

这个等式通常被称为是欧拉恒等式，尽管它非常简单，但却很令人惊讶.

29. 稀疏基

存在一个密度为零的集合 $S \subset \mathbb{N}$，使得任意正有理数都可以表示为 S 中有限个不同元素的倒数之和.

证明　先来证明一个在 "提示" 中提到的断言. 这个断言和要证的命题本质上是等价的.

断言　令 r 是一个正有理数，A 是一个正整数. 那么存在一个正整数的有限集 $S(r, A) = \{n_1, \cdots, n_\ell\}$ 使得 $n_1 \geqslant A$，且对于每个 i，有 $n_{i+1} - n_i \geqslant A$，其中 $i = 1, \cdots, \ell - 1$，且

$$r = \sum_1^\ell \frac{1}{n_i}.$$

为了证明这个断言，首先注意存在一个整数 m 使得

$$r - \left(\frac{1}{A} + \frac{1}{2A} + \cdots + \frac{1}{mA} \right) < \frac{1}{(m+1)A}.$$

将左边的式子记作 r_0，则根据 r_0 的西尔维斯特 (Sylvester) 表示 (参考问题 2，普通分数中注记的末尾部分) 可知，存在正整数 $n_1 < \cdots < n_\ell$ 使得 $r_0 = \sum_1^\ell \frac{1}{n_i}$ 且 $n_{i+1} > n_i(n_i - 1)$ 对所有 $i, (1 \leqslant i < \ell - 1)$ 都成立.

现在考虑因为 $r_0 < 1/A$，故第一项 n_1 至少是 $A+1$ 且

$$n_{i+1} - n_i \geqslant n_i(n_i - 1) + 1 - n_i = n_i(n_i - 2) + 1 \geqslant A^2 \geqslant A.$$

于是完成断言的证明.

这对于原命题的证明是直接且显然的. 对所有正有理数进行排列，并且对每个有理数 r，取一个有限集 $S(r, A)$，使其随着 A 值增大也越来越大. 这些集合的并集即可作为 S.

具体来说，令 $r_1, r_2, \cdots$ 是正有理数的一个排列. 令 $A_1 = 1$ 且 $S_1 = S(r_1, A_1)$. 假设已经定义好 $S_1, \cdots, S_k$，令 s_k 是 S_k 中最大的元素，并且设 $A_{k+1} = 2s_k$ 且 $S_{k+1} = S(r_{k+1}, A_{k+1})$. 那么就得到一组互不相交的集合 $S_1, S_2, \cdots$，且 $S = \bigcup_i^\infty S_i$ 是满足要求的性质的，即每个正有理数都可以表示成 S 中有限多个元素的倒数的和，且 S 的密度是 0，这是因为在集合 $\bigcup_{k+1}^\infty S_i$ 中任意两个元素的距离至少是 2^k. □

注记　一个由正整数构成的序列 $S\{n_1, n_2, \cdots\}$，其中 $n_1 < n_2 < \cdots$，如果每个正整数都可以表示为有限个 S 中整数的倒数之和，则称其为自然数的 R 基. 在 1961 年，威尔夫 (Wilf) 提出了有关 R 基的几个问题，其中之一是：一个 R 基是否可以具有零密度. 此问题的结果是由埃尔德什和斯坦 (Stein) 证明的，它远远超出了回答这个问题的范畴：对于正有理数 (按照显而易见的定义)，存在一个具有零密度的 R 基.

埃尔德什和斯坦指出，还存在更多类似的结论. 例如，可以将倒数的集合 $\{1/1, 1/2, 1/3, \cdots\}$ 划分成有限集，使得每个正有理数恰好是一部分中元素的和. 他们还证明了对于正有理数，存在 R 基 $\{n_1, n_2, \cdots\}$，使得 $\sum_1^\infty 1/n_i$ 缓慢趋于无穷. 下面是该结论的精确陈述.

令 $0 < a_1 < a_2 < \cdots$ 满足 $\sum_1^\infty 1/a_i = \infty$. 那么对于正有理数存在一个 R 基 $\{n_1, n_2, \cdots\}$，使得对每个 i，有 $n_i \geqslant a_i$.

证明这个结论需要给出较之前更为细致复杂的论证.

参 考 文 献

1. Erdős, P. and S. Stein, Sums of distinct unit fractions, *Proc. Amer. Math. Soc.* 14 (1963) 126–131.
2. Wilf, H.S., Reciprocal bases for integers, *Bull. Amer. Math. Soc.* 67 (1961) 456.

30. 小交集——萨科奇和瑟默雷迪

令 $A_1, \cdots, A_m \in [n]^{(r)}$ 满足 $|A_i \cap A_j| \leqslant s < r^2/n$ 对所有 $1 \leqslant i < j \leqslant m$ 都成立. 那么

$$m \leqslant \frac{n(r-s)}{r^2 - sn}. \tag{11}$$

特别地，如果 r^2/n 是一个整数，$A_1, \cdots, A_m \in [n]^{(r)}$ 且 $|A_i \cap A_j| < r^2/n$ 对所有 $1 \leqslant i < j \leqslant m$ 都成立，那么

$$m \leqslant r - r^2/n + 1 \leqslant n/4 + 1. \tag{12}$$

证明   正如之前观察的那样，注意如果 A 和 B 都是 $[n]$ 的随机 r–子集，则它们交集的期望大小是 r^2/n. 因此条件表明所有成对的交集都比随机情况还要小，甚至可能要小得多. 这就是为什么不能选择过多的集合 A_i 的原因.

现在回到证明. 对于 $1 \leqslant i \leqslant m$，设 $f_i = \mathbf{1}_{A_i}$，即令 $f_i : [n] \to \mathbb{R}$ 定义如下，

$$f_i(h) = \begin{cases} 1, & h \in A_i, \\ 0, & \text{其他,} \end{cases}$$

并且令集合 $F = \sum_{i=1}^{m} f_i$.

集合 A_i 上的条件可以转化成

$$\sum_{h=1}^{n} f_i(h) = r$$

对所有 i 当 $1 \leqslant i \leqslant n$ 都成立，且

$$\sum_{h=1}^{n} f_i(h) f_j(h) \leqslant s < r^2/n$$

对 $i \neq j$ 都成立. 特别地

$$\sum_{h=1}^{n} F(h) = \sum_{h=1}^{n} \sum_{i=1}^{m} f_i(h) = \sum_{i=1}^{m} \sum_{h=1}^{n} f_i(h) = rm.$$

因此，由柯西–施瓦兹不等式，

$$rm = \sum_{h=1}^{n} F(h) \leqslant n^{1/2} \left(\sum_{h=1}^{n} F(h)^2 \right)^{1/2},$$

因此

$$\sum_{h=1}^{n} F(h)^2 \geqslant r^2 m^2/n. \tag{13}$$

另一方面，可以如下给出 $\sum_{h=1}^{n} F(h)^2$ 的上界：

$$\sum_{h=1}^{n} F(h)^2 = \sum_{h=1}^{n} \left(\sum_{i=1}^{m} f_i(h) \right) \left(\sum_{j=1}^{m} f_j(h) \right) = \sum_{i \neq j} \sum_{h=1}^{n} f_i(h) f_j(h) + \sum_{h=1}^{n} \sum_{i=1}^{m} f_i(h)^2$$

$$\leqslant m(m-1)s + rm.$$

因此，回顾不等式 (13) 可得，

$$r^2m^2/n \leqslant m(m-1)s + rm,$$

即

$$m(r^2/n - s) \leqslant r - s,$$

不等式 (11) 证明完毕.

为了证明附加条件，只需注意如果 r^2/n 是整数，且 $|A_i \cap A_j| \leqslant r^2/n$，则有 $|A_i \cap A_j| \leqslant r^2/n - 1$，因此可以取 $s = r^2/n - 1$，此时不等式 (12) 的第一个不等号成立. 第二个不等号也成立，这是因为对于 $r \geqslant 1$，当 $r = n/2$ 时，表达式 $r - r^2/n$ 取到最大值. 证明完成.　□

注记　这是萨科奇 (Sárközy) 和瑟默雷迪 (Szemerédi) 在 1970 年证明的结果之一. 关于这个主题还有很多结果：例如，可以参考以下文献.

参 考 文 献

1. Sárközy, A. and G.N. Sárközy, On the size of partial block designs with large blocks, *Discrete Math.* 305 (2005) 264–275.

2. Sárközy, A. and E. Szemerédi, On intersections of subsets of finite sets (in Hungarian), *Mat. Lapok* 21 (1970) 269–278.

31. 0-1 矩阵的对角线

对于一个 $n \times n$ 的 0-1 矩阵，通过对其行进行置换，得到矩阵对角线的数目最多为 $2^n - n$.

证明　首先证明，至少有 n 个不同的 0-1 序列不会出现在通过对一个 $n \times n$ 矩阵 $\boldsymbol{A}$ 的行进行置换得到的矩阵的对角线上，其中 $\boldsymbol{A} = (a_{ij})_{i,j=1}^n$，且 $a_{ij} = 0,1$. 为此，注意到对于每个 i，$1 \leqslant i \leqslant n$，从 $\boldsymbol{A}$ 矩阵通过行置换得到的矩阵，其对角线至少与一个行在某个位置上是相同的. (此处，将行视为是长度为 n 的序列，对角线也是如此.)

因此，如果没有两行相同，则至少有 n 条对角线无法得到. 另外，如果有两行相同，如 $\boldsymbol{R}_1 = \boldsymbol{R}_2 = (a_1, a_2, \cdots, a_n)$，则所有与 $(1-a_1, 1-a_2, \cdots, 1-a_n)$ 在除了最多一个位置外都相同的 $n+1$ 个序列，无法出现在行置换后的矩阵的对角线上.

还可以更容易看到，实际上最多只需 n 个 0-1 序列不会成为我们置换后矩阵的对角线：可以将 $\boldsymbol{A}$ 矩阵设为单位矩阵，即对角线上为 1，其他位置为 0. 那么对于任意 k，$2 \leqslant k \leqslant n$，以及所有序列 $1 \leqslant i_1 < i_2 < \cdots < i_k \leqslant n$，将这些指标所在的行进行循环置换 (使得第 i_1 行变成 i_2 行，第 i_2 行变成 i_3 行，以此类推，最后第 i_k 行变成 i_1 行)，所得到的新矩阵的对角线恰好在 $i_1, i_2, \cdots, i_{k-1}$ 和 i_k 的位置为 0.

完成证明.　□

32. 三格骨牌和四格骨牌的铺砌问题

(i) 如果 n 是 2 的幂，则任一 $n \times n$ 的有缺失的棋盘均可用三格骨牌铺满.

(ii) 如果一个 $m \times n$ 的矩形可以被 T–形四格骨牌铺满，则 mn 能被 8 整除.

证明 (i) 对 n 做归纳，首先从平凡的情况 $n = 1$ 出发，此时不需要三格骨牌；假设当 $n = 2^{k+1}$ 时，结论对于 2^k 成立. 将 $n \times n$ 的网格分为四个 $2^k \times 2^k$ 的网格. 原本缺失的一个单元格一定恰好在某一个四分之一的小正方形中也是缺失的. 在原始的网格中心放置一个三格骨牌，使其覆盖其余的三个完整的无缺失部分的子正方形. 然后剩下就只需铺满有单元格缺失的正方形，由归纳假设可知结论成立.

(ii) 由于每个 T–形四格骨牌由四个格子组成，故 mn 必然能被 4 整除，因此不妨假设 m 为偶数. 考虑将 $m \times n$ 矩形用 T–形四格骨牌铺满后，进行黑白相间的棋盘着色. 由于每一行都有偶数个单元格，因此一半格子是白色，一半是黑色. 同样对整个棋盘也是如此.

另外，在铺砌的过程中，每个 T–形四格骨牌要么有三个黑色单元格和一个白色单元格，要么有三个白色单元格和一个黑色单元格. 铺砌必须对于这两种情况下四格骨牌的数目相同，即均为 $mn/8$. 特别地，8 能整除 mn. □

注记 一个 k 阶多联骨牌是指由网格上 k 个单元格 (单位正方形) 的边连接所组成的结构. 因此，一个三格骨牌是一个 3 阶的多联骨牌，而 T–形四阶骨牌是一个 4 阶的多联骨牌. 多联骨牌是由戈隆 (Golomb) 在 1954 年引入，并自此成了游戏数学中备受关注的研究课题. 本问题中的第一个美妙 (尽管微不足道) 的断言也是由戈隆提出的. 事实上，成立的结论远不止这些. 首先，上面的证明表明这个断言在所有维度上都成立. 因此如果 n 是 2 的幂，则 d 维的 $n \times n \times \cdots \times n$ 棋盘可以用有缺失的 d 维的 $2 \times 2 \times \cdots \times 2$ 多联骨牌铺满. 此外，朱 (Chu) 和约翰逊波 (Johnsonbaugh) 已经证明了更困难的结果，即当且仅当 n 不是 3 的倍数 (这是显然的！) 且 $n \neq 5$ 时，有缺失的 $n \times n$ 棋盘可以用三格骨牌铺满.

确定哪些 (m, n) 可以用三格骨牌铺满一个完整的 $m \times n$ 长方形更为简单些. 显然，mn 必须是 3 的倍数，且如果 $m = 3$，则 n 不能为奇数. 在其他的所有情况下，都能用三格骨牌来铺满. 为了说明这一点，可以使用 3×5 和 5×9 的矩形的铺法作为基本构建块.

(ii) 在更强的形式下也是成立的. 沃克阿普 (Walkup) 在 1965 年证明，当且仅当 m 和 n 均为 4 的倍数时，一个 $m \times n$ 的矩形才能用 T–形四格骨牌铺满. 这些条件的充分性是显然的，因为一个 4×4 的正方形有铺满的方案，但必要性还需要更多的论证.

第二个问题和一个经典的拼图问题有关，这个问题是，给定一个去除了两个对角线相对的单元格的 $n \times n$ 正方形，无法用多米诺骨牌铺满. 众所周知，这个问题的标准解法基于奇偶性. 使用棋盘染色技巧对棋盘进行染色，并且注意到已经移去了两个相同颜色的方块. 我在十几岁时第一次听说上面提到的 T–形四格骨牌问题，得益于我的第一位数学导师，匈牙利几何学家伊斯特万·雷曼博士. 后来他成了匈牙利国际数学奥林匹克队的领队. 在 20 世纪 70 年代, 当我为剑桥大学三一学院的奖学金申请者面试时, 我除了问他们多米诺骨牌铺法的简单问题之外, 还会问他们上述的 T-形四格骨牌问题, 而他们的回答好坏不一.

　　最后, 来看一些更深入的 T-形四格骨牌铺法方面的问题. 2004 年, 科恩 (Korn) 和帕克 (Pak) 证明了矩形棋盘上任意两个 T-形四格骨牌铺法可以通过涉及两个或四个方块的移动而互通. 此外, 这些铺法的数目也是图论和统计物理学中非常重要的多项式图特 (Tutte) 多项式的一个估值.

参 考 文 献

1. Chu, I.P. and R. Johnsonbaugh, Tiling deficient boards with trominos, *Math. Mag.* 59(1986) 34–40.

2. Golomb, S.W., Checker boards and polyominoes, *Amer. Math. Monthly* 61 (1954) 675–682.

3. Golomb, S.W., *Polyominoes -Puzzles, Patterns, Problems, and Packings*, with diagrams by Warren Lushbaugh, Second edition; with an appendix by Andy Liu, Princeton University Press (2020).

4. Korn, M. and I. Pak, Tilings of rectangles with T-tetrominoes, *Theoret. Comput. Sci.* 319 (2004) 3–27.

5. Korn, Walkup, D.W., Covering a rectangle with T-tetrominoes, *Amer. Math. Monthly* 72 (1965) 986–988.

33. 矩形的三格骨牌铺砌问题

　　一个 $m \times n$ 的矩形可以用三格骨牌铺满, 当且仅当 $m, n \geqslant 2$ 且 mn 是 3 的倍数 (其中一个是 3, 另一个是奇数的情况除外).

　　证明　为了减少讨论的情况, 经常会用到一个事实, 即 m 和 n 是可互换的.

　　(i) **必要性**　因为每个三格骨牌是由三个单元格 (单位正方形) 粘合在一起的, 因此 $m, n \geqslant 2$, 且 3 能整除 mn. 假设 $m = 3$, 并且有一个 $3 \times n$ 矩形的铺法 (用三格骨牌去铺). 考虑与 $3 \times n$ 矩形左侧边相接触的铺块, 如图 30 所示. 一定有两个铺块, 它们一起填满了 $3 \times n$ 矩形左边的 3×2 的小矩形, 因此剩下的 $3 \times n$ 矩形右边的 $3 \times (n-2)$ 的矩形要由三格骨牌铺满. 通过对 n 归纳, 可得出 n 是偶数.

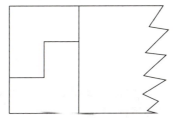

图 30　与 $3 \times n$ 矩形左侧边相接触的两个铺块

(ii) **充分性**　如图 31 所示，该问题中的 3×2 和 5×9 的矩形都可以铺满，故 2×3 和 9×5 的矩形也可以铺满. 事实上，要铺满 5×9 的矩形，首先将五个 2×3 和 3×2 的矩形放入 5×9 的矩形中，如图 31 所示，然后用五个三格铺块填完其余部分.

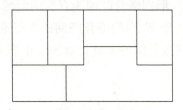

图 31　将 2×3 和 3×2 的矩形放入 5×9 的矩形中

假设 3 能整除 m，令 $m = 3\ell$，并且当 $m = 3$ 时，n 为偶数. 一个 $3 \times 2k$ 的矩形可以被划分成 k 个 3×2 的矩形，因此可以被铺满. 如果 n 是偶数，$m \times n$ 矩形也可以被三格骨牌铺满. 现在假设 $n \geqslant 3$ 是奇数且 $m = 3\ell \geqslant 6$，此外如果 $n = 3$，则 m 是偶数. 现在的任务是证明 $m \times n$ 的矩形可以用三格骨牌铺满.

一个 $6 \times n$ 的矩形可以划分成 3×2 和 2×3 的矩形，如图 32 所示，因此可以由三格骨牌铺满.

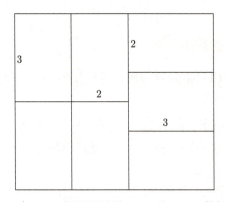

图 32　一个 6×7 矩形可以用 3×2 和 2×3 的矩形铺满

另外，由于 9×2 和 9×5 的矩形可以由三格骨牌铺满，因此任意的 $9 \times n$ 的矩形，当 n 是大于等于 5 的奇数时，也都能做到. 因此，如果 $k \geqslant 2$ 且 n 是奇数，每一个 $3k \times n$ 的矩形都能被铺满. 事实上，将 k 记为

$$k = 2r + 3s, \qquad r, s \geqslant 0; r \neq 1,$$

并且将 $3k \times n$ 的矩形划分成 r 个 $6 \times n$ 的矩形和 s 个 $9 \times n$ 的矩形. 正如所看到的，这些矩形都可以用三格骨牌铺满，从而完成了证明.　　　　　　　□

34. 矩阵的数目

令 $\mathscr{A}_{3,7}^{(n)}$ 是一些 $n \times n$ 矩阵的集合, 其中矩阵的每个元素都是非负整数, 每一行和列最多有三个非零元, 且使得同一行或列非零元都互不相同, 它们的和为 7. 则 $\mathscr{A}_{3,7}^{(n)}$ 中含有的矩阵数目为 $(n!)^3$.

证明　矩阵 $\boldsymbol{A} \in \mathscr{A}_{3,7}^{(n)}$ 的行或列的非零元可以是 $(4,2,1)$、$(5,2)$、$(6,1)$ 和 (7). 其中后三个可以唯一的表示成 1、2、4 的和的形式, 使得每组都包含这三个数字

$$(5,2) = (1+4,2), \quad (6,1) = (2+4,1), \quad (7) = (1+2+4).$$

这表明对于每个 $\mathscr{A}_{3,7}^{(n)}$ 中的矩阵, 都有一种唯一的方式可以将它写成三个置换矩阵的和, 其中置换矩阵将通常 1 的位置替换成 4、2 和 1. 正如下面的例子所示:

$$\begin{pmatrix} 2 & 4 & 0 & 1 \\ 0 & 0 & 1 & 6 \\ 4 & 3 & 0 & 0 \\ 1 & 0 & 6 & 0 \end{pmatrix} = \begin{pmatrix} 0 & 4 & 0 & 0 \\ 0 & 0 & 0 & 4 \\ 4 & 0 & 0 & 0 \\ 0 & 0 & 4 & 0 \end{pmatrix} + \begin{pmatrix} 2 & 0 & 0 & 0 \\ 0 & 0 & 0 & 2 \\ 0 & 2 & 0 & 0 \\ 0 & 0 & 2 & 0 \end{pmatrix} + \begin{pmatrix} 0 & 0 & 0 & 1 \\ 0 & 0 & 1 & 0 \\ 0 & 1 & 0 & 0 \\ 1 & 0 & 0 & 0 \end{pmatrix}$$

一个矩阵可以表示为三个置换矩阵的倍数之和. 反之, 三个具有系数 4、2 和 1 的置换矩阵的和属于 $\mathcal{A}_{3,7}^{(n)}$. 证明完成. □

35. 等分圆

设 S 是平面上 $2n + 1 \geqslant 5$ 个一般位置点的集合, 则 S 至少有 $n(2n+1)/3$ 个等分圆.

证明　首先证明每一对点都在等分圆上. 若成立, 则因为有 $\binom{2n+1}{2} = n(2n+1)$ 对点, 且每个等分圆包含三对点, 因此也就意味着结论成立.

令 p 和 q 是 S 的两个点. 因为除了 p 和 q 之外还有 $2n-1$ 个点, 所以由直线 pq 确定的两个半平面的其中之一至少包含 S 中 n 个点, 而另一个半平面最多包含 $n-1$ 个点. 令 a 和 b 分别是通过 p 和 q 的两个大圆的圆心, 这些圆分别包含这两个半平面中 S 的点, 但没有一个点同时在这两个圆中, 如图 33 所示. 注意线段 $[a,b]$ 是 $[p,q]$ 的垂直平分线. 对于在 $[a,b]$ 上的一点 c, 令 C_c 是过 p 和 q 的以 c 为圆心的圆, 并将圆 C_c 内的点数记为 $n(c)$. 由于 $n(a) + n(b) = 2n-1$, 不妨假设 $n(a) \geqslant n$, 因此 $n(b) \leqslant n-1$.

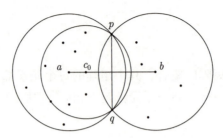

图 33 $n=7$ 时有 15 个点. C_{c_0} 上有 S 中包含 p,q 在内的三个点，且在 C_{c_0} 内部有 $6=7-1$ 个点

当沿着 $[a,b]$ 将 c 连续的从 a 移动到 b 时，由于开始时圆内有 $n(a)\geqslant n$ 个点，结束时圆内有 $n(b)\leqslant n-1$ 个点，因此存在某个点 c_0，使得圆 C_{c_0} 的边界上还有 S 中的另外一个点，且圆内恰好有 $n-1$ 个点. 这表明 C_{c_0} 是过 p 和 q 的一个等分圆，即完成证明.   □

注记 毫无疑问，在这种形式下，这个问题在本书籍中是属于相对简单的，它已经是一个民间广为人知的结论，并且存在了很长一段时间. 我们将在下一个问题中探讨更加深刻一些的结论.

36. 等分圆的数目

对于任意 $n\geqslant 1$，在平面的一般位置上都存在 $2n+1$ 个点的集合 S，恰好有 n^2 个等分圆.

证明 定义集合 S 为两个很相似的集合 S_1 和 S_2 的并集，其中 $|S_1|=n+1$ 且 $|S_2|=n$. 为了构造它们，令 $f:\mathbb{R}\to\mathbb{R}$ 是个严格凹函数，满足 $f(0)=f(n)=0$ 且 $\max_{0\leqslant x\leqslant n}f(x)=f(n/2)=2^{-n}$. 因此 f 在 0 到 n 区间内几乎恒等于 0；尽管这远超过所需的条件，但不会有任何额外的代价. 与此同时，令

$$S_1=\{(i,y_i):0\leqslant i\leqslant n\},$$

其中，$y_i=f(i)$. 不妨假设 f 已经被选定，以确保 S_1 中没有四个点在同一圆上. 类似地，令

$$S_2=\{(i,2^n-y_i):1\leqslant i\leqslant n\}.$$

因此 S_1 和 S_2 分别位于两个"面对"彼此的弧上，如图 34 所示.

那么 $S=S_1\cup S_2$ 有多少个等分圆呢？每个等分圆在 S_1 中有两个点，在 S_2 中有一个点；或者在 S_2 中有两个点，在 S_1 中有一个点. 显然，对于 $0\leqslant i<j\leqslant n$，过点 (i,y_i) 和 (j,y_j) 的等分圆恰好包含 $j-i-1$ 个 S_1 的点，因此包含 $n-j+i$ 个 S_2 的点. 因此，S_1 中任意两个点之间恰好有一个等分圆. 类似地，S_2 中任意两个点之间也恰好有一个等分圆. 因此，S 的总的等分圆的数目为

$$\binom{n+1}{2} + \binom{n}{2} = n^2.$$

证明完成.　　　　　　　　　　　　　　　　　　　　　　　　　　　　　　　　□

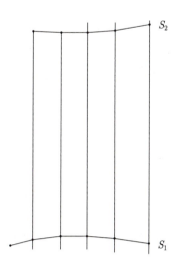

图 34　$n = 5$ 时有 11 个点，$S = S_1 \cup S_2$；每个等分圆都有两个点在 S_1 或两个点在 S_2 中

注记　上述结论应被视为非常有趣和令人惊讶的结果之一，即在平面上处于一般位置的任意 $2n+1$ 个点，恰好有 n^2 个等分圆. 这个美妙的事实是由阿迪拉 (Ardila) 于 2004 年发现和证明的. 自然而然地，证明由两部分组成. 第一部分是，任何两个恰当的点集都有相同数目的等分圆；第二部分是，在平面上处于一般位置的某个 $2n+1 \geqslant 3$ 个点的集合有 n^2 个等分圆. 因此问题 36 就是这个问题的第二部分.

实际上，第一部分也很容易证明：移动其中一个点 (以缓慢且恰当的方式)，当这个移动的点只通过点集确定的一条直线或圆时，等分圆的数目保持不变. 这是很容易看出的，只是稍微有些烦琐.

上面第二部分的证明是与阿迪拉 (Ardila) 给出的证明不同 (并且是相对更简单一些) 的.

最后，我们注意到阿迪拉还证明了一个更一般的结果: 他确定了以任意比例分裂 $(2n+1)$-集合的圆的数目. 给定非负整数 $a \neq b$ 满足 $a + b = 2n - 2$，如果在它的内部有 a 或 b 个点 (或在外部有 b 或 a 个点)，则称通过处于一般位置的 $2n+1$ 个点的集合 S 中三个点的圆为 (a,b)-分裂，则恰好有 $2(a+1)(b+1)$ 个圆是 (a,b)-分裂. 当 $a = b = n - 1$ 时，有 n^2 个等分圆，这与之前我们得到的结论一致. 令人惊讶的是，即使对于特殊情形 $a = 0(b = 2n - 2)$ 也不是那么平凡的，这意味着有 $4n - 2$ 个通过三个点但不包含其他任何点或包含所有其他点的圆. 需要注意的是，可能会存在许多通过三个点，但包含所有其他点的圆，尽管人们可能会倾向于认为这样的圆只能有一个.

参 考 文 献

Ardila, F., The number of halving circles, *Amer. Math. Monthly* 111 (2004) 586–591.

37. 二项式系数的一个基本恒等式

设 $f(X)$ 是一个次数小于 n 的多项式，则

$$\sum_{k=0}^{n}(-1)^k \binom{n}{k} f(k) = 0.$$

证明 平凡地，

$$\sum_{k=0}^{n}(-1)^k \binom{n}{k} = (1-1)^n = 0.$$

因此，通常记 $(k)_r$ 或 $k_{(r)}$ 为下阶乘 $k(k-1)(k-2)\cdots(k-r+1)$，对于 $1 \leqslant r \leqslant n-1$，有

$$\sum_{k=0}^{n}(-1)^k \binom{n}{k} k_{(r)} = n_{(r)} \sum_{k=r}^{n}(-1)^k \binom{n-r}{k-r} = 0.$$

另外，每个次数最多为 $n-1$ 的多项式是下阶乘 $X_{(0)} = 1, X_{(1)} = X, X_{(2)}, \cdots, X_{(n-1)}$ 的一个线性组合，即

$$f(X) = \sum_{r=0}^{n-1} c_r X_{(r)}.$$

因此

$$\sum_{k=0}^{n}(-1)^k \binom{n}{k} f(k) = \sum_{k=0}^{n}(-1)^k \binom{n}{k} \sum_{r=0}^{n-1} c_r k_{(r)}$$

$$= \sum_{r=0}^{n-1} c_r \sum_{k=0}^{n}(-1)^k \binom{n}{k} k_{(r)} = 0,$$

完成证明. □

    注记 涉及二项式系数的恒等式有很多种，可以参考下面的参考文献. 为什么要把这个特定的基本恒等式设为一个练习问题呢？因为它的形式非常优美，证明也简单而优雅，并且该结果将会在问题 40 中用到.

参 考 文 献

1. Gould, H.W., *Combinatorial Identities*, published by the author (1972).
2. Riordan, J., *Combinatorial Identities*, reprint of the 1968 original, Robert E. Krieger Publishing Co. (1979).

38. 泰珀恒等式

对自然数 n 和实数 x，设

$$F_n(x) = \sum_{i=0}^{n} (-1)^i \binom{n}{i} (x-i)^n.$$

则 $F_n(x) = n!$.

证明 将问题陈述为这种形式，答案就已经能揭示，有一个显然的解题思路：首先证明多项式 $F_n(x)$ 是一个常值函数，其次选取一个相对容易证明 $F_n(x) = n!$ 的 x 的值. 证明第一步是比较难的，为了强调它，将它叙述为如下断言.

断言 对于每个自然数 n，都存在一个常数 C_n，使得 $F_n(x) = C_n$.

通过对 n 归纳去证明，首先 $F_1(x) = x - (x-1) = 1$. 对于归纳的步骤，只需证明在一个开区间上 $F_n'(x) = 0$ 即可. 显然有

$$
\begin{aligned}
F_n'(x) &= n \sum_{i=0}^{n} (-1)^i \binom{n}{i} (x-i)^{n-1} \\
&= n \sum_{i=0}^{n} (-1)^i \left[\binom{n-1}{i} + \binom{n-1}{i-1} \right] (x-i)^{n-1} \\
&= n \sum_{i=0}^{n-1} (-1)^i \binom{n-1}{i} (x-i)^{n-1} - \\
&\quad\, n \sum_{i=1}^{n} (-1)^{i-1} \binom{n-1}{i-1} [x-1-(i-1)]^{n-1} \\
&= n C_{n-1} - n C_{n-1} = 0,
\end{aligned}
$$

断言即证.

第二步的证明是相对容易的. 选择 $x = n$，并且注意到 $(n)_{(i)}(n-i) = n(n-1)\cdots(n-i+1)(n-i) = n(n-1)_{(i)}$. 因此，

$$
\begin{aligned}
F_n(n) &= \sum_{i=0}^{n} (-1)^i \binom{n}{i} (n-i)^n \\
&= \sum_{i=0}^{n} (-1)^i n \binom{n-1}{i} (n-i)^{n-1} = n C_{n-1}.
\end{aligned}
$$

因此，对于每个 x，都有 $F_n(x) = n!$，这样就完成了泰珀恒等式的证明. $\square$

注记   这个恒等式最初由迈伦·泰珀 (Myron Tepper) 在 1965 年作为猜想发表，不过在他在《数学杂志》(*Mathematics Magazine*) 上发表文章后，凯文·隆 (Calvin Long) 紧接着就给出了证明. 在 20 世纪 70 年代早期，当我将这个问题布置给三一学院的一年级本科生时，我考虑的就是上述证明. 由于问题中的多项式是否是常函数并不显然，因此这个问题不那么容易解决. 现在已经不能再设定这个问题了，因为每一个本科生都可以使用笔记本电脑，很快就会发现这个函数正是 $n!$，也是自那时起，就很少有人会被什么难题所困住了.

类似于上面的证明由帕普 (Papp) 在 1972 年给出.

参 考 文 献

1. Long, C.T., Proof of Tepper's factorial conjecture, *Math. Mag.* 38 (1965) 304–305.
2. Papp, F.J., Another proof of Tepper's identity, *Math. Mag.* 45 (1972) 119–121.

39. 迪克森恒等式 (I)

设 a、b、c 是非负整数，则

$$\sum_k \frac{(-1)^k(a+b)!(b+c)!(c+a)!}{(a+k)!(a-k)!(b+k)!(b-k)!(c+k)!(c-k)!} = \frac{(a+b+c)!}{a!b!c!},$$

且规定 $0! = 1$，当 $k < 0$ 时，规定 $1/k! = 0$.

证明   对 a 作归纳，从平凡的情况 $a = 0$ 出发，此时左侧只有一项. 将左边的第 k 项记作 $F(a,k)$

$$F(a,k) = \frac{(-1)^k(a+b)!(b+c)!(c+a)!}{(a+k)!(a-k)!(b+k)!(b-k)!(c+k)!(c-k)!},$$

令原本左侧本身为 $S(a)$，即和式 $\sum_k F(a,k)$. 如果

$$(a+1)S(a+1) = (a+b+c+1)S(a), \tag{14}$$

即两边的差为 0，则可进行归纳. 为了证明式 (14)，比较 $S(a+1)$ 和 $S(a)$ 求和式子中的第 k 项. 定义函数 $G(a,k)$ 如下：

$$G(a,k) = \frac{(-1)^k(a+b)!(b+c)!(c+a)!}{2(a+1+k)!(a-k)!(b+k)!(b-1-k)!(c+k)!(c-1-k)!}.$$

于是有

$$(a+1)F(a+1,k) - (a+b+c+1)F(a,k) = G(a,k) - G(a,k-1). \tag{15}$$

式 (15) 两侧对 k 求和, 并且等式的右边通过消项, 得到等式 (14).

将等式 (15) 乘以

$$\frac{(-1)^k(a+1+k)!(a+1-k)!(b+k)!(b-k)!(c+k)!(c-k)!}{(a+b)!(b+c)!(c+a)!},$$

可以看到, 需要证明的是

$$(a+1)(a+b+1)(a+c+1) - (a+1+k)(a+1-k)(a+b+c+1)$$

$$= \frac{1}{2}\left[(a+1-k)(b-k)(c-k) + (a+1+k)(b+k)(c+k)\right].$$

将表达式展开, 发现两边都是

$$(a+1)bc + k^2(a+1+b+c),$$

完成了式 (15) 的证明, 故归纳完成. □

注记 迪克森 (Dixon) 在 1903 年发表了他的不等式证明, 但证明的方法并不那么的优美. 在过去的五十年中, 已经发表了几个更简单的证明: 其中这个非常简短的证明是由多伦·齐尔伯格 (Doron Zeilberger) 以 Shalosh B. Ekhad 的名义完成的. 这个证明不仅比之前的证明更短, 并且不需要读者有除了高中代数以外的数学知识. 为了强调这一点, 证明中没有使用二项式系数来表示等式左边的项. 在下一个问题中, 将给出另一个证明, 在那个证明中, 将会更自然地使用二项式符号.

参 考 文 献

1. Dixon, A.C., Summation of a certain series, *Proc. London Math. Soc.* 35 (1903) 285–289.
2. Ekhad, S.B., A very short proof of Dixon's theorem, *J. Combin. Theory, Ser.* A 54 (1990) 141–142.

40. 迪克森恒等式 (Ⅱ)

(i) 设 m 和 n 是非负整数, 记 X 是一个变量. 则

$$\sum_{k=0}^{2n}(-1)^k\binom{m+2n}{m+k}\binom{X}{k}\binom{X+m}{m+2n-k} = (-1)^n\binom{X}{n}\binom{X+m+n}{m+n}.$$

(ii) 从 (i) 可推出, 如果 a、b 和 c 都是非负整数, 且 $b \leqslant a,c$, 则

$$\sum_{k=-b}^{b}(-1)^k\binom{a+b}{a+k}\binom{b+c}{b+k}\binom{c+a}{c+k}=\binom{a+b+c}{a,b,c}=\frac{(a+b+c)!}{a!b!c!}.$$

证明   (i) 用 $P(X)$ 表示要证明的等式的左侧，用 $Q(x)$ 表示等式右侧. 则 P 是一个次数最多为 $m+2n$ 的多项式，且 Q 也是次数最多为 $m+2n$ 的多项式. 因此如果它们在 $m+2n+1$ 处，即在 $-m-n,-m-n+1,\cdots,n$ 处都相同，则它们相等.

显然，$Q(n)=(-1)^n\binom{m+2n}{m+n}$ 且 $Q(x)$ 在 $m+2n$ 处，$x=-m-n,-m-n+1,\cdots,n-1$ 取值为 0. 因此为了证明多项式恒等式，只要证明 P 也在这 $m+2n$ 处为 0，且 $P(n)=(-1)^n\binom{m+2n}{m+n}$ 即可. 第二个关系也很容易证明：在 $P(n)$ 的展开式中，只有一个非零项，即 $k=n$，因此 $P(n)=(-1)^n\binom{m+2n}{m+m}$.

为了证明 P 在从 $-m-n$ 到 $n-1$ 的每个整数值处都为 0，将范围划分为三部分，注意 $0\leqslant k\leqslant 2n$.

(1) 令 $x=0,1,\cdots,n-1$. 在这种情况下，如果 $x\leqslant k-1$，则第二个二项式系数 $\binom{x}{k}$ 为 0；否则，如果 $k\leqslant x\leqslant n-1<n\leqslant 2n-k$，则第三个二项式系数 $\binom{x+m}{m+2n-k}$ 为 0.

(2) 令 $x=-m,-m+1,\cdots,-1$. 在这种情况下，$x+m\leqslant m-1<m\leqslant m+2n-k$，因此 $\binom{x+m}{m+2n-k}=0$，与上面情况相同.

(3) 令 $x=-m-n,-m-n+1,\cdots,-m-1$. 这种情况是证明的重点. 代入 $x=-y-1$，使得 $y=m,m+1,\cdots,m+n-1$. 那么，在 y 的这些正整数值处，$-y-1$ 和 $-y-1+m$ 都是负数. 因此，

$$\begin{aligned}P(-y-1)&=\sum_{k=0}^{2n}(-1)^k\binom{m+2n}{m+k}\binom{-y-1}{k}\binom{-y-1+m}{m+2n-k}\\&=\sum_{k=0}^{2n}(-1)^{k+k+m+2n-k}\binom{m+2n}{m+k}\binom{y+k}{k}\binom{y+2n-k}{m+2n-k}\\&=\sum_{k=0}^{2n}(-1)^{m+k}\binom{m+2n}{m+k}\binom{y+k}{k}\binom{y+2n-k}{y-m}.\end{aligned}$$

上式中第二和第三个二项式系数的积是关于 k 的一个多项式 $f_{m,n,y}(k)$：

$$f_{m,n,y}(k)=\binom{y+k}{k}\binom{y+2n-k}{y-m}.$$

在规定的范围内, 即 $y = m, m+1, \cdots, m+n-1$, $f_{m,n,y}(k)$ 的次数是 $2y - m < m + 2n$. 此外, 如果 k 是负数, 则 $\binom{y+k}{y} = 0$, 因此在式子中, $P(-y-1)$ 的求和式可以拓展到从 k 为负数开始. 根据问题 37 的结论, 可以得出

$$P(-y-1) = \sum_{k=-m}^{2n} (-1)^{m+k} \binom{m+2n}{m+k} f_{m,n,y}(k) = 0.$$

完成 (i) 的证明.

(ii) 令 $m = a - b$ 且 $n = b$. 将 $X = b + c$ 代入 (i) 的多项式等式, 则有

$$\sum_{k=0}^{2b} (-1)^k \binom{a+b}{a-b+k} \binom{b+c}{k} \binom{c+a}{a+b-k} = (-1)^b \binom{b+c}{b} \binom{b+c+a}{a}.$$

用 k 替换上式中的 $k - b$, 则有

$$\sum_{k=-b}^{b} (-1)^k \binom{a+b}{a+k} \binom{b+c}{b+k} \binom{c+a}{c+k} = \binom{a+b+c}{a,b,c}.$$

证明完成. □

注记 这个结论中的 (ii) 是迪克森恒等式, 在问题 39 中第一次介绍了该恒等式以及一个简短但巧妙的证明. 这个恒等式到多项式的拓展和上述漂亮的证明是由郭 (Guo) 在 2003 年提出的.

我认为这是迄今为止概念上讲最简单的证明: 在得到提示后, 多项式恒等式的两端应该在从 $-m-n$ 到 n 的整数值处进行计算, 在除 n 以外的任一处, 值都为零, 因此应该很容易找到一个证明方法.

尽管对于迪克森恒等式, 除了本书中的两个简单而优美的证明外, 还有许多其他证明, 但我怀疑这不是终点, 还存在其他的证明方法. 因为原始恒等式 (而不是其到多项式的拓展) 的右侧是将具有 $a+b+c$ 个元素的集合划分成三个集合 A、B、C 的方法数, 其中 $|A| = a$、$|B| = b$、$|C| = c$. 因此, 我预想也许可以通过使用容斥公式的简单计数来证明这个结论.

参 考 文 献

1. Dixon, A.C., Summation of a certain series, *Proc. London Math. Soc.* 35 (1903) 285–289.
2. Ekhad, S.B., A very short proof of Dixon's theorem, *J. Combin. Theory, Ser.* A 54 (1990) 41–142; 388–389.

3. Gessel, I. and D. Stanton, Short proofs of Saalschütz's and Dixon's theorems, *J. Combin. Theory, Ser.* A 38 (1985) 87–90.

4. Ekhad, S.B., A very short proof of Dixon's theorem, J. Combin. Theory, Ser. A 54 (1990) 141–142; 388–389. Guo, V.J.W., A simple proof of Dixon's identity, *Discrete Math.* 268 (2003) 309–310.

41. 一个不一般的不等式

令 $x_0 = 0 < x_1 < x_2 < \cdots$. 那么

$$\sum_{n=1}^{\infty} \frac{x_n - x_{n-1}}{x_n^2 + 1} < \frac{\pi}{2}.$$

证明   如图 35 所示，令 $O = (0,0)$、$X_n = (1, x_n)$、$n \geqslant 0$、$Y_\infty = (0,1)$，并用 C 表示圆心为 O 的单位圆. 对于 $n \geqslant 1$，令 Y_n 是线段 OX_n 与圆 C 的交点，令 Z_{n-1} 是过 Y_n 的平行于 X_0X_n 的直线与线段 OX_{n-1} 的交点. 对于 $n \geqslant 1$，将三角形 OY_nZ_{n-1} 记作 T_n，将它的面积记作 $|T_n|$. 三角形 OY_nZ_{n-1} 和 OX_nX_{n-1} 是同位相似的，相似比为 $|OY_n|/|OX_n| = 1/|OX_n| = 1/\sqrt{x_n^2 + 1}$，且三角形 OX_nX_{n-1} 的面积为 $|X_nX_{n-1}|/2 = (x_n - x_{n-1})/2$，因此

$$|T_n| = \frac{x_n - x_{n-1}}{2(x_n^2 + 1)}.$$

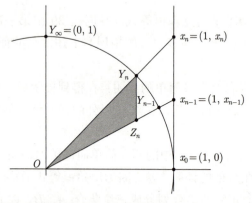

图 35 T_n 是阴影部分的三角形，其面积是 $|T_n| = x_n - x_{n-1}/2(x_n^2 + 1)$

显然，三角形 $T_1, T_2, \cdots$ 是不相交的 (在此处的意思是，两个三角形不会同时包含一个内部的点)，并且包含在面积是 $\pi/4$ 的四分之一圆 OX_0Y_∞ 中. 因此

$$\sum_{n=1}^{\infty} \frac{x_n - x_{n-1}}{2(x_n^2 + 1)} < \pi/4.$$

证明完成. □

注记 这个不等式的一个等价的形式如下：令 $r > 0$ 且 $a_0 = 0 < a_1 < \cdots$，那么

$$\sum_{n=1}^{\infty} \frac{r(a_n - a_{n-1})}{a_n^2 + r^2} < \frac{\pi}{2}.$$

事实上确实如此，因为可以在刚才证明的不等式中，令 $x_n = a_n/r$，则有

$$\sum_{n=1}^{\infty} \frac{a_n/r - a_{n-1}/r}{(a_n/r)^2 + 1} = \sum_{n=1}^{\infty} \frac{r(a_n - a_{n-1})}{a_n^2 + r^2} < \frac{\pi}{2}.$$

此外，因为

$$\sqrt{n} - \sqrt{n-1} = \frac{(\sqrt{n} - \sqrt{n-1})(\sqrt{n} + \sqrt{n-1})}{\sqrt{n} + \sqrt{n-1}} = \frac{1}{\sqrt{n} + \sqrt{n-1}} > \frac{1}{2\sqrt{n}},$$

令 $r = \sqrt{m}$ 且 $a_n = \sqrt{n}$，得到

$$\sum_{n=1}^{\infty} \frac{\sqrt{m}}{\sqrt{n}(m+n)} < \pi.$$

这个不等式将会在问题 42 中用到，被称为希尔伯特不等式.

42. 希尔伯特不等式

令 $(a_n)_1^{\infty}$ 和 $(b_n)_1^{\infty}$ 是实数的平方可和序列，$\sum_n a_n^2 < \infty$ 且 $\sum_n b_n^2 < \infty$. 那么

$$\sum_{m,n} \frac{a_m b_n}{m+n} < \pi \sqrt{\sum_m a_m^2} \sqrt{\sum_n b_n^2}.$$

证明 由问题 41 的解答中的最后一个不等式可知

$$\sum_{m=1}^{\infty} \sum_{n=1}^{\infty} \frac{\sqrt{m} a_m^2}{\sqrt{n}(m+n)} < \pi \sum_{m=1}^{\infty} a_m^2,$$

类似的，不等式对 (b_n) 也成立. 此外，显然有

$$\frac{a_m b_n}{m+n} = \frac{\sqrt[4]{m} a_m}{\sqrt[4]{n} \sqrt{m+n}} \frac{\sqrt[4]{n} b_n}{\sqrt[4]{m} \sqrt{m+n}},$$

因此，由柯西–施瓦兹 (Cauchy -Schwarz) 不等式可得，

$$\sum_{m,n} \frac{a_m b_n}{m+n} \leqslant \left(\sum_{m=1}^{\infty}\sum_{n=1}^{\infty} \frac{\sqrt{m}a_m^2}{\sqrt{n}(m+n)}\right)^{1/2} \left(\sum_{n=1}^{\infty}\sum_{m=1}^{\infty} \frac{\sqrt{n}b_n^2}{\sqrt{m}(m+n)}\right)^{1/2}$$

$$< \pi \left(\sum_{m=1}^{\infty} a_m^2\right)^{1/2} \left(\sum_{n=1}^{\infty} b_n^2\right)^{1/2},$$

完成证明.   □

注记 这个不等式由大卫·希尔伯特 (David Hilbert) 提出并在他的讲座中得以证明，其中常数比 π 要大，并且 1908 年首次在魏尔·赫尔曼 (Hermann Weyl) 的论文中被报告. 常数为 π 的不等式是由伊赛·舒尔 (Issai Schur) 证明出的，之后也被认为这种形式是最优的. 对于长度有限的序列，例如，长度至多为某个固定值 n 的序列，德布鲁因 (de Bruijn) 和威尔夫几乎确定了其最优的常数，这个常数比 π 要小 (这并不令人惊讶).

刚才给出的这个希尔伯特不等式的特别漂亮和简短的证明是由克日什托夫·奥列斯基维奇 (Krzysztof Oleszkiewicz) 在 1993 年发表的，他还证明了由格 G.H. 哈代 (G.H. Hardy) 和 M. 里斯 (M. Riesz) 提出的希尔伯特不等式的推广. 这个推广发表于 1934 年，在哈代和李特尔伍德与波利亚 (Pólya) 合著的非常有影响力的专著 [名为《不等式》(Inequalities)] 的第 9 章中.

令 $p, q > 1$ 是共轭指数，即令 $1/p + 1/q = 1$ 且令 (a_n) 和 (b_n) 是非负实数序列，满足 $\sum a_n^p < \infty$, $\sum b_n^q < \infty$. 则有

$$\sum_{m,n=1}^{\infty} \frac{a_m b_n}{m+n} \leqslant \frac{\pi}{\sin(\pi/p)} \left(\sum_{m=1}^{\infty} a_m^p\right)^{1/p} \left(\sum_{n=1}^{\infty} a_n^q\right)^{1/q}.$$

参 考 文 献

1. de Bruijn, N.G. and H.S. Wilf, On Hilbert's inequality in n dimensions, *Bull. Amer. Math. Soc.* 68 (1962) 70–73.

2. Hardy, G.H., J.E. Littlewood and G. Pólya, *Inequalities, Cambridge University Press* (1952). Reprinted in paperback in Cambridge Mathematical Library (1988).

3. Oleszkiewicz, K., An elementary proof of Hilbert's inequality, *Amer. Math. Monthly* 100 (1993) 276–280.

4. Schur, I., Bemerkungen zur Theorie der beschränkten Bilinearformen mit unendlich vielen Veränderlichen, *J. Reine Angew. Math.* 140 (1911) 1–28.

43. 中心二项式系数的大小

令 $k \geqslant 1$ 是一个整数，$c, d > 0$ 是正实数，且使得下式成立

$$\frac{c}{\sqrt{k-1/2}} 4^k \leqslant \binom{2k}{k} \leqslant \frac{d}{\sqrt{k+1/2}} 4^k.$$

那么

$$\frac{c}{\sqrt{n-1/2}} 4^n \leqslant \binom{2n}{n} \leqslant \frac{d}{\sqrt{n+1/2}} 4^n, \tag{16}$$

其中，$n \geqslant k$. 特别地，

$$\binom{2n}{n} < \begin{cases} 2^{2n-1}, & n \geqslant 2, \\ 2^{2n-2}, & n \geqslant 5, \end{cases}$$

和

$$\frac{2^{2n-1}}{\sqrt{n-1/2}} \leqslant \binom{2n}{n} \leqslant \frac{0.6}{\sqrt{n+1/2}} 4^n$$

对 $n \geqslant 4$ 成立.

证明　通过对 n 做归纳来证明式 (16)，从假设成立的基本情况 $n = k$ 开始. 假设式 (16) 对 n 成立，证明 $n+1$ 的情况.

$$\binom{2n+2}{n+1} = 2\binom{2n+1}{n} = 2\left\{ \binom{2n}{n} + \binom{2n}{n-1} \right\} = \frac{4(n+1/2)}{n+1} \binom{2n}{n}.$$

因此式 (16) 的两边可由

$$\frac{n+1/2}{(n+1)\sqrt{n-1/2}} > \frac{1}{\sqrt{n+1/2}}$$

和

$$\frac{n+1/2}{(n+1)\sqrt{n+1/2}} < \frac{1}{\sqrt{n+3/2}}$$

得到，其中利用了算术平均–几何平均 (AM-GM) 不等式和简单的积的展开. 事实上，只需要注意到 $(n+1/2)^3 > (n+1)^2(n-1/2)$　和　$(n+1/2)(n+3/2) < (n+1)^2$ 成立.

最后，来证明 $n \geqslant 4$ 时，常数在 0.5 和 0.6 之间，注意到

$$\frac{0.5}{\sqrt{3.5}} = 0.267\cdots < \binom{8}{4} 4^{-4} = 0.273\cdots < \frac{0.6}{\sqrt{4.5}} = 0.282\cdots.$$

考虑比例 $\binom{2n}{n} 4^{-n}$，随着 n 越来越大，式 (16) 中的乘法常数越来越趋近于 $1/\sqrt{\pi} = 0.564189\cdots$. $\square$

注记   前文给出的提示"在 n 上应用归纳法"本质上是无内容的，因为要处理的是有限结构. 然而，在这个特定的设置中，它确实提供了一些信息：假设这种关系适用于某个 n，使用这些关系来推断它也适用于下一个值. 这是无意中所做的.

一种稍微"复杂"的方法是使用斯特林 (Stirling) 公式，可以得到

$$\binom{2n}{n} = \frac{1 + o(1)}{\sqrt{\pi n}} 4^{-n}.$$

这也可以说明式 (16) 中的乘法常数趋近于 $1/\sqrt{\pi} = 0.564\,189\cdots$. 已经证明的结果相对于更精确的极限结果的优势是，它可以适用所有 n 的值而不会有更多麻烦.

44. 中心二项式系数的性质

令

$$\binom{2n}{n} = \prod_{p < 2n} p^{\alpha_p},$$

表示中心二项式系数的素因数分解，其中 $n \geqslant 1$，p 是一个素数. 那么：

(i) 若 $\sqrt{2n} < p < 2n$，那么 $\alpha_p = 0$ 或 1；

(ii) 若 $2n/3 < p \leqslant n$，那么 $\alpha_p = 0$；

(iii) 对所有的 p，$p^{\alpha_p} \leqslant 2n$.

证明   在证明过程中，p 表示一个素数. 因为断言对 $n \leqslant 4$ 是平凡的，所以假设 $n \geqslant 5$. 对 $2 \leqslant p \leqslant m$，$m!$ 的素因数分解中 p 的指数为

$$\lfloor m/p \rfloor + \lfloor m/p^2 \rfloor + \lfloor m/p^3 \rfloor + \cdots.$$

因此 α_p，即 $(2n)!/(n!)^2$ 的素因数分解中 $2 \leqslant p < 2n$ 的指数为

$$\alpha_p = \sum_{k:p^k \leqslant 2n} \left(\lfloor 2n/p^k \rfloor - 2 \lfloor n/p^k \rfloor \right). \tag{17}$$

同时 $\lfloor n/p^k \rfloor = \ell$, 当且仅当

$$\ell p^k \leqslant n < (\ell+1)p^k,$$

那么

$$2\ell p^k \leqslant 2n < 2(\ell+1)p^k,$$

有 $\lfloor 2n/p^k \rfloor = 2\ell$ 或 $2\ell+1$. 因而

$$\lfloor 2n/p^k \rfloor - 2\lfloor n/p^k \rfloor = 0 \text{ 或 } 1.$$

下面三个断言就是上述关系的简单推论.

(i) 令 $\sqrt{2n} < p < 2n$. 那么 $p^2 > 2n$, 式 (17) 中只有一个被加数, 是 0 或 1.

(ii) 令 $2n/3 < p \leqslant n$. 因为 $n \geqslant 5$, 我们有 $2n/3 > \sqrt{2n}$, 那么 $p > \sqrt{2n}$. 此外 $2n/p < 2n/(2n/3) = 3$, 有 $\lfloor 2n/p \rfloor = 2$ 和 $2\lfloor n/p \rfloor = 2$ 成立, 因此 $\alpha_p = 0$.

(iii) 令 ℓ 表示满足 $p^\ell \leqslant 2n$ 的最大整数. 那么在式 (17) 中对 α_p 恰好有 ℓ 个被加数, 每一个要么是 0 要么是 1. 因此 $\alpha_p \leqslant \ell$, 那么 $p^{\alpha_p} \leqslant p^\ell \leqslant 2n$. $\qquad \square$

45. 素数的积

对实数 $n \geqslant 2$, 用 $\Pi(n)$ 表示所有不超过 n 的素数的积, 也就是

$$\Pi(n) = \Pi_{p \leqslant n} p,$$

像通常一样这里用 p 表示一个素数. 那么有

$$\Pi(n) < 2^{2n-3}$$

成立. 进一步的, 对 $n \geqslant 9$ 有

$$\Pi(n) < 4^n/n$$

成立.

证明 可以观察到, 如果 $p_1 = 2 < p_2 = 3 < \cdots$ 是素数序列, 且 $p_k \leqslant x < p_{k+1}$ 对于 $k \geqslant 1$ 成立, 那么 $\Pi(x) = \Pi(p_k)$. 实际上, 在 $\Pi(x)$ 的定义中, 有与 $\Pi(p_k)$ 完全相同的乘积. 特别地, 如果 $m \geqslant 2$ 是一个自然数, 那么 $\Pi(2m) = \Pi(2m-1)$.

(i) 对 n 做归纳, 来证明对于每个自然数 $n \geqslant 2$, 有 $\Pi(n) < 2^{2n-3}$. 对于 $n = 2$(和 $3, 5, 7, 11$) 这是平凡的, 在归纳步骤中, 我们可以取 n 为奇数, 即 $n = 2m-1$, 其中 $m \geqslant 2$.

显然，$\dbinom{2m-1}{m}$ 可被满足 $m < p \leqslant 2m - 1$ 的每个素数 p 整除. 因此

$$\Pi(2m-1)/\Pi(m) \leqslant \binom{2m-1}{m} = \binom{2m-1}{m-1} = \frac{1}{2}\binom{2m}{m}.$$

回顾问题 43 中关于中心二项式系数的上界 $\dbinom{2m}{m}$，可知

$$\frac{1}{2}\binom{2m}{m} < \frac{0.3}{\sqrt{m+1/2}}4^m < 4^{m-1},$$

那么根据归纳假设

$$\Pi(2m-1) < \Pi(m)4^{m-1} < 4^{2m-1}.$$

事实上，并不需要回顾这个上界，只需要

$$\binom{2m}{m} < 2^{2m-1} \tag{18}$$

对 $m \geqslant 2$ 成立. 因为不等式对 $m = 2$ 成立，又因为 $6 < 8$，所以对 $m \geqslant 2$ 有

$$\binom{2m+2}{m+1} \Big/ \binom{2m}{m} = 2\binom{2m+1}{m} \Big/ \binom{2m}{m} = 2\frac{2m+1}{m+1} < 4,$$

因此通过对 m 归纳可得式 (18).

(ii) 不等式

$$\Pi(n) < 4^n/n$$

对 $n \geqslant 9$ 成立，几乎和第一个一样，可以通过类似的方式对 n 做归纳来证明. 和之前一样，可以取 $n = 2m - 1$，其中 m 比较"大"，至少是 5. 那么

$$\Pi(2m-1) \leqslant \frac{1}{2}\binom{2m}{m}\Pi(m) < \frac{0.3}{\sqrt{m+1/2}}4^m \cdot 4^m/m < 4^{2m-1}/(2m-1)$$

成立，归纳步骤证明完毕. $\qquad\square$

　　注记　刚刚证明的不等式是保罗·埃尔德什在证明伯特兰假设时提出的一个主题的进一步探讨，这一证明将在下一个问题中展示. 显然，即使是更严格的不等式也是非常丰富的：正如刚刚所做的那样，利用问题 43 中的上界，可以用 $n^{-c\log n}$ 替换因数 $1/n$，其中 $c > 0$；然而，这一扩展既不优雅，也远不是最佳可能的结果，因此将不在这里介绍它.

46. 伯特兰公设的埃尔德什证明

对每一个 $n \geqslant 1$, 均存在一个素数在 n 到 $2n$ 之间, 更确切地说, 存在素数 p 满足 $n < p \leqslant 2n$.

证明 断言说, 对于每一个素数 $p \geqslant 2$, 在 p 和 $2p$ 之间都有另一个素数. 等价地, 存在一个无限的素数序列 $q_1 = 2 < q_2 < q_3 < \cdots$, 例如, 对于每个 k, 有 $q_{k+1} < 2q_k$. 注意到 $2,3,5,7,13,23,43,83,163,317,631,1\,259,2\,503,\cdots$ 是一个这样序列的开始, 所以在证明中, 假设 $n \geqslant 2,503$. 正如将要看到的那样, 这是过犹不及的.

年轻的埃尔德什对证明的想法非常简单. 假设 n 很大, 并且不存在满足 $n < p \leqslant 2n$ 的素数 p, 即 $\Pi(2n)/\Pi(n) = 1$, 其中, 如前所述, $\Pi(m)$ 是至多为 m 的所有素数的乘积. 回顾问题 44 中的断言, 这说明 $\binom{2n}{n}$ 相当 "小". 另外, 在问题 43 中, 证明了中心二项式系数的一个下界, 对于充分大的 n 这些下界相互矛盾.

这些步骤基本上是平凡的. 假设断言对至少为 $2^9 = 512$ 的 n 不成立, 因此对于 n 有 $\Pi(2n)/\Pi(n) = 1$. 那么回顾问题 43 和 44 的结果, 发现

$$2^{2n-1}/\sqrt{n} < \binom{2n}{n} = \prod_{p \leqslant 2n} p^{\alpha_p} = \prod_{p \leqslant 2n/3} p^{\alpha_p} \leqslant \prod_{p \leqslant 2n/3} p \prod_{p \leqslant \sqrt{2n}} (2n), \tag{19}$$

而且使用问题 45 中 $\Pi(2n/3)$ 的上界, 有

$$2^{2n-1}/\sqrt{n} < \Pi(2n/3) \prod_{p \leqslant \sqrt{2n}} (2n) \leqslant 2^{4n/3-3}(2n)^{\sqrt{2n}-1}. \tag{20}$$

对于充分大的 n, 不等式 (20) 不成立. 实际上, 令 $N = \sqrt{2n}$, 式 (20) 可以推出

$$2^{N/3} < N^2; \tag{21}$$

对于 $n = 2^9$, 也就是 $N = 2^5$, 不等式 (20) 为 $2^{2^5/3} < 2^{10}$, 产生矛盾. 此外, 对于 $N \geqslant 2^5$, 式 (20) 左边的导数大于右边的导数, 因此对于所有的 $n \geqslant 2^9$, 式 (19) 均不成立, 从而完成证明. □

注记 伯特兰公设. 1845 年, 约瑟·伯特兰 (Joseph Bertrand) 提出了这个问题并猜测正整数和它的二倍之间有一个素数, 他也将其验证了数百万次. 1852 年, 帕夫努蒂·利沃维奇·切比雪夫 (Pafnuty Lvovich Chebyshev) 证明了这一猜想. 从那时起, 许多其他的证明和推广形式被发表. 特别是在 1919 年, 拉马努金使用伽马函数的一些性质给出了一个更简短的证明. 保罗·埃尔德什在他 19 岁时发表的第一篇 "真正的论文" 中给出了一个令人惊讶的简

单而美丽的基本证明：这就是我们刚刚给出的证明. 事后看来，这个美丽的初等证明是如此
"自然"和简单，以至于它经常出现在数论的第一门课程中，而没有归功于 Erdős. 对于"你
在课程中给出了伯特兰公设的哪个证明？"这个问题，讲师可能会回答"我根据中心二项式系
数的性质给出了标准证明". 事实上，这个优美的证明确实需要年轻的保罗·埃尔德什的天
赋：正如可以从爪印判断出狮子一样 (tanquam ex ungue leonem).

注意这样一个事实，即在上述证明的版本中，对预备问题中结果的利用并不充分，本可
以更好地利用这些结果. 读者可以通过手工计算来降低需要验证的界限，以此作为一种思维
练习. 从不等式 (19) 开始，可以使用 $\Pi(2n/3)$ 的更准确的界和 $\pi(\sqrt{2n})$ 上更准确的界，得到素
数至多有 $\sqrt{2n}$ 个，比界 $\sqrt{2n}-1$ 更精确. 使用后可以得到 $\prod_{p\leqslant\sqrt{2n}}(2n)$ 中至多有 $(2n)^{\pi(\sqrt{2n})}$，
而不仅仅是 $(2n)^{\sqrt{2n-1}}$. 然而，这种简化没有任何意义：在计算机时代，验证伯特兰公设在相
当大的数上成立已不是数学问题，而是一种微不足道的琐碎工作.

参 考 文 献

1. Erdős, P., Beweis eines Satzes von Tschebyschef, *Acta Litt. Sci. Szeged* 5 (1932) 194-198.
2. Ramanujan, S., A proof of Bertrand's postulate, *J. Indian Math. Soc.* 11 (1919) 181-182. Reprinted in *The Collected Papers of Srinivasa Ramanujan*, pp. 208-209, AMS Chelsea Publ. (2000).

47. 2 和 3 的幂

证明：2 和 3 的完美幂不会恰好相差 1，除了 2 和 3、4 和 3，以及 8 和 9.

证明 显然，对于 $n \leqslant 2$，方程 $3^m = 2^n \pm 1$ 的解是 $(m,n) = (1,1)$ 和 $(m,n) = (1,2)$，
也就是 $3 = 2+1$ 和 $3 = 4-1$. 所以，为了证明对于 $n \geqslant 3$，方程 $3^m = 2^n \pm 1$ 只有一个解，
$(m,n) = (2,3)$，也就是 $9 = 8+1$. 取 2 和 3 的幂序列 $2,4,8,\cdots$ 和 $3,9,27,\cdots$ 模 8，得到序
列

$$2,4,0,0,0,\cdots \quad 和 \quad 3,1,3,1,3,\cdots.$$

因此，如果 $3^m = 2^n \pm 1$ 且 $n \geqslant 3$，则 $m \geqslant 2$ 是偶数，因而 3^m 是模 8 为 1 的，且 $3^m = 2^n+1$，
但如果 $m = 2k \geqslant 2$ 是偶数，那么

$$3^m - 1 = 3^{2k} - 1 = \left(3^k - 1\right)\left(3^k + 1\right) = 2^n,$$

因此 $3^k - 1$ 和 $3^k + 1$ 是 2 的完美幂，相差 2. 因此，有 $3^k - 1 = 2$ 和 $3^k + 1 = 4$，意味着
$m = 2$ 且 $n = 3$，于是 $3^2 = 2^3 + 1$.   □

注记 这个可爱的简单结果被法国犹太学者吉尔松尼德 (Gersonides, 1288—1344) 证明，
他也被称为 Levi ben Gershom 或 Levi ben Gerson: 这可能是关于卡特兰猜想特例的第一个结
果，这将在问题 50 中继续讨论. 它出现在 1343 年的《数字的和谐》(*De Numeris Harmonicis*)

一书中，这是吉尔松尼德应莫城主教菲利普·维特里 (Philip Vitry) 的要求写的一本关于几何的书. 吉尔松尼德是一位中世纪的多领域学者——医生、占星家、天文学家、数学家和哲学家. 后来的犹太学者批评了他的非正统观点，一些人认为他对《旧约》的评论是异端. 鉴于这一小结果是卡特兰著名猜想的第一个例子，有趣的是，吉尔松尼德是格森·本·所罗门·卡特兰 (Gerson ben Solomon Catalan) 的儿子.

48. 2 的幂恰好小于完美幂

证明：$2^m = r^n - 1$ 在大于 1 的正整数 m、r、n 上的解只有 $m = 3$、$r = 3$、$n = 2$ 一种，也就是 $2^3 = 3^2 - 1$.

证明 令

$$r^n = 2^m + 1, \quad \text{其中 } r, n, m > 1.$$

下面证明 $r = 3$、$n = 2$ 和 $m = 3$.

从最基本的情况开始，当 n 是偶数时，也就是 $n = 2k$. 在这种情况下，

$$r^{2k} - 1 = \left(r^k - 1\right)\left(r^k + 1\right) = 2^m,$$

那么 $r^k - 1$ 和 $r^k + 1$ 是 2 的幂，相差 2. 因此 $r^k - 1 = 2$，有 $r = 3$、$n = 2k = 2$ 和 $m = 3$.

回到断言的核心，假设当 n 为奇数，$n \geqslant 3$ 有解. 下面导出矛盾. 显然 r 必须是奇数，比如说，$r = 1 + 2^k q$，其中 $k \geqslant 1$ 且 q 是奇数. 那么

$$r^n \equiv 1 + 2^k qn \quad \text{模 } 2^{k+1}.$$

因此

$$2^m \equiv 2^k qn \quad \text{模 } 2^{k+1}.$$

由 qn 是奇数可知 $2^{m-(k+1)} - 1/2$ 是整数，有 $m = k$ 且 $r = 1 + 2^m q \geqslant 1 + 2^m$. 因此

$$2^m + 1 = r^n \geqslant (1 + 2^m)^n \geqslant (1 + 2^m)^3 > 2^m + 1.$$

产生矛盾，完成证明. □

注记 这是卡特兰猜想的另一个特例，问题 49 也是，它比问题 47 更一般一些.

49. 2 的幂恰好大于完美幂

证明：等式 $2^m = r^n + 1$ 在大于 1 的正整数 m、r、n 上无解.

证明 假设

$$r^n = 2^m - 1, \quad \text{其中 } r, n, m > 1.$$

下面的任务是导出矛盾.

当 n 是偶数时是平凡的：因为 r 是奇数，$r^n \equiv +1$ 模 4 和 $2^m - 1 \equiv -1$ 模 4，所以它们不可能相等.

假设 $n \geqslant 3$ 是奇数，记 r 为 $r = 2^k q - 1$，其中 $k \geqslant 1$ 且 q 是奇数. 那么

$$r^n \equiv 2^k q n - 1 \quad 模\ 2^{k+1},$$

因此 2^{k+1} 整除 $2^m - 2^k q n$，也就是 $2^{m-(k+1)} - 1/2$ 是整数. 因而 $m = k$ 且

$$r = 2^m q - 1 \geqslant 2^m - 1.$$

因此

$$2^m - 1 = r^n \geqslant (2^m - 1)^n \geqslant (2^m - 1)^3 > 2^m - 1.$$

产生矛盾，完成证明.   □

注记   这是卡特兰猜想的又一个特例. 这个结果和问题 48 中的结果表明，在大于 1 的整数中，方程 $r^n = 2^m \pm 1$ 的唯一解是 $r = 3$、$n = 2$ 和 $m = 3$，这对问题 47 中吉尔松尼德的结果进行了相当大的扩展，那里只涉及 $r = 3$ 的情况.

50. 素数的幂恰好小于完美幂

设 $p \geqslant 3$ 是一个素数，证明：等式 $p^m = r^n - 1$ 在大于 1 的正整数 m、r、n 上无解.

证明   假设

$$r^n - 1 = p^m, \quad 其中\ r, n, m > 1,$$

其中，p 是奇素数，下面的任务是得到矛盾.

首先，从问题 49 中知道 $r \neq 2$，因此 $r \geqslant 3$. 其次，我们可以假设 n 是素数，因为如果 q 是 n 的素数因子，那么

$$\left(r^{n/q}\right)^q - 1 = p^n,$$

因此，用 $r^{n/q}$ 替换 r，指数 n 变为 q. 可以得到

$$r^n - 1 = (r - 1)\left(1 + r + r^2 + \cdots + r^{n-1}\right) = p^m,$$

那么中心积中的两个因子是 p 的完美幂. 因此，对于一些 $s \geqslant 1$，有 $r = p^s + 1$，第二个因子不仅是 p 的完美幂，而且与 n 模 p^s 一致. 因而

$$n \equiv 0 \quad 模\ p,$$

可推出 $n = p$ 且

$$1 + r + \cdots + r^{p-1} = p^{m-s}.$$

因此 $m - s \geqslant 2$ 与

$$p \equiv p^{m-s} \qquad 模 \ p^s$$

成立，这告诉我们 $s = 1$ 且 $r = p + 1$. 将 $r = p + 1$ 和 $n = p$ 代入刚开始的方程，可以得到

$$(p+1)^p - 1 = p^m. \tag{22}$$

但这是不可能的，因为 $(p+1)^p - 1$ 不是 p 的完美幂，且

$$p^p < (p+1)^p - 1 < p^{p+1}$$

对 $p \geqslant 3$ 成立. 实际上式 (22) 成立是因为 $p^p < p^p + p^2 < (p+1)^p - 1$，上面的不等式成立是因为 $(1 + 1/p)^p < e < p$. 得到矛盾，于是完成证明. □

注记　这是卡特兰猜想的另一个特例：它不是关于基数 2 的情况，而是关于那些是素数的基数.

1826 年，奥古斯特·利奥波德·克雷尔 (August Leopold Crelle, 1780—1855) 在柏林创办了一本数学期刊 *Reine und Angewandte Mathematik*，它不受学院管辖. 该期刊通常被称为 *Crelle's journal* 或 *Crelle*，作为当今最受欢迎的期刊之一，至今仍在蓬勃发展. 受这本期刊和约瑟·刘维尔 (Joseph Liouville) 的 *de Mathématiques Pures et Appliquées* 的启发，1842 年卡米尔·克里斯托夫·热罗诺 (Camille Christophe Gérono, 1799—1891) 和奥里·特尔昆 (Olry Terquem, 1782—1862) 在法国创办了一本数学期刊 *Nouvelles Annales de Mathématiques*，该期刊经历了几个系列，直到 1927 年停刊.

除了研究论文 (只有作者的姓氏，没有他们的首字母缩写)，该杂志还发表了教学文章、其他地方发表的论文摘要以及问题和猜想. 欧仁·查理·卡特兰 (Eugène Charles Catalan, 1814—1894) 在本期刊第一卷题为 "定理与问题" 的部分发表了以下简短声明：

"*Théoréme. Deux nombres entier consécutifs, autres que 8 et 9, nc peuvent être des puissances exactes.*"

事实上，当时卡特兰没有证据证明这一结果，后来也没有找到证明方法，最终这被称为卡特兰猜想. 卡特兰很快意识到他的 "定理" 是一个伟大的问题，所以两年后，他以给编辑的信的形式在更著名的 *Crelle* 上重新发表了这篇文章，仍然将他的猜想称为 "定理".

"*Je vous prie, Monsieur, de vouloir bien énoncer, dans votre recueil, le théoreme suivant, que je crois vrais, bien que je n'aie pas encore réussi a le demontrer complètement d'autres seront peut-être plus heureux Deux nombres entiers consécutifs, autres que 8 et 9 , ne peuvent être des puissances exactes; autrement dit l'équation*"

$$x^m - y^n = 1. \tag{23}$$

dans laquelle les inconnues sont entières et positives, n'admet qu'une seule solution."

很明显，一个 "puissance exactual"，一个精确 (或完美) 的幂，是指指数至少为 2 的幂.

现在，几乎每个人都把上面的方程称为卡特兰方程，而这个猜想本身就是卡特兰猜想. 在吉尔松尼德证明了卡特兰猜想的非常特殊的情况，并在问题 47 中提出了该猜想，其中基数为 2 和 3，以及在问题 48 和 49 中的扩展之后，维克多·阿梅迪亚·勒贝格 (Victor-Amédée Lebesgue，1791—1875) 在这个猜想上取得了第一个进展. 他不是以测度论研究而闻名的伟大数学家，但他在 1850 年证明了 $x^m = y^2 + 1$ 在正整数中没有解. 对于如今的本科生来说，勒贝格的证明正如预期的那样：它在高斯整环 $\mathbb{Z}[i] = \mathbb{Z}[\sqrt{i}]$ 中使用了因子分解. 然后，在 1870 年和 1871 年，热罗诺取得了更大的进展：他证明了如果 x 或 y 是素数，则式 (23) 在正整数中没有解. y 是素数的情况就是这个问题的内容.

我由衷地赞扬保罗·埃尔德什给我留下的深刻印象. 若是今天，这将不那么令人印象深刻，但那是早在互联网时代之前：他了解热罗诺定理的唯一途径是阅读图书馆中的相关论文. 我怀疑 (直到现在！) 他之所以努力查找热罗诺的结果，是因为他 (作为一名本科生？) 自己试图证明卡特兰猜想.

注意到热罗诺的结果的后半部分，$x = 3$、$m = 2$、$y = 2$ 和 $n = 3$ 是式 (23) 在大于 1 的整数中的唯一解，如果 x 是素数，很容易遵循刚才提到的勒贝格定理，以及热罗诺用来证明这个问题中的结果的方法，即当 y 是素数时的卡特兰猜想. 事实上，这是热罗诺于 1870 年首次发表的结果. 从对在定理中使用的符号的陈述开始证明它.

令 $p \geqslant 3$ 是奇素数且 $p^m = r^n + 1$，其中 m、r 和 n 是大于 1 的整数. 那么 $p = 3$、$m = 2$、$r = 2$ 且 $n = 3$.

为了证明上述结论，设 n 是一个素数，根据勒贝格定理 $n \neq 2$，可知 $n \geqslant 3$，所以 n 是一个奇素数. 因为 n 是奇数，那么 $r^n + 1$ 可以因子分解，得到

$$p^m = (r+1)\left(r^{n-1} - r^{n-2} + r^{n-3} - \cdots - r + 1\right).$$

由于这两个因子必须是 p 的完全幂，可以看到对于一些 $s \geqslant 1$，有 $r + 1 = p^s$，因此第二个因子不仅是 p 的完全幂，而且与 n 模 p^s 同余. 因此 n 是 p 的倍数，$n = p \geqslant 3$，这意味着 $s = 1$ 且 $p = r + 1$. 因此，方程变成

$$p^m = (p-1)^p + 1.$$

对于 $p = 3$，找到了解 $m = 2$、$r = 2$ 和 $n = 3$，给出了卡特兰猜想的邻近完全幂 8 和 9. 然而，对于 $p \geqslant 5$，该方程在正整数 m 中没有解，因为

$$p^{p-1} < (p-1)^p + 1 < p^p.$$

所以右手边不是 p 的完美幂. 事实上, 第二个不等式是平凡的, 因为对于 $p \geqslant 5$, 第一个不等式成立, 有

$$1 < \frac{p-1}{e} < (1-1/p)^{p-1}(p-1) = (p-1)^p/p^{p-1}.$$

毫不奇怪, 卡特兰猜想的前三个贡献, 一个是勒贝格的, 两个是热罗诺的, 都发表在 *Nouvelles Annales de Mathématiques* 上, 这是热罗诺和特尔昆 (Terquem) 的期刊, 也是卡特兰在那里首次发表了他的 "定理". 然而, 在这些结果之后, 卡特兰猜想在很长一段时间内从数学中消失了. 它在 20 世纪 50 年代重新出现, 当时勒维克 (LeVeque) 和卡塞尔 (Cassels) 写了关于它的论文: 勒维克错误地将卡特兰型问题的开始归因于皮莱 (Pillai) 在 1931 年写的一篇论文.

在卡塞尔的论文发表后, 关于卡特兰猜想的工作越来越多, 特别是 1964 年证明的 Baker 关于对数线性形式的基本结果对这项工作有很大的影响. 1976 年, 蒂德曼 (Tijdeman) 利用贝克 (Baker) 的 "改善" 结果证明了卡特兰方程中指数的大小存在一个有效的可计算边界. 第一个显式边界的阶为 10^{110}, 最终这一数值减少到不足 10^{16}. 然后在 2002 年传来了一个好消息, 普雷达·米哈伊列斯库 (Preda Mihăilescu) 已经给出了这个猜想的充分证明. 米哈伊列斯库的出色论文于 2004 年发表在高级别杂志 *Crelle* 上, 卡特兰曾在该杂志上发表了他的 "定理". 需要强调一下, 我们用来证明卡特兰猜想的一些简单情况的论点与蒂德曼和米哈伊列斯库的高级证明无关. 为了总结对卡特兰猜想的评论, 我们复制了米哈伊列斯库论文的摘要, 尽管只有数学家可能理解其中的大部分.

"卡特兰猜想指出, 方程 $x^p - y^q = 1$ 没有其他整数解 (在大于 1 的整数中), 只有 $3^2 - 2^3 = 1$. 卡塞尔的一个经典结果和我们最近的结果证明, 如果方程具有 p、q 为奇数的整数解, 则 p、q 必须验证双 Wieferich 条件. 如果 $p \equiv 1$ 模 q, 那么 Baker 超越理论中的方法将会与上述方法产生了矛盾. 如果 $p \not\equiv 1$ 模 q, 则 $\mathbb{Q}(\zeta)/\mathbb{Q}$ 的 Galois 群与 q 有序互素. 这证明了卡特兰方程解的存在性在这种情况下产生了过量的 q-主分圆单元. 这一事实导致了矛盾, 于是证明了卡特兰猜想."

参 考 文 献

1. Baker, A., Linear forms in the logarithms of algebraic numbers I, II, III, *Mathematika* 13 (1966) 204-216; 14 (1967) 102-107; and 14 (1967) 220-228.
2. Baker, A., A sharpening of the bounds for linear forms in logarithms I, II, *Acta Arith.* 21 (1972) 117-129; 24 (1974) 33-36; and 27 (1975) 247-252.
3. Cassels, J.W.S., On the equation $a^x - b^y = 1$, *Amer. J. Math.* 75 (1953) 159-162.
4. Cassels, J.W.S., On the equation $a^x - b^y = 1$ II, *Proc. Cambridge Philos. Soc.* 56(1960) 97-103.
5. Ko, C., On the Diophantine equation $x^2 = y^n + 1$, $xy \neq 0$, *Sci. Sinica* 14 (1965) 457-460.
6. LeVeque, W. J., On the equation $a^x - b^y = 1$, *Amer. J. Math.* 74 (1952) 325-331.

7. Mihăilescu, P., Primary cyclotomic units and a proof of Catalan's conjecture, *J. Reine Angew. Math.* 572 (2004) 167-195.

8. Pillai, S.S., On the inequality $0 < a^x - b^y \leqslant n$, *J. Indian Math. Soc.* 19 (1931) 1-11.

9. Tijdeman, R., On the equation of Catalan, *Acta Arith.* 29 (1976) 197-209.

51. 巴拿赫的火柴盒问题

一个烟瘾者在他夹克的口袋里放了两盒火柴. 每当他想点烟时, 他等可能地将手伸到任何一盒火柴中. 过了一会儿, 当他拿出来其中一盒时, 发现它是空的. 若一开始每个火柴盒中有 n 根火柴, 那么此时另一个盒子恰好有 k 根火柴 (其中 $0 \leqslant k \leqslant n$) 的概率是

$$\binom{2n-k}{n-k} 2^{k-2n}.$$

证明 改变设置: 假设每个盒子都有无限数目的火柴. 吸烟者随机选择 $2n - k + 1$ 根火柴, 并标记最后一根火柴所在的盒子为 A, 另一个为 B. 那么, 所讨论的概率正是前 $2n - k$ 根火柴有 n 根来自 A 的概率. 所有序列 $ABBA\cdots$ 是等可能的, 所以每个长度为 $2n - k$ 的序列都有概率 $(1/2)^{2n-k}$. 由于存在 $\binom{2n-k}{n}$ 个满足条件的序列, 因此概率为

$$\binom{2n-k}{n-k} 2^{k-2n},$$

得证. □

注记 这是一个真正古老的例子, 所有参加过概率论入门课程的数学家都应该知道.

根据威廉·费勒 (William Feller) 的说法, 将这个问题归为著名的波兰分析师斯特凡·巴拿赫 (Stefan Banach) 是不正确的. 尽管巴拿赫烟瘾很重, 但这个问题的灵感来自另一位著名的波兰数学家雨果·斯坦豪斯 (Hugo Steinhaus) 为纪念巴拿赫而发表的演讲.

恰当地说, 我从伟大的匈牙利概率论学家阿尔弗雷德·雷尼 (Alfréd Rényi) 那里听到了这个问题, 那时他在讲授概率入门课程. 雷尼本人是一个烟瘾很重的人, 他用自己的火柴盒说明了这个问题. 不幸的是, 雷尼于 1970 年死于癌症, 享年 48 岁.

这个 "结果" 的一个更一般的形式是以下漂亮的二项式恒等式:

$$\binom{2n}{n} + 2\binom{2n-1}{n} + 2^2\binom{2n-2}{n} + \cdots + 2^n\binom{n}{n} = 2^{2n}.$$

要看到这一点, 只需注意到当发现盒子为空时, 另一个盒子具有 0 到 n 之间的 k 个火柴. 因

此，这些事件的概率之和为 1，即

$$2^{-2n} \binom{2n}{n} + 2^{-2n+1} \binom{2n-1}{n} + \cdots + 2^{-n} \binom{n}{n} = 1.$$

将其乘以 2^{2n}，就得到了所需要的等式.

52. 凯莱问题

对于 $3 \leqslant k < 2k \leqslant n$，用 $f(n,k)$ 表示凸 n 边形中的凸 k 边形的个数，使 k 边形的每条边都是 n-边形的对角线. 那么

$$f(n,k) = \frac{n}{n-k} \binom{n-k}{k}.$$

证明 设 $x_1 x_2 \cdots x_n$ 是 n 边形，并计算包含 x_1 的 k 边形的数目. 这是不包含两个邻点的顶点集 $\{x_3, x_4, \cdots, x_{n-1}\}$ 的 $(k-1)$-子集的数目，为 $\binom{n-k-1}{k-1}$. 事实上，在 $\{3, 4, \cdots, n-k+1\}$ 的 $(k-1)$-子集 $\{i_1, \cdots, i_{k-1}\}$(其中 $i_1 < \cdots < i_{k-1}$) 与没有公共邻点的点集 $\{x_{i_1}, x_{i_2+1}, x_{i_3+2}, \cdots, x_{i_{k-1}+k-2}\}$ 存在一一对应关系. 最后，对 n 边形的顶点有 n 种选择，对内接 k 边形的顶点有 k 种选择，所以

$$f(n,k) = \frac{n}{k} \binom{n-k-1}{k-1} = \frac{n}{n-k} \binom{n-k}{k},$$

得证. □

注记 这个问题被广泛接受的名称是"凯莱 (Cayley) 问题". 我有点不情愿地使用了它，因为把伟大的阿瑟·凯莱 (Arthur Cayley) 的名字与这样一个简单的问题联系起来似乎是错误的. 这个问题的一个自然扩展是由"长"对角线形成的多边形. 定义凸 n 边形的对角线 xy 的长度为 x 和 y 之间的图形距离，使得凸 n 边形 $x_1 x_2 \cdots x_n$ 的对角线 $x_i x_{i+j} (1 \leqslant i < i+j \leqslant n)$ 的长度为 $\min\{j, n-j\}$，并且记 $f(n,k;\ell)$ 为由长度至少为 $\ell+1$ 的对角线形成的凸 k 边形的个数. 因此 $f(n,k;1) = f(n,k)$. 在对上述证明进行小修改的情况下，我们发现

$$f(n,k;\ell) = \frac{n}{n-k\ell} \binom{n-k\ell}{k}.$$

事实上，我们给出的证明相当平凡. 对于更一般断言，有一个不太平凡的证明：给定 $\{1, \cdots, n-k\ell\}$ 的 k-子集 $\{i_1, \cdots, i_k\}$，其中 $i_1 < \cdots < i_k$. 将其映射到凸 n 边形 $x_1 \cdots x_n$ 的 k-子集中，其中下标取模 n，如下所示. 将 i_1 映射到顶点 j_1，然后 i_2 映射到 $j_2 = j_1 + (i_2 - i_1) + \ell$，

i_3 映射到 $j_3 = j_2 + (i_3 - i_2) + \ell$, 以此类推. 这给出了一个由长对角线形成的凸 k 边形, 并且每个这样的 k 边形都是通过这种方式获得的. 最后, 对于 j_1 有 n 个选择, 但每个 k 边形被计算了 $(n - k\ell)$ 次, 这证明了我们的断言.

53. 最小与最大

设 K_n 是边被赋正权重的 n 阶完全图. 将子图的权重定义为其边上权值的和. 考虑两种自然的方式构造 K_n 中的哈密尔顿路 (H-路). 第一种是从顶点 a 开始, 并总是选择能延续已构建路径且权重最大的边, 将当前端点与不在当前路径上的顶点相连. 第二种是从顶点 b 开始, 始终选择权重最小的边类似构造. 那么第一种方法构造出的哈密尔顿路的权重不小于第二种方法构造出来的路的权重.

证明   权重为非负的条件是次要的, 因为可以通过添加一个常数来使所有权重为正.

此外, 可以假设每个权重是 0 或 1. 事实上, 给定实数 $x_1, \cdots, x_n$ 和 $y_1, \cdots, y_n$, 如果对于每一个 z, 大于 z 的 x_i 的数目至多是大于 z 的 y_i 的数目, 则 $\sum_{i=1}^n x_i \leqslant \sum_{i=1}^n y_i$. 于是可以假设 $x_1 \leqslant \cdots \leqslant x_n$, 这个条件实际上意味着 (相当平凡的) $x_i \leqslant y_i$ 对于每一个 i 成立, $1 \leqslant i \leqslant n$. 鉴于此, 该结论可以由以下关于颜色而非 0-1 权重的论断得到.

断言   考虑两种算法来构造完全图 K_n 中的 H-路, 其边被涂成红色和蓝色. 在"红色算法"中, 尽可能通过选择红色边来从顶点 a 增长路径; 类似地, 在"蓝色算法"中, 从顶点 b 开始, 尽可能选择蓝色边. 设 H_r 和 H_b 是以这种方式构造的红蓝色 H-路. 那么 H_r 具有至少与 H_b 一样多的红边.

断言的证明   设 $H_b = x_1 x_2 \cdots x_n$, 其中 $x_1 = b$. 设 $R_1, \cdots, R_k$ 是 H_b 上极大的红路, 其中 $R_i = x_{\ell_i} x_{\ell_i+1} \cdots x_{m_i}$, 点集为 $S_i = \{x_{\ell_i}, x_{\ell_i+1}, \cdots, x_{m_i}\}$, 有 $s_i = |S_i|$ 个点. 因此, 对于 $\ell_i \leqslant j < m_i$, 边 $x_j x_{j+1}$ 是红色的, 并且边 $x_{\ell_i-1} x_{\ell_i}$ 和 $x_{m_i} x_{m_i+1}$ 都是蓝色的, 如果它们存在的话. 注意到 H_b 有 $\sum_{i=1}^k (s_i - 1)$ 个红边.

由于 R_i 是"蓝色" H-路的一部分, 对于 $\ell_i \leqslant u < m_i$ 和 $u < v \leqslant n$, 边 uv 是红色的, 否则在 H_b 中, 路径 $x_1 \cdots x_u$ 可以用蓝色边 $x_u x_v$ 继续, 因此它不会用红色边 $x_u x_{u+1}$ 继续. 特别地, 连接 S_i 的两个顶点的每条边都是红色的.

现在, 让 $H_r = y_1 y_2 \cdots y_n$, 其中 $y_1 = a$, 是"红色" H-路. 那么对于每个 i, 有 $1 \leqslant i \leqslant k$, 出现在 H_r 上的 S_i 中的前 $s_i - 1$ 个顶点后面跟着 H_r 中的红边. 事实上, 当选择一个与这 $s_i - 1$ 个顶点之一关联的边时, 可能会去到一个尚未在 H_r 上的 S_i 中的顶点, 而该边是红色的. 因此, 当前路径可以用红色边继续, 所以红色算法确实选择了一个红色边, 证明了上述的说法. 那么 H_r 从 S_i 中的顶点开始的红边至少有 $s_i - 1$ 个. 特别地, H_r 至少有 $\sum_{i=1}^k (s_i - 1)$ 红边. 这就完成了断言的证明, 也完成了对问题的证明.   □

注记   我在 2016 年 12 月从恩斯特·菲舍尔 (Ernst Fischer) 那里听到了这个问题, 他那时是一个在体育馆里的学生.

54. 平方数之和

证明：如果任取三个数字，它们不能排列成等差数列，但是它们的总和是 3 的倍数，那么它们的平方和也是另一组 3 个平方数的总和，但是这两个集合没有共同的元素.

证明　令 a、b 和 c 是所取的三个数字，而且注意到等式

$$\left(a^2 + 4b^2 + 4c^2\right) + \left(4a^2 + b^2 + 4c^2\right) + \left(4a^2 + 4b^2 + c^2\right) = 9\left(a^2 + b^2 + c^2\right).$$

因此

$$
\begin{aligned}
a^2 + b^2 + c^2 =& \frac{1}{9}\left[\left(a^2 + 4b^2 + 4c^2 + 8bc - 4ca - 4ab\right) + \right.\\
& \left(4a^2 + b^2 + 4c^2 - 4bc + 8ca - 4ab\right) + \\
& \left.\left(4a^2 + 4b^2 + c^2 - 4bc - 4ca + 8ab\right)\right]\\
=& \left(\frac{-a + 2b + 2c}{3}\right)^2 + \left(\frac{2a - b + 2b}{3}\right)^2 + \left(\frac{2a + 2b - c}{3}\right)^2\\
=& A^2 + B^2 + C^2.
\end{aligned}
$$

因为 $a + b + c$ 是 3 的倍数，那么 $-a + 2b + 2c$、$2a - b + 2c$ 和 $2a + 2b - c$ 也是 3 的倍数，因此 A、B 和 C 均是整数，且平方和为 $a^2 + b^2 + c^2$.

为了完成证明，必须证明集合 $\{a, b, c\}$ 和 $\{A, B, C\}$ 没有公共元素. 根据反证法，假设它们确实有一个共同的元素；可以假设是 $A = (-a + 2b + 2c)/3$. 那么有三种可能：$A = a$，$A = b$，$A = c$. 每一种可能都会导致一个矛盾，即元素 a、b、c 可以被排列成等差数列. 事实上，如果 $A = a$，那么 $a = (b + c)/2$；如果 $A = b$，那么 $c = (a + b)/2$；如果 $A = c$，那么 $b = (a + c)/2$，这就完成了证明.　□

注记　查尔斯·路特维奇·道奇森牧师 (Charles Ludwidge Dodgson，1832—1898) 更广为人知的身份是喜剧天才刘易斯·卡罗尔 (Lewis Carroll)，是牛津大学基督教堂的数学讲师. 这是查尔斯·道奇森 (Charles Dodgson)(即刘易斯·卡罗尔) 问题集中的第 61 题.

参 考 文 献

C.L. Dodgson, *Curiosa Mathematica, Part II, Pillow Problems, Thought out During Wakeful Hours*, 2nd edn, Macmillan (1893).

55. 猴子与椰子

五名男子和一只猴子在荒岛上遭遇海难. 他们花了第一天的时间收集椰子，并在他们睡觉前将椰子堆成一堆. 椰子堆非常大，但不超过一万个椰子.

半夜，其中一人醒来，而且确保他是清醒的，他把椰子分成五个相等的堆，仅剩下一个椰子. 他把这个余下的椰子给了猴子，藏起了他分的第五堆，并将其余的椰子重新放成一堆，然后回去睡觉了. 后来第二个人醒了，做了同样的事情，然后是第三个、第四个和第五个人. 在早晨醒来后，第一个人成功地将剩余的椰子分成了五个相等的堆：这次没有椰子剩下.

在这些情况下，一开始肯定有 3 121 个椰子.

证明   用 N_i 表示第 i 个人完成后剩下的椰子数目，这样一开始就有 N_0 个椰子，而 N_5（即早上的椰子数目）是 5 的倍数. 椰子的重排说明对于 $i = 0, \cdots, 4$，有 $N_{i+1} = \dfrac{4}{5}(N_i - 1)$. 因此，将 N_0 写作 $N_0 = -4 + 5^5 R$，发现对于 $i = 1, \cdots, 5$，有 $N_i = -4 + 4^i 5^{5-i} R$.

为了找到答案，必须确保下面的条件得到满足：（i）每个 N_i 都是一个整数；（ii）N_5 是 5 的倍数；（iii）$N_0 \leqslant 10,000$.

首先，因为 $N_0 + 4 = 5^5 R$ 和 $N_5 + 4 = 4^5 R$ 都是整数，那么 R 也是整数.

其次，

$$N_5 = -4 + 4^5 R \equiv -4 - R \qquad \text{模 } 5,$$

也就是说 R 是模 5 余 1 的，所以它可能的取值有 $1, 6, 11, \cdots$.

最后，

$$N_0 = -4 + 5^5 R = -4 + 3,125 R \leqslant 10,000,$$

所以 R 只能取 1，推出最开始时有 $N_0 = -4 + 3,125 = 3,121$ 个椰子.   □

注记   每个数学家都知道，这个谜题是一个简单的丢番图问题，即一个需要整数解的方程组. 有些（相当多？）简单的版本不要求最后一堆可以分成五个等份. 大约 60 年前，伟大的物理学家保罗·狄拉克在请我等待他的妻子为我们的下午茶做准备时，请我回答这个简单的版本：这就是为什么这个简单的谜题被纳入这个集锦的原因. 狄拉克喜欢这样一个事实，即"负四"是这个简单变体的有效答案.

由于我对谜题知之甚少，直到最近我才发现辛马斯特 (Singmaster) 关于这个谜题及其悠久历史的最详实的论文. 辛马斯特发现，"猴子和椰子"谜题是广为人知的. 在 1926 年 10 月 9 日的一期《星期六晚间邮报》(*The Saturday Evening Post*) 上，本·艾姆斯·威利斯 (Ben Ames Williams) 发表了一篇名为《椰子》(*Coconuts*) 的小故事，以"猴子和椰子"为中心. 辛马斯特详细描述了这个问题的丰富历史，其起源可以追溯到几百年前.

事实上，这个问题也与牛津大学和剑桥大学有关：刘易斯·卡罗尔、W.W. 罗斯·鲍尔 (W.W. Rouse Ball) 和 J.H.C. 怀特海德 (J.H.C. Whitehead) 都对它感兴趣——事实上，狄拉克也是从怀特海德那儿听到这个问题的.

参 考 文 献

Singmaster, D., Coconuts The history and solutions of a classic Diophantine problem, *Gan. ita-Bharati* 19 (1997) 35-51.

56. 复多项式

给定具有复系数的多项式 h，记 $S_h \subset \mathbb{C}$ 为 $|h(z)| \leqslant 1$ 所在的区域. 如果 f 和 g 是至少一次的首一多项式且 $f \neq g$，则 S_f 不是 S_g 的真子集.

证明　假设 f 和 g 具有相同的度，因为如果 $\deg f = n$ 和 $\deg g = m$，那么有 $S_f = S_{f^m}$、$S_g = S_{g^n}$ 和 $\deg f^m = \deg g^n = nm$.

下面将证明的内容比声称的多一点：如果 $\deg f = \deg g \geqslant 1$ 且 $S_g \subset S_f$，那么 $f = g$. 为此，记 $\mathbb{C} \backslash S_f$ 的无界分量为 U_f，并类似定义 U_g. 那么 $U_f \subset U_g$，

$$\varphi(z) = f(z)/g(z)$$

在 U_f 上解析，且在 U_f 的边界 ∂U_f 上 $|\varphi(z)| \leqslant 1$. 当 $z \to \infty$ 时，$\varphi(z) \to 1$. 最大模定理表明 $\varphi(z)$ 在 U_f 中恒等于 1. 这意味着 f 和 g 相等，命题得证.　　□

注记　如果像之前一样，f 和 g 是满足 $\deg f = n$ 和 $\deg g = m$ 的首一多项式，那么不需要用 f^m 和 g^n 来替换它们，仅需要用 $f^{N/n}$ 和 $g^{N/m}$ 来替换它们就足够了，其中 N 是 n 和 m 的最小公倍数. 上面的证明表明，这两个多项式是相同的，即 $f^{N/n} = g^{N/m}$. 但是 N/n 和 N/m 是互素的，因此复数上因式分解的唯一性表明，对于某些首一多项式 h，有 $f = h^{N/m}$ 和 $g = h^{N/n}$. 因此 $S_g \subset S_f$ 可推出 f 和 g 是同一多项式的整数幂，特别地 $S_f = S_g$.

这个结果是保罗・埃尔德什于 1964 年在布达佩斯 (Budapest) 数学学院开设的一门迷你课程中给出的众多结果之一.

57. 赌徒的破产

罗森格兰兹和吉尔登斯特恩通过反复投掷不均匀的硬币进行游戏 (见图 36)，硬币正面向上的概率为 p，反面向上的概率为 $q = 1 - p$，其中 $0 < p < 1$. 每次硬币正面出现时，罗森格兰兹都会从吉尔登斯特恩那里赢得一克朗，否则吉尔登斯特恩会从罗森格兰兹那里赢得一克朗. 他们一直玩到其中一人输光所有的钱，即 "破产"，另一人 "获胜". 从相同的金额开始，比如说，每个人都有 k 克朗，他们一直玩到其中一个破产. 那么，游戏的预期持续时间与谁获胜无关.

证明　对于 $p = 1/2$，没有什么可证明的，所以假设 $p \neq 1/2$.

引入两个随机变量 T 和 W. 记 T 为比赛的持续时长 (即游戏所花费的 "时间" 或 "投掷次数"). 如果罗森格兰兹获胜, 则设 $W = 1$; 如果吉尔登斯特恩获胜, 则设 $W = 0$. 下面的任务是证明以 $W = 1$ 为条件的 T 的期望与以 $W = 0$ 为条件的 S 的期望相同, 即

$$\mathbb{E}(T \mid W = 1) = \mathbb{E}(T \mid W = 0).$$

图 36   莫里·史密斯 (Moyr Smith) 的表演素描, 1891 年出版于 *Black and White* 杂志

事实上, 将证明的比要求的更多一些, 可以证明随机变量 T 和 W 是独立的, 即

$$\mathbb{P}(T = t, \quad W = w) = \mathbb{P}(T = t)\mathbb{P}(W = w) \tag{24}$$

对所有的 t 和 w 都成立.

现在, 有几个条件等价于式 (24), 最简单的是

$$\mathbb{P}(T = t \mid W = 1) = \mathbb{P}(T = t \mid W = 0)$$

对所有的 t 成立. 关于独立性的一个稍微不那么明显的条件也是有用的, 即

$$\mathbb{P}(W = 1, \quad T = t) = c\mathbb{P}(T = t) \tag{25}$$

对一些常数 c 成立. 可以看到式 (25) 可推出式 (24), 注意到根据式 (23) 有

$$\mathbb{P}(W = 1) = \sum_t \mathbb{P}(W = 1, \quad T = t) = c \sum_t \mathbb{P}(T = t) = c.$$

尽管这对于 T 和 W 的独立性来说显然已是足够的，对于式 (24)，也阐明 $W = 0$ 的情况，即

$$\mathbb{P}(W = 0, T = t) = \mathbb{P}(T = t) - \mathbb{P}(W = 1, T = t)$$

$$= \mathbb{P}(T = t)[1 - \mathbb{P}(W = 1)] = \mathbb{P}(W = 0)\mathbb{P}(T = t).$$

在这些关于随机变量独立性的相当明显的讨论之后，转向定义的特定随机变量 T 和 W. 设 $R(t)$ 和 $G(t)$ 是罗森格兰兹和吉尔登斯特恩在 t 次投掷中获胜的方式集合，使得 $R(t)$ 恰好是 $W = 1$ 和 $T = t$ 的事件. 特别地，

$$\mathbb{P}(W = 1, T = t) = \mathbb{P}(R(t)).$$

注意到从 $k = 3$ 克朗开始，$THTTHTT$ 是吉尔登斯特恩在 $t = 7$ 步时获胜的一种方式 (因此罗森格兰兹破产). 显然，有 $|R(7)| = \binom{7}{2} = 21$ 种方法可以在七个步骤中使罗森格兰兹破产. 保持 $k = 3$ 克朗，但将时间从七次改为九次，$THTHTTHTT$ 是罗森格兰兹在九次投掷中破产的方式之一：三正六反的九次投掷的 $HHHTTTT$ 序列不会出现，因为吉尔登斯特恩在前三次投掷后会破产.

事实上，不用关心 $R(t)$ 和 $G(t)$ 的基数，只需要 $R(t)$ 的每个元素都是 $(t+k)/2$ 个正面 H 与 $(t-k)/2$ 个反面 T 的字符串，其排列方式使得罗森格兰兹和吉尔登斯特恩在 t 次投掷完成之前都不会失败.

显然 $G(t)$ 也是如此，只是 H 和 T 互换. 这个描述表明，通过交换 H 和 T，可以在 $R(t)$ 和 $G(t)$ 之间建立一一对应的关系.

此外，当将 $G(t)$ 中的字符串更改为 $R(t)$ 中的字符串时，将正面的数目增加 k，将反面的数目减少 k. 特别是 $R(t)$ 和 $G(t)$ 具有相同数目的字符串，并且

$$\mathbb{P}(R(t)) = (p/q)^k \mathbb{P}(G(t)).$$

因此

$$\mathbb{P}(T = t) = \mathbb{P}(R(t)) + \mathbb{P}(G(t)) = \mathbb{P}(R(t)) \left[1 + (q/p)^k\right]$$

且

$$\mathbb{P}(W = 1, T = t) = \mathbb{P}(R(t)) = \mathbb{P}(T = t)/\left[1 + (q/p)^k\right],$$

证明了式 (25)，所以也完成了证明. $\qquad\square$

注记   "赌徒的破产"是几乎所有概率论导论中都讨论过的经典问题之一，但这个问题中出现的特定层面似乎是斯特恩 (Stern) 于 1975 年首次发表的. 上述精美的证明是塞缪尔斯 (Samuels) 发表的.

上面的证明提供了比明确陈述的更多的东西. 事实上，已经证明

$$\mathbb{P}(T = t) = \mathbb{P}\left(1 + (q/p)^k\right),$$

所以

$$\mathbb{P}(R(t)) = \mathbb{P}(W = 1)\mathbb{P}(T = t) = \mathbb{P}(W = 1)\mathbb{P}(R(t))\mathbb{P}\left(1 + (q/p)^k\right).$$

因此罗森格兰兹在 t 次投掷后获胜 (吉尔登斯恩破产) 的概率为

$$\mathbb{P}(W = 1) = 1/\left[1 + (q/p)^k\right] = \frac{(p/q)^k}{1 + (p/q)^k}.$$

此外，尽管还没有发现 $\mathbb{E}(T \mid W = 1) = \mathbb{E}(T \mid W = 0)$ 的共同值，但因为这个方程对每个 T 都成立，T 的条件期望也是相等的，所以它们也等于无条件期望 $\mathbb{E}(T)$. 这可以用鞅来计算，这说明如果 $p \neq 1/2$(也就是 $p \neq q$)，那么

$$\mathbb{E}(T \mid W = 1) = \mathbb{E}(T \mid W = 0) = \frac{k}{q - p} \cdot \frac{1 - (p/q)^k}{1 + (p/q)^k}.$$

如果 $p = q = 1/2$，那么

$$\mathbb{E}(T \mid W = 1) = \mathbb{E}(T \mid W = 0) = k^2.$$

斯特恩和塞缪尔斯的研究结果得到了许多人的推广，包括拜尔 (Beyer)、沃特曼 (Waterman)、伦吉尔 (Lengyel) 和古特 (Gut).

参 考 文 献

1. Beyer, W.A. and M.S. Waterman, Symmetries for conditioned ruin problems, *Math. Mag.* 50 (1977) 42-45.

2. Gut, A., The gambler's ruin problem with delays, *Statist. Probab. Lett.* 83 (2013) 25492552.

3. Lengyel, T., The conditional gambler's ruin problem with ties allowed, *Appl. Math. Lett.* 22 (2009) 351-355.

4. Samuels, S.M., The classical ruin problem with equal initial fortunes, *Math. Mag.* 48 (1975) 286-288.

5. Stern, F., Conditional expectation of the duration in the classical ruin problem, *Math. Mag.* 48 (1975) 200-203.

58. 伯特兰的箱子悖论

有三个完全相同的箱子, 每个箱子两侧有完全相同的抽屉, 每个抽屉里有一枚硬币. 其中一个箱子里有两枚金币, 一个箱子里有两枚银币, 第三个箱子里有一枚金币和一枚银币. 随机挑选了一个箱子和一个抽屉, 找到了一枚金币. 那么箱子里的另一枚硬币也是金币的概率是 2/3.

证明　将各个箱子里的硬币记为 G_1、G_2, S_1、S_2 及 G、S, 有一个明显的约定, 即 G_1 和 G_2 是金箱子两个抽屉里的两枚金币, G 和 S 是在同一个箱子里的金币和银币, S_1、S_2 是在同一个箱子里的两个银币. 当必须选择一枚金币时, 有三种可能性: 可以选择 G_1、G_2 或 G. 在这三种情况中, 有两种情况另一枚硬币也是金币, 所以箱子里的另一枚硬币也是金币的概率是 2/3.　　□

注记　这个非常简单的 "悖论" 被收录在内是为了引起人们注意这样一个事实, 即概率论的发展落后于分析、几何、代数和数论等主流数学分支. 上面的问题是约瑟·伯特兰在 1889 年提出的.

为什么这是一个悖论? 下面的论点给出了不同的答案. 有三个箱子, 只能选择其中两个: G_1G_2 和 GS. 在这两个箱子中, 第一个箱子里会有一枚金币, 第二个箱子里有一枚银币. 因此, 另一枚硬币是金币的概率是 1/2. 显然最好把这个悖论的解决办法留给读者.

这个问题可以有多种推广方式. 因此, 在每个箱子里都可能有许多抽屉 (最好是相同的数目), 以及由几种合金制成的硬币. 一个简单的形式如下. 有 $n+1$ 个箱子, 每个箱子有 n 个抽屉, 每个抽屉里有一枚硬币. 对于每个 k, $0 \leqslant k \leqslant n$, 都有一个箱子, 里面恰好有 k 个金币和 $n-k$ 个银币. 和之前一样, 随机选择一枚, 且发现它是金币. 然后从同一个箱子里挑选另一枚硬币, 那枚硬币也是金币的概率是多少?

在这个版本中, 有 $n(n+1)$ 枚硬币, 其中一半是金的, 一半是银的, 因此任何特定硬币被选中的概率为 $2/n(n+1)$. 从装有 k 个金币的箱子里挑选一枚金币的概率是 $2k/n(n+1)$. 从装有 k 个金币的箱子里挑选一枚金币后, 另一枚也是金的概率为 $(k-1)/(n-1)$. 因此, 第二枚硬币也是金币的概率为

$$\sum_{k=0}^{n} \frac{2k}{n(n+1)} \cdot \frac{k-1}{n-1} = \frac{2}{3}\binom{n+1}{3}^{-1}\sum_{k=0}^{n}\binom{k}{2} = \frac{2}{3},$$

这与 $n=2$ 的情况是一致的.

参 考 文 献

Bertrand, J., *Calcul des Probabilités*, Gauthier-Villars (1889).

59. 蒙提·霍尔问题

有三个门，其中一个藏着一辆汽车，另外两个各藏了一只山羊. 参赛者被告知，最终他将打开一扇门，赢得门后的一切.

首先，蒙提要求参赛者选择一扇门，但不要打开. 参赛者选择了 A 门. 然后蒙提非常清楚汽车在哪里，他选择了另一扇门，比如 B 门，知道它藏着一只山羊，并打开了它. 之后蒙提为参赛者提供了从最初猜测的 A 门切换到另一个未打开的 C 门的机会. 参赛者应该做些什么来优化他赢得赛车的机会? 他应该替换还是继续原来的选择?

证明   通过替换，参赛者赢得赛车的概率将增加一倍：概率将从 1/3 增加到 2/3. 他肯定应该换一下.

为了证实这一点，将参赛者选择的门称为 A 门. 首先，假设参赛者猜对了，就是 A 门把车藏起来了. 发生这种情况的概率是 1/3. 因此，通过坚持自己的选择，他赢得这辆车的概率是 1/3.

其次，假设参赛者猜错了，一只山羊在 A 门后. 发生这种情况的概率是 2/3. 通过交换，他赢得了这辆车，因为这辆车必须在另外两个车门中的一个后面，蒙提透露了其中哪个车门没有隐藏一辆车. 因此，通过交换，参赛者以 2/3 的概率赢得了这辆车.   □

注记   这个相当简单的谜题是在 1990 年变得广为人知的，当时玛丽莲·沃斯·莎凡特 (Marilyn vos Savant) 在《游行杂志》(*Parade Magazine*) 的一个题为 "问玛丽莲" 的专栏中礼貌地回应了读者对这个问题的询问. 尽管沃斯·莎凡特提供的 "解决方案" 是正确的，但她收到了超过 10 000 封信，其中许多来自学者，甚至数学家，粗鲁地说她完全错了. 也正是因为这一令人羞耻的事件，让学者们，尤其是数学家们在公众面前的形象大打折扣，这个谜题才被收录在本书中. 另一个原因是，正如我所发现的，甚至三一学院的一些研究员也对正确的解答感到困惑.

读者可能已经注意到，问题列表中问题的表述方式与出现在解答中的表述是不同的，比任何其他情况都差异更大. 这只是因为蒙提·霍尔问题 (MHP) 的明确出现是在 1975 年，当时统计学家史蒂夫·塞尔文 (Steve Selvin) 在《美国统计学家》(*The American Statistician*) 的 "致编辑的信" 专栏中写下了这个问题. 塞尔文用 "箱子" 来表述这个问题，但这个问题是变成了 "三扇门后的汽车和山羊" 后才闻名的，我们觉得有义务这样表述.

顺便说一句，在他的 "信" 中，塞尔文拼错了蒙提·霍尔的名字，称他为 "Monte Hall"：我认为这正是塞尔文的可爱之处——统计学家 (和数学家) 确实不太可能观看游戏节目.

到目前为止，MHP 的蒙提·霍尔公式是最著名的，但塞尔文在信中提出这个问题之前，该问题已经以多种形式出现，特别是马丁·加德纳 (Martin Gardner) 在 1959 年的 "数学游戏" 专栏中发表了这篇名为《三名囚犯问题》(*The Three Prisoner Problem*) 的文章. 正如我已经提到的，MHP 的名声归功于玛丽莲·沃斯·莎凡特，她被吉尼斯世界纪录评为有史以来智商最高的人，她获得了一些数学家的大力宣传. 此外，许多 (太多了！) 学者也加入了这股潮流，并撰写了关于这个问题及其进一步变形的论文. 这些出版物甚至包括一本书！

人们通常引用安德鲁·瓦森依 (Andrew Vázsonyi) 在 1999 年的一篇文章来说明问题的困难性 (但并不存在)，他是保罗·埃尔德什六十多年的朋友，其中瓦森依描述到，埃尔德什花了很长时间才了解替换确实会增加赢得门后汽车的机会. 事实上，根据瓦森依的说法，埃尔德什无法理解基于决策树的解释. 我不觉得这那么令人惊讶，因为毫无疑问，我认为埃尔德什从未听说过决策树，无论这个概念是多么平凡. 但是，我知道他会很快理解上面已介绍的解答.

事实上，这个难题的"决策树"的解答也可以很容易地描述：形式似乎使解答变得盲目. 设 A、B 和 C 为三个门. 由于它们无法区分，可以假设汽车在门 A 后（等价地，也可以将隐藏汽车的门命名为 A）. 然后参赛者有三种可能性：他可以选择门 A 或门 B 或门 C. 同样，门是无法区分的，因此每个选择都有相同的概率，即 1/3. 在每种情况下，参赛者都可以保持自己的选择或替换到唯一的第三扇门. 例如，选择门 B 而不替换会给我们序列 B, NS，结果是一只山羊：$f(B, NS) = G$；替换的结果是汽车：$f(B, S) = C$. 以下是所有的可能性：$f(A, NS) = C$、$f(A, S) = G$、$f(B, NS) = G$、$f(B, S) = C$、$f(C, NS) = G$、$f(C, S) = C$. 因此，如果参赛者替换门，他在最初选择门 B 或 C 时赢得汽车的概率为 2/3；如果他坚持最初的选择，他在选择 A 时赢得汽车的概率为 1/3.

因此，MHP 对于"世界上最聪明的女人"玛丽莲·沃斯·莎凡特来说是一个巨大的成功：她的网站提供了大量证据. 可悲的是，当她继续写一本关于安德鲁·怀尔斯证明费马大定理 (FLT) 的书时，她把复印本弄脏了. 让我引用奈杰尔·波斯顿 (Nigel Boston) 和安德鲁·格拉佩 (Andrew Granville) 对这本书的评论中的几句话，该评论发表在《美国数学月刊》(*American Mathematical Monthly*) 1995 年第 102 卷的第 470–473 页.

"玛丽莲·沃斯·莎凡特挑战了数学界的正统观念，通过反驳怀尔斯所谓的 FLT 的证明，声称这是错误的，因为它是不合逻辑的，她认为，这依赖于数学家所接受的荒谬不一致性. 例如，非欧几何的概念. 再举一个例子，使用归纳法进行的证明……"

"因此，她得出结论，怀尔斯给出了一种'双曲线证明方法'. 事实上，她的中心主题是非欧几何，她认为任何与非欧几何有关的数学都是胡说. 她的论点似乎是，由于在 1882 年已证明在欧几里得的设定中，'化圆为方'是不可能的，并且由于鲍耶 (Bolyai) 在适当的非欧几何中成功地'化圆为方'，因此非欧几何与欧几里得几何不一致. 然而由于 FLT 是一个与规则几何一致的陈述，不能通过以下任何涉及非欧几何的论证来证明. 毕竟，'双曲几何创始人之一鲍耶尝试化圆为方了吗？！那为什么它被称为如此著名的不可能问题呢？'因此，她总结道：'如果我们拒绝化圆为方的双曲线证明方法，我们也应该拒绝 FLT 的双曲线证明！'这是典型的本书中弥漫着的无意义 (和夸张) 的推理. "

很多人会意识到，上面提到的对玛丽莲·沃斯·莎凡特的评论是无稽之谈. 我希望这个警示故事能给出一点提示，表明从蒙提·霍尔问题跳到安德鲁·怀尔斯对费马大定理的证明是超乎想象的!

参 考 文 献

1. Bailey, H., Monty Hall uses a mixed strategy *Math. Mag.* 73 (2000) 135-141.
2. Bar-Hillel M. and R. Falk, Some teasers concerning conditional probabilities, *Cognition* 11 (1982) 109-122.
3. Burns, B. and M. Wieth, The collider principle in causal reasoning Why the Monty Hall Problem is so hard, *J. Experi. Psychol., Gen.* 103 (2004) 436-449.
4. Gardner, M., Problems involving questions of probability and ambiguity, *Scientific American* 201 (April 1959) 174-182.
5. Gardner, M., Mathematical games, *Scientific American* 201 (October 1959) 180-182.
6. Gardner, M., Mathematical games, *Scientific American* (November 1959) 188.
7. Lucas, S., J. Rosenhouse and A. Schepler, The Monty Hall problem, reconsidered, *Math. Mag.* 82 (2009) 332-342.
8. Rosenhouse, J., *The Monty Hall Problem. The Remarkable Story of Math's Most Contentious Brainteaser*, Oxford University Press (2009).
9. Selvin, S., Letters to the Editor, *The American Statistician* 29 (1975), 67.
10. Selvin, S., *Survival Analysis for Epidemiologic and Medical Research. A Practical Guide*, Practical Guides to Biostatistics and Epidemiology, Cambridge University Press (2008).
11. vos Savant, M., *The World's Most Famous Math Problem (The Proof of Fermat's Last Theorem and Other Mathematical Mysteries)*, St. Martin's Press (1993).
12. vos Savant, M., *The Power of Logical Thinking*, St. Martin's Press (1996).

60. 整数序列中的整除性

设 $a_1 < a_2 < \cdots$ 是一个自然数的无限序列. 那么，要么存在一个无限子序列，其中没有整数能够整除另一个整数；要么存在一个无限子序列，其中每一个元素都能整除其序列后面所有的整数.

证明 考虑序列中不整除其他整数的所有 a_i. 如果有无限多个这样的 a_i，就得到了无限的子序列，其中没有整数整除另一个整数. 否则有有限多个这样的 a_i. 在这种情况下，将它们连同它们的所有约数一起从序列中删除. 这仍留下了无限多个项，选择其中之一，比如 a_{i_1}. 已选择 $a_{i_1}, \cdots, a_{i_k}$ 时，使得每个项 (a_{i_k} 除外) 整除下一项，为 $a_{i_{k+1}}$ 选择下一个项，使它是 a_{i_k} 的倍数. 这给出了一个无限的子序列，其中每个项整除所有后续项.   □

注记 这个问题是由保罗·埃尔德什于 1949 年在《美国数学月刊》上提出的. 其中发表了三种解答：第一种解答是由 R.S. 莱曼 (R.S. Lehman) 提出的，第二种由 G.A. 赫德伦 (G.A. Hedlund) 提出，第三种由 R.C. 巴克 (R.C. Buck) 提出. 对于如今的年轻数学家来说，这个练习太微不足道了，它是拉姆齐 (Ramsey) 定理对于无穷集合的直接结果. 实际上，考虑序列 (a_i) 上的完全图，如果 a_i 整除 a_j 或 a_j 整除 a_i，则边 $a_i a_j$ 染为红色，否则染为蓝色. 根据拉姆齐定理，存在一个单色无限子图，这正是我们想要找到的. 令人惊讶的是，埃尔德什提出了一个问题，这个问题是拉姆齐定理的直接结果，因为与塞凯赖什斯 (Szekeres) 合作，所以他独立于拉姆齐发现了这个结果.

尽管如此，莱曼的上述证明要简单得多. 第三个证明确立了一个形式上更强大的结果：事实上，它只是莱曼在更一般的背景下的证明. 下面陈述"更一般"的结果. 设 $(X, <)$ 是一个无限偏序集，其中每个元素只支配有限多个其他元素，那么 X 包含无限链或无限反链. (在链中没有两个元素 A 和 B 是不可比的，即 $a < b$ 或 $b < a$，并且在反链中任何两个元素是不可比的.)

将此问题提供给正在学习图论课程的剑桥本科生，大多数本科生只是简单地应用拉姆齐定理，但一些 (相当少) 学生注意到更少的条件对解决问题已是充分的，这让我非常高兴.

参 考 文 献

1. Erdős, P. and G. Szekeres, A combinatorial problem in geometry, *Compositio Math.* 2(1935) 463-470.

2. Erdős, P., R.S. Lehman, G.A. Hedlund and R.C. Buck, Advanced Problems and Solutions Solutions 4330, Amer. *Math. Monthly* 57 (1950) 493-494.

3. Ramsey, F.P., On a problem of formal logic, *Proc. London Math. Soc.* (2) 30 (1929)264-286.

61. 移动沙发问题

单位宽度的长通道有一个直角弯曲. 面积为 A 的扁平刚性板 (由一块组成) 可以被人从通道的一端引导到另一端. 那么

$$A < 2\sqrt{2} \approx 2.8284.$$

此外存在形状合适的刚性板，其面积至少为

$$\frac{\pi}{2} + \frac{2}{\pi} \approx 2.2074.$$

证明 (i) 从第一个不等式的证明开始，即板的面积严格小于 $2\sqrt{2}$. 在板块 P 到达拐角之前，它包含在一个宽度最大为 1 的无限长条形带 S_b 中，该条形带由平行于走廊 (第一部分) 墙壁的两条线确定. 在拐角后继续，有一个类似的条带 S_a. 这些条带 (可能是相同的，但不一定) 附在 P 上，随着板的移动和转动条形带也会移动和转动. 在移动的某个阶段，第一条带 S_b 与走廊第一部分的壁形成的角度 α_b 等于第二条形带 S_a 与第二走廊壁形成的角度. 在这个阶段，板包含在两个条形带 (平行四边形或无限长条形带) 和走廊的交叉处. 由于 P 是由一个部分组成的，所以必须连接这个交叉点，如图 37a 所示. 很明显，当 $\alpha_a = \alpha_b = \pi/4$ (因此条形图

S_a 和 S_b 重合) 时，该 (连接的) 交叉口的面积最多与交叉口一样大，走廊的内角位于条形图的 "外" 边界上，如图 37b 所示. 存在严格的不等式，因为在这种情况下，交集分为两个独立的部分. 最后，组成交叉点的两个菱形中的每一个都具有面积 $\sqrt{2}$，因为它的高为 1 边长为 $\sqrt{2}$. 因此 $A < 2\sqrt{2}$.

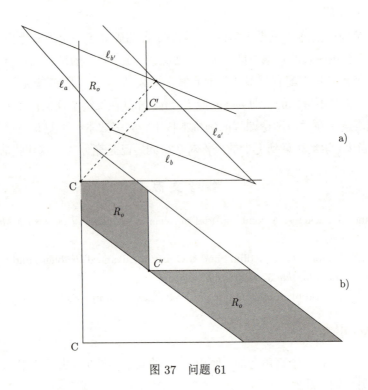

图 37   问题 61

(ii) 考虑图 38 中的板，类似于老式的手持电话. 它被内切在一个高为 1、宽为 $2+4/\pi$ 的矩形中. 它由两个半径为单位长度的四分之一圆组成 (在两侧)，中间是一个高为 1、宽为 $4/\pi$ 的矩形，从中切出一个半径为 $2/\pi$ 的半圆. 这个板通常被称为 "哈默斯利 (Hammersley) 沙发"，面积为 $\pi/4 + (4/\pi - (\pi/2)(2/\pi)^2) + \pi/4 = \pi/2 + 2/\pi \approx 2.2074$. 有关哈默斯利沙发在弯曲处移动方式的动画插图，请参见 https//en.wikipedia.org/wiki/Moving-sofa-problem.   □

注记   这个问题在过去半个世纪中一直受到专业和业余数学家的关注，并有大量的文献记载. 但它的起源并不明确，很可能是在 20 世纪 60 年代初，甚至更早的时候，在几个地方独立出现过. 它第一次出现在印刷品中似乎是在 1966 年，当时 Leo Moser 在 *SIAM Review* 中将其作为一个问题提出，但它早在 1964 年就已经在剑桥为人所知 (并于 1967 年出现在哈拉德·克罗夫特 (Hallard Croft) 的油印笔记中，他在其中写了关于 "谢泼德（Shephard）的钢琴" 的文章，这是对上述 "哈默斯利的沙发" 的改进). 约翰·哈默斯利于 1967 年 6 月在数学及其应用研究所的著名讲座也提及了. 为了向哈默斯利致敬，第一个提法几乎是逐字逐句地取自他 1968

年的文章，该文章是他讲座的扩展版本.

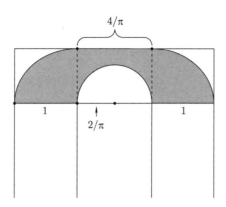

图 38　哈默斯利沙发，面积为 $\pi/2 + 2/\pi$

尽管哈默斯利私下里猜测他的沙发是最佳的，但他的构造很快就被谢泼德的钢琴形打败了. 1992 年有一个重要的进展，杰弗 (Gerver) 给出了一个必要条件，即如果板可以在单位宽度的走廊里围绕直角移动，则板必须具有最大可能的面积. 此外，杰弗构造了一块由 18 条解析曲线限定的面积为 $2.2195\cdots$ 的板，可以满足这一条件. 他还证明了存在一个面积最大的板 [约翰·康威和理查德·盖伊 (Richard Guy) 未发表的结果]，并猜想他的板有最大的面积.

最近，卡勒斯 (Kallus) 和罗米克 (Romik) 证明了关于沙发问题的实质性结果. 特别是，两人使用了计算机辅助方法直接将哈默斯利的上界改进到了 2.37. 他们的方法还可以用来严格证明进一步的上界，这些上界收敛到正确的值.

参 考 文 献

1. Croft, H. T., K.J. Falconer and R.K. *Guy, Unsolved Problems in Geometry*, corrected reprint of the 1991 original, *Problem Books in Mathematics, Unsolved Problems in Intuitive Mathematics*, II. Springer-Verlag (1994).

2. Gerver, J.L., On moving a sofa around a corner, *Geom. Dedicata* 42 (1992) 267-283.

3. Hammersley, J.M., On the enfeeblement of mathematical skills by 'Modern Mathematics' and by similar soft intellectual trash in schools and universities, *Bull. Inst. Math. Appl.* 4 (1968) 66-85.

4. Kallus, Y. and D. Romik, Improved upper bounds in the moving sofa problem, *Adv. Math.* 340 (2018) 960-982.

5. Moser, L., Moving furniture through a hallway, *SIAM Rev.* 8 (1966) 381-381.

6. Romik, D., Differential equations and exact solutions in the moving sofa problem, *Exp. Math.* 27 (2018) 316-330.

7. Sebastian, J.D., Moving furniture through a hallway (Leo Moser), *SIAM Rev.* 12 (1970)582-586.

62. 最小的最小公倍数

设 $a_1 < a_2 < \cdots < a_n \leqslant 2n$ 是正整数序列, 其中 $n \geqslant 5$.

(i) 存在整数 $a_i < a_j$ 使得

$$[a_i, a_j] \leqslant 6(\lfloor n/2 \rfloor + 1).$$

(ii) 这个不等式是最好可能的.

证明 (i) 注意到如果 $a_1 = n+1$, 也就是 $n+1, n+2, \cdots, 2n$ 是所选数字, 那么 $2(\lfloor n/2 \rfloor + 1)$ 和 $3(\lfloor n/2 \rfloor + 1)$ 都出现在该序列中, 所以

$$\min_{i<j}[a_i, a_j] \leqslant 6(\lfloor n/2 \rfloor + 1),$$

表明不等式成立.

因此, 可以假设 $a_1 \leqslant n$. 对于每个 i, 令 k_i 使得 $n+1 \leqslant k_i a_i \leqslant 2n$. 如果这些数字中的某两个重合, 即 $m = k_i a_i = k_j a_j$, 对某些 $1 \leqslant i < j \leqslant n$（其中 $n+1 \leqslant m \leqslant 2n$）成立, 那么 $[a_i, a_j] \leqslant m \leqslant 2n$ 这个要求过了, 否则, $k_1 a_1, \cdots, k_n a_n$ 是 n 个在 $n+1$ 与 $2n$ 之间的数字, 因此 $k_1 a_1, \cdots, k_n a_n$ 是 $n+1, n+2, \cdots, 2n$ 的枚举. 特别地, 存在下标 i 与 j 使得

$$k_i a_i = 2(\lfloor n/2 \rfloor + 1) \quad \text{和} \quad k_j a_j = 3(\lfloor n/2 \rfloor + 1)$$

成立, 可以推出 $[a_i, a_j] \leqslant 6(\lfloor n/2 \rfloor + 1)$.

(ii) 为了证明不等式是最好可能的, 回到序列 $n+1, n+2, \cdots, 2n$ 中. 断言对于这个序列, 两个项的最小公倍数至少是 $6\lfloor n/2 \rfloor + 1$. 根据反证法, 假设存在满足 $m = [n+i, n+j] < 6(\lfloor n/2 \rfloor + 1)$ 的项 $n+i < n+j$. 令 $m = k_i(n+i) = k_j(n+j)$, 那么 $2 \leqslant k_j < k_i$.

因为 $[n+1, n+2] = (n+1)(n+2) > 6(\lfloor n/2 \rfloor + 1)$, 我们有 $j \geqslant 3$. 而且

$$4(n+1) > 6(\lfloor n/2 \rfloor + 1),$$

那么 $k_i = 3$, $k_j = 2$, 因此 $m = 3(n+i) = 2(n+j)$. 这表明 $n+i$ 是偶数. 由于 $m = 3(n+i) < 6(\lfloor n/2 \rfloor + 1)$, 则必须有 $n+i < 2(\lfloor n/2 \rfloor + 1)$, 因此 $n+i \leqslant 2\lfloor n/2 \rfloor \leqslant n$. 产生矛盾, 完成证明. □

注记 这个结果是问题 56 的一个相关结果, 也是由保罗·埃尔德什提出的. 在问题 56 中, 要求每个最小的公倍数都是大的, 这里我们断言至少有一个不能太大. 当埃尔德什在 1937 年提出它时, 他犯了一个小错误: 菲尔普斯 (Phelps) 在 1958 年发表的解答中进行了纠正, 也就是上面的证明.

参 考 文 献

Erdös, P. and C.R. Phelps, Advanced Problems and Solutions Solutions 3834, *Amer. Math. Monthly* 65(1958) 47-48.

63. 韦达跳跃

设 a 和 b 均是正整数且使得 $q = (a^2 + b^2) / (ab + 1)$ 也是正整数. 那么 q 是完全平方数.

证明 根据反证法, 假设 q 不是一个平方数. 设 (a, b) 是一对满足

$$q = \frac{a^2 + b^2}{ab + 1} \tag{26}$$

且使得它们的总和 $s = a + b$ 是最小的正整数.

注意到, 如果 $a = b$, 则 $q = 2a^2 / (a^2 + 1) < 2$, 因此 $q = 1$, 与 q 不是平方数的假设矛盾. 因此, 可以假设 $1 \leqslant a < b$. 尽管不需要它, 但请注意, 这意味着 $a > 1$. 因为如果有 $a = 1 < b$, 那么 $q = (b^2 + 1) / (b + 1)$ 将不是整数.

将式 (26) 中的 b 用变量 x 代替, 得到一个二次方程

$$x^2 - aqx + (a^2 - q) = 0 \tag{27}$$

其中两个 (可能相等) 的根 x_1 和 x_2 满足 $x_1 + x_2 = aq$ 和 $x_1 x_2 = a^2 - q$. 已知 b 是其中一个根, 即 $x_1 = b$, 所以另一个根必须是 $x_2 = aq - b$, 这也是一个整数. 我们的目的是证明 x_2 是一个小于 b 的正整数, 这种情况下该证明就完成了, 因为选择 b 为 x_2, 那么新的对将满足式 (26) 且它们的和小于 s.

方程 (27) 表明 $x_2 = (a^2 - q) / b$, 且不是零, 因为 q 不是一个完全平方数. 而且

$$q = \frac{x_2^2 + a^2}{ax_2 + 1}$$

因此 $x_2 \geqslant 1$, 因为 $x_2 \leqslant -1$ 将使 q 为负数. 最后

$$x_2 = \frac{a^2 - q}{b} < \frac{a^2}{b} < a < b,$$

这是一个本身就有大量矛盾的情况. 这就完成了证明. $\qquad\square$

注记 这就是 1988 年 IMO(国际数学奥林匹克竞赛) 上众所周知的问题 6. 在没有任何提示的情况下, 这是一个难以解决的问题; 然而, 268 名参赛者中有 11 人 (最多 18 岁) 在分配到这个问题的一个半小时内完美地解决了这个问题.

这个练习的名字是 "韦达跳跃", 指的是该证明基于从一个二次方程的一个根跳到另一个根. 将多项式的根与多项式系数联系起来的方程通常归功于法国律师和数学家 François Viète (1540—1603), 人们通常称他的拉丁名字弗朗索瓦·韦达 (Franciscus Vieta). 如果展开多项式 f 的因式分解 $(x - x_1)(x - x_2) \cdots (x - x_n)$ 进行因子分解, 则立即可得韦达公式, 其中 $x_1, \cdots, x_n$ 是根. 因此式 $x^2 + bx + c$ 两个根 x_1 和 x_2 满足 $x_1 + x_2 = aq$ 和 $x_1 x_2 = a^2 - q$. 而且三次多项式 $x^3 + bx^2 + cx + d$ 的三个根 x_1、x_2、x_3 满足 $x_1 + x_2 + x_3 = -b$、$x_1 x_2 + x_2 x_3 + x_3 x_1 = c$ 和 $x_1 x_2 x_3 = -d$.

64. 无穷本原序列

设 $a_1 < a_2 < \cdots$ 是没有元素整除另一个元素的一个自然数序列，也就是令 $A = \{a_1, a_2, \cdots\}$ 为由自然数构成的无穷本原序列. 那么

$$\sum_{i=1}^{\infty} \frac{1}{a_i} \prod_{p \leqslant p_i} \left(1 - \frac{1}{p}\right) \leqslant 1, \tag{28}$$

其中，p_i 是 a_i 的最大素因子，乘积取遍所有小于 p_i 的素数 p.

证明   假设式 (28) 不成立. 那么存在整数 ℓ 使得

$$\sum_{i=1}^{\ell} \frac{1}{a_i} \prod_{p \leqslant p_i} \left(1 - \frac{1}{p}\right) > 1. \tag{29}$$

令 $p_{\max} = \max_{i \leqslant \ell} p_i$,

$$n = \left(\prod_{i=1}^{\ell} a_i\right)\left(\prod_{p \leqslant p_{\max}} p\right)$$

且对 $1 \leqslant i \leqslant \ell$ 定义

$$M_i = \{ta_i \leqslant n : \text{每一个} t \text{的素因子均比} p_i \text{大}\}.$$

那么 $M_1, M_2, \cdots, M_\ell$ 是 $[n]$ 上彼此不交的子集. 事实上，假设 $sa_i = ta_j$，其中 $sa_i \in M_i, ta_j \in M_j$，$i \neq j$ 且 $p_i \leqslant p_j$. 那么 a_i 和 t 是互素的，并且 $a_i \mid ta_j$. 因此 $a_i \mid a_j$，产生矛盾. 最后，由于

$$\prod_{p \leqslant p_i} p \quad \text{整除} \ n/a_i,$$

于是有

$$|M_i| = \frac{n}{a_i} \prod_{p \leqslant p_i} \left(1 - \frac{1}{p}\right),$$

因而又有

$$n \geqslant \left|\bigcup_{i=1}^{\ell} M_i\right| = \sum_{i=1}^{m} \frac{n}{a_i} \prod_{p \leqslant p_i} \left(1 - \frac{1}{p}\right).$$

这个不等式与式 (29) 矛盾，证明完成.   □

注记   这个结果来自保罗·埃尔德什的一篇早期论文. 事实上，他所陈述的定理是，如果在序列 $a_1 < a_2 < \cdots$ 中没有项整除另一项，那么有

$$\sum_n \frac{1}{a_n \log a_n} \leqslant c$$

对某个常数 c 成立. 这可以很快从上述不等式和下述事实得到,

$$\prod_{p \leqslant p_n} \left(1 - \frac{1}{p}\right) \geqslant \prod_{p \leqslant a_n} \left(1 - \frac{1}{p}\right) \geqslant \frac{c}{\log a_n}.$$

1988 年埃尔德什提出最优本原序列, 最优本原序列是满足下述的本原序列. 如果 $1 < a_1 < a_2 < \cdots$ 是本原序列且 $p_1 = 2, p_2 = 3, p_3 = 5, \cdots$ 是素数序列, 那么

$$\sum_n \frac{1}{a_n \log a_n} \leqslant \sum_n \frac{1}{p_n \log p_n} = 1.636\,616 \cdots.$$

尽管埃尔德什、张 (Zhang) 和克拉克 (Clark), 最重要的是利奇曼 (Lichtman) 和波默兰斯 (Pomerance) 在证明方面取得了很大进展, 但这个著名的 "埃尔德什猜想" 仍然没有得到解决. 特别地, 利奇曼和波默兰斯证明了每个本原序列 (a_n) 满足

$$\sum_n \frac{1}{a_n \log a_n} < \mathrm{e}^{\gamma} = 1.781\,072 \cdots,$$

其中, γ 是欧拉常数.

参 考 文 献

1. Clark, D.A., An upper bound of $\sum 1/(a_i \log a_i)$ for primitive sequences, *Proc. Amer. Math. Soc.* 123 (1995) 363-365.
2. Erdős, P., Note on sequences of integers no one of which is divisible by any other, *J. London Math. Soc.* 10 (1935) 126-128.
3. Erdős, P. and Z. Zhang, Upper bound of $\sum 1/(a_i \log a_i)$ for primitive sequences, *Proc. Amer. Math. Soc.* 117 (1993) 891-895.
4. Lichtman, J.D. and C. Pomerance, The Erdős conjecture for primitive sets, *Proc. Amer. Math. Soc. Ser. B* 6 (2019) 1-14.

65. 具有小项的本原序列

令 $1 < a_1 < a_2 < \cdots < a_n \leqslant 2n$ 是一个本原序列, 即没有元素能整除其他元素, 并且这个序列在区间 $[1, 2n]$ 上有最大长度, 则 $a_1 \geqslant 2^k$, 其中 k 是由不等式 $3^k < 2n < 3^{k+1}$ 所定义的.

证明　记 $a_i = 2^{\alpha_i} b_i$, 其中 α_i 是一个非负整数, b_i 是奇数, 则为了避免整除性, 因子 b_i 需要是不同的, 所以

$$a_i = 2^{\alpha_i} b_i,$$

其中, $b_i = 1, 3, \cdots, 2n - 1$ 以某种顺序排列.

首先，根据 $b_i = 1, 3, 3^2, \cdots, 3^k$ 考虑 a_i. 这些元可以被写作

$$2^{\alpha_i} 3^i, i = 0, 1, \cdots, k.$$

为了避免整除性，必须有 $\alpha_0 > \alpha_1 > \cdots > \alpha_k$. 因此 $\alpha_i \geqslant k - i$，所以

$$2^{\alpha_i} 3^i \geqslant 2^{k-i} 3^i \geqslant 2^k.$$

因此这些项至少与论断中的一样大.

其他项中可以有一个比 2^k 小吗？假设这种情况存在，即

$$a = 2^\alpha b < 2^k,$$

其中，b 是一个奇数且不是 3 的幂次，所以至少是 5. 这里已经故意省略了 a、b、α，因为他们将在下面的论证中起到关键性的作用. 注意到

$$5 \leqslant b < 2^{k-\alpha}, \text{ 所以 } k - \alpha \geqslant 3.$$

这些 b_i，也就是奇因子，都是小于 $2n$ 的不同奇数，所以

$$b, 3b, 3^2 b, \cdots, 3^{\alpha+1} b$$

都是奇因子，因为由不等式序列

$$3^{\alpha+1} b < 3^{\alpha+1} 2^{k-\alpha} < 3^{\alpha+1} 3^2 2^{k-\alpha-3} \leqslant 3^k < 2n$$

可知，即使是最大元都小于 $2n$. 因此，这 $\alpha + 2$ 个奇因子必须形成原始序列的以下子集

$$b_2^{\gamma_1}, 3b_2^{\gamma_2}, 3^2 b_2^{\gamma_3}, \cdots, 3^{\alpha+1} b_2^{\gamma_{\alpha+2}}.$$

已知这个序列的两个性质，这两个性质能推出矛盾. 首先，序列中的初始点是 $\alpha = 2^\alpha b$，所以必须有 $\gamma_1 = \alpha$. 其次，为了避免整除性，γ_i 必须严格递减，相当于必须有 $\alpha = \gamma_1 > \gamma_2 > \cdots > \gamma_{\alpha+2} \geqslant 0$，这是不可能的. □

注记   上面的问题刊登在了 1939 年的 *The Monthly* 上，并且这个杂志发表了当时正和丈夫在剑桥的艾玛·拉马 (Emma Lehmer) 提出的解决方案，艾玛·拉马. 在这个问题中埃尔德什也询问是否有关于这个界是最佳的证明. 有点令人吃惊的是，这个没有那么容易看出来. 以下是拉马的二维阵列构造：

$$a_{ij} = 2^{k_i - j} 3^j w_i, \text{ 其中} \begin{cases} w_i < 2n \text{且和 } 6 \text{ 互素}; \\ 3^{k_i} < \dfrac{2n}{w_i} < 3^{k_i+1}; \\ j = 0, 1, \cdots, k_i. \end{cases}$$

正如拉马所说，"很容易验证这个集合满足问题的条件，并且有 2^k 作为它的最小元. 例如，$n=15$ 时，我们有 8, 10, 11, 12, 13, 14, 15, 17, 18, 19, 21, 23, 25, 27, 29 作为我们的集合".

参 考 文 献

Erdős, P. and E. Lehmer, Solution of Problem 3820, *Amer. Math. Monthly* 46 (1939) 240-241.

66. 超树

令 G 是一个 r——致超图，不包含给定的 m 条边的 r–树 T 的副本. 证明：当 $k=2(r-1)(m-1)+1$ 时，G 是 k-可染的.

证明 对 m 用数学归纳法. 当 $m=1$ 时，断言是平凡的，因为 G 不包含边，所以来看归纳步骤. 假设 $m\geqslant 2$，令 T 有边 $E_1,\cdots,E_m$，像问题中所陈述的. 将 T 中由边 $E_1,\cdots,E_{m-1}$ 组成的子树记作 T'（其点集为 $\cup_{i=1}^{m-1}E_i$），并且记 E_m 和 $\cup_{i=1}^{m-1}E_i$ 的公共点集为 x_0. 令 $W\subset V(G)$ 是使得 G 中包含 T' 的一个复制 T_{y_0} 的集合，其中 y_0 对应 x_0.

在 $V(G)$ 上通过连接 y_0 到 T_{y_0} 的所有 $(r-1)(m-1)$ 个点来定义一个图（不是超图！）H，其中 $y_0\in W$. 令 $U=V(G)\setminus W$ 以及 $G'=G[U]$. 注意到 G' 不包含 T' 的副本，所以由归纳假设它是一个 k'-可染的超图，其中 $k'=2(r-1)(m-2)+1$. 另外，由 H 的构造，可以记 W 为 $W=y_1,\cdots,y_\ell$，其中对于任意的 i，$1\leqslant i\leqslant\ell$，$y_i$ 至多向 $U\cup y_1,\cdots,y_{i-1}$ 发送 $2(r-1)(m-1)$ 条边. 那么，超图 G' 的 k'-染色可以扩展为图 H 的 k-染色，其中 $k=2(r-1)(m-1)+1$ 这个 k-染色，实际上，是一个超图 G 的正常染色，因为 G 的每条包含 W 中 y_0 的超边都要包含 H 的一条边. 确实，否则 G 将包含 T_{y_0}，以及和 T_{y_0} 中一个点，即 y_0 所关联的边，所以 G 将包含 T 的副本. $\square$

67. 子树

(i) 一个有 n 个顶点的树包含至少包含 $\binom{n+1}{2}$ 个不同的子树（每个至少有一个顶点）. 对于任意的 $n\geqslant 1$，n 个顶点的路径是唯一的极值树.

(ii) 一个有 n 个顶点的树包含至多 $n+2^{n-1}-1$ 个子树（每个至少有一个顶点）. 对于任意的 $n\geqslant 1$，星图树是唯一有最多子树的树.

证明 (i) 令 T_n 是一个点集为 $[n]=\{1,2,\cdots,n\}$ 的树. 对于所有的 $1\leqslant i\leqslant j\leqslant n$，$T_n$ 中存在一条从 i 到 j 的路径.

在一个阶数为 n 的路径中，这些是仅有的子树；在任意其他树中，还存在有三个端点的子树.

(ii) 存在 n 个子树，每个子树只有一个顶点. 任意其他子树是由它包含的非空边集决定的. 因为有 $n-1$ 条边，所以有 $2^{n-1}-1$ 个非空边集和至多 $n+2^{n-1}-1$ 个子树.

在 n 个顶点的星图树上有 $n+2^{n-1}-1$ 个子树. 相反地，一个阶数为 n 且有 $n+2^{n-1}-1$ 个子树的树 T 是使得每两条边都能组成一个子树的树，即 T 中任意两条边都有一个公共点. 因此，T 就是 n 个顶点的星图树 (见图 39). □

图 39　一条路径和一个星图树，每个都是 7 个点

68. 全都在一行

每个学生都猜对的最大概率是 1/2.

证明　因为在第一个学生 (他第一个喊出！) 给出任何信息之前，它的概率是已有的，他猜对的概率是 1/2. 所以每个学生猜对的概率至多是 1/2. 此外，只有在除了第一个的其他所有的学生都猜对的概率都是 1 的情况下，这个 1/2 的概率才能达到.

因此，下面证明，第一个学生通过猜测可以开始一个断崖使得其他学生都猜对. 所以对于一个简单的猜测'白色'还是'黑色'，第一个学生能给他的同学什么信息？他可以告诉他们他所看到的白色帽子数目的奇偶性：说，'白色'意味着"我看到了偶数顶白色帽子". 这个信息确保了第二个人推断她帽子的颜色：如果她看到了奇数顶白帽子，那么她的帽子一定是白色，所以她叫出'白色'，否则'黑色'.

当前两个人喊完之后，第三个人会知道最后 18 个学生的帽子数目的奇偶性：如果这个奇偶性和最后 17 个帽子的数目的奇偶性相同，她叫出'黑色'，否则她的猜测是'白色'.

正式地，如果一个学生 (除了第一个) 听到'白色'被叫出 c 次，并且看到了 s 顶白色帽子，则如果 $c+s$ 是偶数，她的帽子是白色，如果 $c+s$ 是奇数，她的帽子是黑色. □

注记　对于第一个学生来说，他需要基于他所看到的同学来猜测他自己的帽子，所以他没有机会把成功的概率从 1/2 增加. 相反，他也没有机会把概率从 1/2 进行降低，所以为了他人利益最大化，他可以自由猜测——这恰恰是在上述策略中他所做的.

69. 一个美国故事

20 个死刑囚犯有一个策略，可以让他们逃避处决的机会更大.

解决方案　是的，这里有一个合适的策略. 特别地，下面就是其中一个. 他们随机指派盒子，使得他们中的任意一个都有他自己的盒子. 需要说明的是，这种一对一指派与盒子上的名字无关. 任意囚犯首先打开自己的盒子. 如果他找到了自己的名字，他也会停止. 否则，接下来他打开指派给他找到名字的囚犯的盒子，以此类推. 为了把这个写出来，把囚犯的名字记作 $P_1, \cdots, P_{20}$，并且盒子记作 $B_1, \cdots, B_{20}$，如果 B_5 包含 P_8、B_8 包含 P_3、B_3 包含 P_{19}、B_{19} 包含 P_5，则囚犯 P_5 首先打开 B_5、B_8、B_3、B_{19}，他才放松下来，因为他刚刚找到了自己的名字. 基于此，P_5 可以停下，或者出于好奇打开另外八个盒子.

剩下的就是检查这个策略成功的概率至少是 $1/2$. 为此，注意到将盒子随机指派给囚犯等价于 $B_1, \cdots, B_{20}$ 的一个排列. 为了得到这个排列，如果 B_i 包含 P_j，则把 B_i 映到 B_j，所以囚犯的策略是沿着圈打开盒子. 如果一个包含 B_i 的圈长度至多为 12，则囚犯 P_i 可以找到他的名字. 因此，如果他们随机做出的排列不包含一个长的圈，相当于没有圈的长度至少是 13，则囚犯得到缓刑.

很容易计算长度为 20 的包含一个长圈的随机排列的概率 p_L. 确实，因为一个排列包含至多一个长圈，p_L 就是长圈的数学期望值. 现在，在 $[n] = \{1, \cdots, n\}$ 的随机排列中长度为 $\ell \geqslant 2$ 的圈的个数的期望是

$$\binom{n}{\ell} \frac{\ell!}{\ell} (n-\ell)! / n! = \frac{1}{\ell},$$

因为在 ℓ 个给定点中有 $\ell!/\ell$ 个定向圈. 因此

$$p_L = \frac{1}{13} + \frac{1}{14} + \cdots + \frac{1}{20} < 0.5.$$

$\square$

注记 这个疑问首先是由彼得·布尔·密特森 (Peter Bro Miltersen) 考虑的，与他和安·娜高 (Anna Gál) 共同研究的问题一些公开问题有关，并且出现在娜高和密特森合作的文章中. 上面这个解决方案是由斯文·斯库姆 (Sven Skyum) 给出的. 我首次从娜高听到这个问题是在奥泊沃尔夫 (Oberwolfach) 的一个会议上. 对于更多的相关问题，见高约 (Goyal) 和萨克斯 (Saks) 的文章.

参 考 文 献

1. Gál, A. and P. B. Miltersen, The cell probe complexity of succinct data structures. In *Proc. Int. Coll. Automata, Languages and Programming* (ICALP), 332-344, Lecture Notes in Comput. Sci. 2719, Springer (2003).

2. Gál, A. and P. B. Miltersen, The cell probe complexity of succinct data structures, *Theoret. Comput. Sci.* 379 (2007) 405-417.

3. Goyal, N. and M. Saks, A parallel search game, *Random Struct. Algorithms* 27 (2005) 227-234.

70. 六个相等部分

令 S 是一个平面上一般位置的 $6k$ 个点的集合. 则有三条共点线把 S 划分为六个相等部分.

证明   这个结果是关于有限度量的一个相似断言的简单结果. 因为希望尽可能少的使用复杂数学，所以下面将用非常特别的度量来阐述这个结果. 令 f 是平面上对 $\mathbb{R}^2$ 积分为 1 的连续严格正函数. [例如，$f(x,y)$ 是两个相互独立的标准正态随机变量的密度函数，使得 $f(x,y) = \frac{1}{2\pi}e^{-(x^2+y^2)/2}$.] 在一个开集 $U \subset \mathbb{R}^2$ 上定义度量 $\mu(U)$，$\mu(U) = \int_U f(x,y)\mathrm{d}x\mathrm{d}y$. 实际上，对于这个讨论，只需要在 U 是有限多个 (开的或闭的) 半平面的交的情况下定义 $\mu(U)$ 即可.

论断   令 μ 是一个如上所述的 $\mathbb{R}^2$ 上的概率度量. 则有三条共点线将平面划分为六个相等度量的部分.

为了证明这一点，关于测度 μ 要用到的是，平面的扇形 (从同一点发出的两条射线之间的点集) 的测度是扇形的连续函数 (在明显的意义上).

对于任意的单位向量 u，在 u 的方向上都存在唯一的线 ℓ_u，把这个平面划分成了两个相等的部分 (所以每个部分的度量是 $1/2$). 对于任意点 $x \in \ell_u$，都存在六条从 x 发出的唯一射线，记作 $r_1(u,x),\cdots,r_6(u,x)$，这六条射线将平面分成六个相等度量的部分. 记 $w_i(u,x)$ 为射线 $r_i(u,x)$ 的方向，使得 $w_1(u,x) = u$. 注意到 $w_4(u,x) = -u$，线 ℓ_u 是两条射线 $r_1(u,x)$ 和 $r_4(u,x)$ 的并.

下一个目标是从下面两条射线中寻找另一条线. 存在唯一的点 $x_u \in \ell_u$，使得 $w_5(u,x) = -w_2(u,x)$，因此第二条和第四条射线是共线的. 事实上，如果 x 在 u 的方向沿着 ℓ_u 移动，则由 $w_1(u,x)$ 和 $w_2(u,x)$ 组成的角度是从 0 到 π 连续并严格增加的，并且由 $w_4(u,x) = -w_1(u,x)$ 和 $w_5(u,x)$ 组成的角度是从 π 到 0 连续并严格递减的，所以在一个唯一点 x_u 处，这两个角的确是相等的.

目前为止，已经生成了三条线中的两条，只剩下寻找 $w_3(u_0,x_{u_0})$ 和 $w_6(u_0,x_{u_0})$ 指向不同方向时，u_0 的方向. 再一次运用连续性和"字典序最小拓扑排序". 因为 u 是沿着单位的圈旋转的，所以线 ℓ_u 和这条线上的点 x_u 的移动是连续的，方向 $w_i(u,x_u)$ 也是如此. 当初始点 u 变成 $-u$，单位向量 $w_3(u,x_u)$ 和 $w_6(u,x_u)$ 方向相反，所以在移动过程中，存在一个方向 u_0，使得 $w_6(u_0,x_{u_0}) = -w_3(u_0,x_{u_0})$. 对于这个方向 u_0，从 x_{u_0} 产生的六条射线 $r_1(u_0,x_{u_0}),\cdots,r_6(u_0,x_{u_0})$ 形成三条线，将平面划分为六个相等度量的部分. 这就完成了这个断言的证明.

拥有这个断言之后，关于在一般位置的有 $6k$ 个点的集合 S 就很容易证明了. 确实，将每个点替换为一个半径为 $r > 0$ 的圆盘，其中 r 足够小，以保证没有线与这三个圆盘相交. 给定每个圆盘度量 $(1-\varepsilon)/6k$，其中 $\varepsilon < 1/100k$，也就是说，平面剩下的度量 ε 是很容易用任意方法计算的. 这样由上述断言保证的三条线就将 $6k$ 个点的集合 S 划分为六个相等部分.   □

注记   这是 R.C. 巴克 (R.C.Buck) 和 E.F. 巴克的一个结论的略微延拓，他们证明了类似的凸集的六–划分. 上述度量–理论版本是从赛德 (Ceder) 注意到的；在证明中依照的是布克 (Bukh) 的思想.

R.C. 巴克和巴克 E.F. 也证明了不存在三条线可以将平面上的一个有界凸集划分成七个相等度量的部分. 需要说明的是，问题中的三条线没有假设是要共线的，而是像图 40 一样，形成一个三角形.

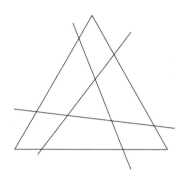

图 40 将一个三角形划分为七个近似相等部分的三条线

参 考 文 献

1. Bárány, I. , A generalization of Carathéodory's theorem, *Discrete Math.* 40 (1982) 141-152.
2. Boros, E. and Z. Füredi, The number of triangles covering the center of an n-set, *Geom. Dedicata* 17 (1984) 69-77.
3. Buck, R. C. and E. F. Buck, Equipartition of convex sets, *Math. Mag.* (1949) 195-198.
4. Bukh, B. , A point in many triangles, *Electronic J. Comb.* 13 (2006) 10, 3 pp.
5. Ceder, J. G. , Generalized sixpartite problems, *Bol. Soc. Mat. Mexicana* (2) 9 (1964) 28-32.

71. 实多项式的乘积

(i) 两个多变量实多项式的乘积的维数是其维数之和.

(ii) 实多项式的平方和的维数等于这些实多项式中最次数的两倍.

证明 读者有理由对这些问题的提出感到惊讶，因为它们并非完全平凡. 当然，它们确实很简单，但当遇到更多关于多项式的问题时，要非常小心地回答它们. 特别地，将仔细地定义相关术语.

像往常一样，定义 $\mathbb{R}[X] = \mathbb{R}[X_1, \cdots, X_n]$ 为 n 个变量 $X_1, \cdots, X_n$ 的多项式的集合（"环"），并且记 $X = (X_1, \cdots, X_n)$ 为 n-元组. 令 $\mathbb{N}^n$ 为 n-元组 $\alpha = (\alpha_1, \cdots, \alpha_n)$ 的集合，其中每个 α_i 都是一个非负整数，称 α 为多维指数. 对于 $\alpha \in \mathbb{N}^n$，记 $|\alpha| = \alpha_1 + \cdots + \alpha_n$，$X^\alpha = X_1^{\alpha_1} \cdots X_n^{\alpha_n}$；称 $|\alpha|$ 为单项式 X^α 的维数. 注意到 $\subset \mathbb{N}^n$ 具有可加性结构，并且 $X^\alpha X^\beta = X^{\alpha+\beta}$.

$\mathbb{R}[X]$ 的多项式是这些单项式 X^α 的实线性组合，即任意多项式 $f \in \mathbb{R}[X]$ 有一个正则展

开式

$$f = \sum_{\alpha \in A_f} c_\alpha X^\alpha,$$

其中，A_f 是 $\mathbb{N}^n$ 的一个有限子集，对于任意的 $\alpha \in A_f$，系数 c_α 是一个非零实数. (特别地，多项式 $f = 0$ 当且仅当 A_f 是一个空集.) 一个多项式 f 的维数是在 f 的正则展开中构成单项式的最大维数 $\deg f = \max\{|\alpha| : \alpha \in A_f\}$. (因此零多项式的最大维数取为 $-\infty$.) 更多地，令 D_f 是多维指数 $\alpha \in A_f$ 的集合，其中有 $|\alpha| = \deg f$，即 D_f 是指数的集合，表明 $\deg f$ 像断言所说足够大.

(i) 最后，证明

$$\deg(fg) = \deg f + \deg g.$$

为了证明这个，假设 f 和 g 非零. 此外，因为 $\deg(fg) \leqslant \deg f + \deg g$ 显然成立，所以下面证明其逆不等式. 令

$$f = \sum_{\alpha \in A_f} c_\alpha X^\alpha, g = \sum_{\beta \in A_g} d_\beta X^\beta$$

是非零多项式 $f, g \in \mathbb{R}[X]$ 的正则展开式.

只需证明存在 $\alpha^* \in D_f$ 和 $\beta^* \in D_g$，使得它们是 A_f 和 A_g 中和为 $\alpha^* + \beta^*$ 的唯一的元素，这将能证明 $\alpha^* + \beta^* \in A_{fg}$，实际上，在 fg 的表达式中 $X^{\alpha^* + \beta^*}$ 的系数是 $c_{\alpha^*} d_{\beta^*}$. 为此只需选取 α^* 和 β^* 在可加性中是 D_f 和 D_g 的极大元.

例如，令 $\alpha^* = (\alpha_1^*, \cdots, \alpha_n^*)$ 是 D_f 中字典序的极大元. 因此 α^* 是 D_f 的元素，使得首先 α_1^* 是极大的，然后 α_2^* 是极大的，以此类推，直到元素 α_{n-1}^*. (关于 α_n^* 没有任何选择，因为它是由 $|\alpha^*| = \deg f$ 和前面的 α_i^* 决定的.) 也就是说，如果 $\alpha \in D_f$ 且 $\alpha \neq \alpha^*$，则存在 k，$0 \leqslant k < n$，使得对于 $i \leqslant k$，有 $\alpha_i = \alpha_i^*$，且 $\alpha_{k+1} < \alpha_{k+1}^*$. 类似地定义 $\beta^* \in D_g$.

则 fg 的正则展开式包含单项式

$$X^{\gamma^*} = X^{\alpha^* + \beta^*} = X_1^{\alpha_1^* + \beta_1^*} \cdots X_n^{\alpha_n^* + \beta_n^*}$$

带有系数 $c_{\alpha^*} d_{\beta^*}$，因为对于 $\gamma^* = \alpha^* + \beta^* = (\alpha_1^* + \beta_1^*, \cdots, \alpha_n^* + \beta_n^*)$，指数 $\alpha^* \in A_f$ 和 $\beta^* \in A_g$ 是 A_f 和 A_g 中满足 $\gamma^* = \alpha^* + \beta^*$ 的唯一元素. 因此 $\deg(fg) \geqslant \deg f + \deg g$.

(ii) 假设 $f = f_1^2 + \cdots + f_n^2$. 则可以假设 $f_1, \cdots, f_k$ 有最大次数 d，使得对于 $i > k$，有 $deg\ f_i < d$，其中 $1 \leqslant k \leqslant n$, . 令 α^* 是字典序中 $\cup_{i=1}^k D_{f_i}$ 的最大元. 如果 $\alpha^* \in D_{f_i}$，则像 (i) 中所述，$X^{2\alpha^*}$ 在 f_i^2 中的系数是 X^{α^*} 在 f_i 的系数的平方，如果 $\alpha^* \notin D_{f_i}$，则 $X^{2\alpha^*}$ 在 f_i^2 中的系数是 0. 因此 $X^{2\alpha^*}$ 在 f 的系数是严格正的.   □

注记   这些论断只是介绍多项式环的时候证明的第一个事实. 剑桥三一学院本科生倾向于认为它们是平凡的，但是他们在证明过程中有很大困难.

72. 多项式平方的和

(i) 一个多项式 $f \in \mathbb{R}[X]$ 在 $\mathbb{R}$ 上是非负的，当且仅当它是两个多项式平方的和，即对于某个 $g, h \in \mathbb{R}[X]$，有 $f = g^2 + h^2$.

(ii) 如果 $f \in \mathbb{R}[X, Y]$ 在 $\mathbb{R}^2$ 上是非负的，则推不出 f 是多项式的平方和.

证明 (i) 一个结论是平凡的：如果 f 是两个多项式平方的和，则显然它是非负的. 为了证明其逆命题，注意到任意非零多项式 $f \in \mathbb{R}[X]$ 都有以下表达式

$$f(X) = c \prod_1^k (X - r_i)^{\alpha_i} \prod_1^\ell ((X - s_j)^2 + t_j^2)$$

其中，$c \neq 0$；$r_1 < \cdots < r_k$；$\alpha_i \geqslant 1$. 显然，对任意 $x \in \mathbb{R}$ 有 $f(x) \geqslant 0$，当且仅当 $c > 0$ 并且任意指数 α_i 是偶数. 因此，只需证明

$$\prod_1^\ell ((X - s_j)^2 + t_j^2)$$

是两个多项式平方的和. 显然，根据下述标准等式可直接得到

$$(a^2 + b^2)(c^2 + d^2) = (ac + bd)^2 + (ad - bc)^2.$$

(ii) 于是断言对于 $0 < c \leqslant 3$，多项式

$$f(X, Y) = 1 - cX^2Y^2 + X^4Y^2 + X^2Y^4$$

不能表示为多项式的平方和.

事实上，根据 $AM - GM$ 不等式，对于所有实数 x、y，有

$$\frac{1 + x^4y^2 + x^2y^4}{3} \geqslant x^2y^2,$$

所以在 $\mathbb{R}^2$ 上有 $f \geqslant 0$ 成立.

反证，假设对于某些多项式 $f_1, \cdots, f_k \in \mathbb{R}[X, Y]$，有 $f = \sum_1^k f_i^2$. 因为 f 的次数是 6，由问题 71，每个 f_i 的次数至多是 3，相当于任意 f_i 是单项式 1、X、Y、X^2、XY、Y^2、X^3、X^2Y、XY^2 和 Y^3 的线性组合. 实际上，稍微思考可以知道这里大部分单项式不会出现在任意的 f_i. 假设 X^3 有系数 a_i 在 f_i 中，则 X^6 在 $\sum f_i^2$ 的系数是 $\sum a_i^2$. 因此对于任意的 i 都有 $a_i = 0$. 相似地，f_i 也不会出现在 Y^3 单项式中.

现在，如果 b_i 是 f_i 中 X^2 的系数，则 X^4 在 $\sum f_i$ 的系数是 $\sum b_i^2$，因此对于任意的 i，都有 $b_i = 0$. 相似地，Y^2 在 f_i 中也不会出现. 同理，可以看到 X 和 Y 也不会出现. 因此，

$$f_i = c_i + d_iXY + e_i'X^2Y + e_i''XY^2.$$

则 X^2Y^2 在 $f(X,Y)$ 的系数是 $\sum_1^k d_i^2$，与该系数是负数 $-c$ 矛盾. □

注记 这个简单的习题引出希尔伯特的第 17 个问题，即如果 $f \in \mathbb{R}[X_1,\cdots,X_n]$ 在 $\mathbb{R}^n$ 上非负，是否能推出 f 是实函数的平方和？

正如已经看到的，对于 $n=1$ 它是成立的 (即使在多项式的平方和的更强形式下)，当 $n \geqslant 2$ 时，该结论不成立. 实际上，希尔伯特在 1888 年就已经知道非平凡部分 (ii)，尽管他的例子不可构造. 第一个具体的例子是由莫茨金（Motzkin）在 1967 年给出的，即该章节出现的例子. 注意到对于 $0 < c < 3$，这个多项式 $1 - cX^2Y^2 + X^4Y^2 + X^2Y^4$ 在 R^2 是严格正的. 还有许多其他的例子已经被构造出来，例如，由处 (Choi) 和拉姆 (Lam) 构造的，以及巴格 (Berg)、科利坦森 (Christensen) 和金森 (Jensen) 构造的.

参 考 文 献

1. Berg, C. , J. P. R. Christensen and C. U. Jensen, A remark on the multidimensional moment problem, *Math. Ann.* 243 (1979) 163-169.
2. Choi, M. D. , Positive semidefinite biquadratic forms, *Linear Algebra Appl.* 12 (1975) 95-100.
3. Motzkin, T. S. , The arithmetic-geometric inequality. In *Inequalities* (Proc. Sympos. Wright-Patterson Air Force Base, Ohio, 1965), pp. 205-224, Academic Press(1967).

73. 分拆的图表

将 n 分成 p 个部分，且最大部分为 q 的分拆数，这等于将 n 分成 q 个部分, 其中最大部为 p 的分拆数目. 特别地，最大部分为 p 的 n 的分拆数等于把 n 分成 p 个部分的分拆数.

证明 这是关于费雷尔图的简单应用 (定义见该问题的提示)，虽然已经把它按照杨图的方式画出，即一个含 n 个顶点和左侧对齐的单元格的阵列. 令 $\lambda = (\lambda_1,\cdots,\lambda_k)$ 为一个具有费雷尔图 D 的 n 的分拆. 将 D 关于其主对角线 (由西北向东南) 反射，得到费雷尔图 D^*，它定义了 n 的一个分拆 λ^*，即 λ 的共轭. 由定义，λ 是 λ^* 的共轭. 显然，λ 的长度为 p 且最大部分为 q 当且仅当 λ^* 长度为 q 且最大部分为 p. 因此，这两个分拆的集合元素事实上是相等的. □

注记 这是一个费雷尔图的简单应用——或许是最简单的. 在 19 世纪西尔威斯特称 $\lambda \to \lambda^*$ 为普遍互易定理. 如西尔威斯特在 1882 年的论文里所写的："上述关于互易定理的证明是由剑桥大学冈维尔 (Gonville) 与凯斯学院现任院长费雷尔 (Ferrees) 博士提出的. 它具有双重优点，即首次树立了图形建构的第一个示例，并突出了对应原理在划分理论中的应用. 它从未由作者公开发表，是我在 1853 年的《伦敦和爱丁堡哲学杂志》(*Lond.and Edin.Phil.Mag*) 上首次发表了它."

诺曼·麦克劳德·费雷尔 (Norman Macleod Ferrers, 1829—1903) 在剑桥大学康维尔和凯斯学院学习数学，并于 1851 年成为优等生. 虽然他获得了学院的奖学金，但他还是前往伦敦学习法律, 并于 1855 年被授予律师资格. 不久之后, 他放弃了法律专业, 返回剑桥学习神学, 并于 1860 年被晋升为牧师. 尽管如此, 他仍然讲授数学, 并被誉为剑桥最好的讲师. 从 1880 年到去世为止, 他一直担任康维尔和凯斯学院的校长.

阿尔弗雷德·杨 (Alfred Young, 1873—1940) 也是剑桥大学的一位数学家: 在他研究群论时, 引入了杨图和杨表 (填有数字的杨图). 作为克莱尔学院的本科生, 他在 1895 年只是第十名优等生, 但被认为是该年级最有创意的人. 虽然他获得了在剑桥大学的讲师职位, 但后来, 就像他之前的费雷尔一样, 他进入神学领域学习, 并于 1908 年被晋升为牧师. 他一生都是一位教区牧师, 但在一个较长时间的间歇之后, 他恢复了在剑桥大学的数学讲座.

参 考 文 献

Sylvester, J. J. , with insertions by Dr A. Franklin, Constructive theory of partitions,arranged in three acts, an interact and an exodion, *Amer. J. Math.* 5 (1882) 251-330.

74. 欧拉五角数定理

(i) 令 $p_e(n)$ 表示将 n 分拆成偶数个不同数的和的分拆数, $p_o(n)$ 为将 n 分拆成奇数个不同数的和的分拆数. 则 $p_e(n) - p_o(n) = 0$, 除非 $n = k(3k \pm 1)/2$, 在这种情况下, 此差值为

$$p_e(n) - p_o(n) = \begin{cases} 1, & n = k(3k \pm 1)/2 \text{且} k \text{ 是偶数} \\ -1, & n = k(3k \pm 1)/2 \text{且} k \text{ 是奇数} \\ 0, & \text{其他}. \end{cases}$$

(ii) 无限乘积 $\prod_{k=1}^{\infty} (1 - x^k)$ 有以下形式:

$$\prod_{k=1}^{\infty} (1 - x^k) = 1 + \sum_{k=1}^{\infty} (-1)^k (x^{k(3k-1)/2} + x^{k(3k+1)/2}). \tag{30}$$

证明　(i) 像往常一样, 为了避免混淆, 通过用 '费雷尔图风格' 而不是 '杨表风格', 将费雷尔图等同于一个分拆. 对于同一个分拆使用 $\mathcal{D}$ 和 λ: 因为大多数时间都是关注表格的形状, 所以倾向于用 $\mathcal{D}$. 省略 n, 用 $\mathcal{D}$ 代表 n 的不同数值分拆的 (费雷尔图) 集合, 即每一行都比上一行短的表格集合. 简而言之, $\mathcal{D}$ 由 n 的不同分拆的集合组成. 记 $\mathcal{D}$ 中的偶数分拆的子集为 $\mathcal{D}_e \subset \mathcal{D}$, 即那些长度为偶数的分拆. 并且令 $\mathcal{D}_o = \mathcal{D} \backslash \mathcal{D}_e$ 为奇数分拆的集合, 即那些奇数长度的分拆. 令集合 $p_e(n) = |\mathcal{D}_e|$ 和 $p_o(n) = |\mathcal{D}_o|$. 因此, 对于 $n = 6$, 有 $\mathcal{D} = \{6, 51, 42, 321\}$、$\mathcal{D}_e = \{51, 42\}$、$\mathcal{D}_o = \{6, 321\}$, 说明 $p_e(6) = p_o(6) = 2$.

在 $\mathcal{D}$ 上定义一个合适的对合 F, 即映射 $F : \mathcal{D} \to \mathcal{D}$, 使得 F^2 是一个恒等映射. 对合 F 将满足: 如果 $F(D) \neq D$, 则 D 和 $F(D)$ 属于分拆 $\mathcal{D}_e \cup \mathcal{D}_o$ 的不同的集合. 这说明不是 F 的

固定点的分拆集合在 $\mathcal{D}_e$ 和 $\mathcal{D}_o$ 之间被等分，因此 $p_e(n) - p_o(n) = |\mathcal{D}_e| - |\mathcal{D}_o|$ 是 F 在 $\mathcal{D}_e$ 的固定点的数目和在 $\mathcal{D}_o$ 的固定点的数目的差. 与此同时，很幸运这里将有至多一个固定点；而且，对于 n 的大多数值，这里没有固定点.

为了定义 F，把 B (基本算子) 和 S (边缘算子) 两个不同算子放在一起. 给定一个分拆 $D \in \mathcal{D}$，记 k 为从顶部行开始，到表格结尾的西南方向的最长线，如图 41a 所示，并称它为表格的边，把它最后一行记作 ℓ，如图 41b 所示，称它为 D 的基. 另外，将用同样字母表示它们的基数（即元素的数量）.

(a) 如果 $k < \ell - 1$，或者 $k = \ell - 1$，并且 k 和 ℓ 不相交，则把边放置在基下，得到 $B(D)$，如图 41c 所示.

(b) 如果 $\ell < k$，或者 $\ell = k$，并且 k 和 ℓ 不相交，则把基放在边缘旁边得到 $S(D)$，如图 41d 所示.

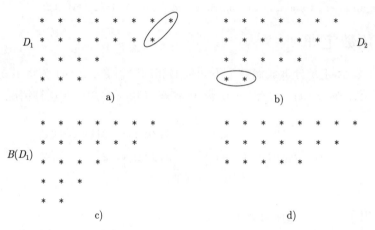

图 41　在分拆 D_1 中，边是 $k = 2$ (线是 $\ell = 3$). 在分拆 D_2 中，线是 $\ell = 2$ (边是 $k = 3$). 在 $B(D_1)$ 中，基是旧的边，在 $S(D_2)$ 中，边是旧的基

注意到图 42a、b 是相斥的：如果一个成立，则另一个不成立. 另外，B 和 D 在某种意义上互为逆运算，即如果 $B(D)$ 被定义，则 $S(B(D))$ 也被定义，并且 $S(B(D)) = D$；同理，$S(B(D)) = D$. 这能推出对于 $D \in \mathcal{D}$，可以将对合 F 定义为

$$F(D) = \begin{cases} B(D), & B \text{ 定义在 } D \text{ 上,} \\ S(D), & S \text{ 定义在 } D \text{ 上,} \\ D, & \text{其他.} \end{cases}$$

F 的不动点是什么？换句话说，在什么表格 D 上，B 和 S 都没有定义？如果 $k < \ell - 1$，则 B 被定义，如果 $\ell < k$，则 S 被定义；否则，如果 ℓ 和 k 不相交，则只有其中一个被定义. 因此，如果 $\ell = k + 1$ 并且基 ℓ 和边 k 相交，或者 $\ell = k$ 并且基 ℓ 和边 k 相交，则 D 是一个

不动点. 在每种情形下, 都存在一个唯一的表格满足这些条件: 用 D_k^+ 和 D_k^- 来记号它们, 见图 42a、b. 显然, D_k^+ 是 $n = k(3k+1)/2$ 的分拆的表, D_k^- 是 $n = k(3k-1)/2$ 的分拆的表. 因此, 如果 $n \neq k(3k \pm 1)/2$, 则 F 没有不动点; 如果 $n = k(3k-1)/2$ 或 $n = k(3k+1)/2$, 则 F 恰有一个不动点, D_k^+ 或 D_k^-. 此外, '不动点' 表格 D_k^- 和 D_k^+ 中每个都有 k 行, 所以如果 k 是偶数, 则它们的分拆属于 $\mathcal{D}_e$; 如果 k 是奇数, 则它们的分拆属于 $\mathcal{D}_o$. 这就完成了第 (i) 部分的证明.

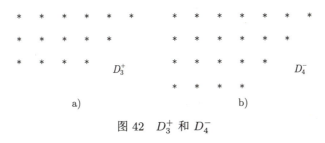

图 42　D_3^+ 和 D_4^-

(ii) 在 $\prod_{k=1}^{\infty}(1 + x^k)$ 的展开式中, x^n 的系数是 n 分拆成不同部分的分拆数. 那么, 在 $\prod_{k=1}^{\infty}(1 - x^k)$ 的展开式中, x^n 的系数是多少呢? 计数的是相同的分拆数, 但是有符号, 即 n 分成 k 个不同部分的分拆时, 计数符号是 $(-1)^k$. □

注记　刚刚展示的欧拉的这个著名的结论的精彩证明是法宾·富兰克林 (Fabian Franklin, 1853—1939) 给出的. 他将其发表在西尔威斯特 1882 年的论文中, 并且也发表在卡特·仁德斯 (Comptes Rendus) 的一篇论文中. (在西尔威斯特的文章中, 富兰克林的证明第一次被出版.) 这个证明经常被认为是美国人对数学研究的第一个世界级贡献.

实际上, 法宾·富兰克林出生于匈牙利中的艾格尔镇, 这个地方因 1552 年少数英勇的守卫者 (包括妇女) 光荣地包围了城堡以对抗土耳其帝国的压倒性力量而闻名. (在那之后, 首领艾格、伊斯特凡·多波 (Istvan Dobo), 尤其是 "艾格的女人", 都是守卫自由的民族英雄主义的象征.) 值得说明的是, 富兰克林是一个彻头彻尾的美国人, 他在约翰斯·霍普金斯 (Johns Hopkins) 大学的七年期间是西尔威斯特最喜欢的学生. 他博士毕业之后, 富兰克林成为西尔威斯特的助理, 即使在西尔威斯特 68 岁去牛津担任德国萨维里 (Savilian) 主席的时候, 他依旧和西尔威斯特保持密切联系.

回到欧拉五角数定理, 欧拉并没有将著名的定理表述为关于偶数和奇数分拆的结果, 而是作为一个无限乘积展开的结果

$$\prod_{h=1}^{\infty}(1 - x^k) = \sum_{-\infty}^{\infty}(-1)^k x^{k(3k-1)/2} = 1 + \sum_{k=1}^{\infty}(-1)^k(x^{k(3k-1)/2} + x^{k(3k+1)/2}).$$

首先他是凭经验发现了这个结论, 但是没有证明出它: 他在几年后发现了证明的办法.

最后，定理的名字是基于数字 1，5，12，$\cdots$ [一般情况下，对于 $k = 1, 2, \cdots, k(3k-1)/2$] 的事实被称作*五角数*，具体在图 43 中进行了展示．

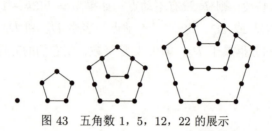

图 43　五角数 1，5，12，22 的展示

参 考 文 献

1. Euler, L. , Découverte d'une loi tout extraordinaire des nombres par rapport à la somme de leurs diviseurs, *Bibliotheque Impartiale* 3 (1751) 10-31. Reprinted in *Opera Omnia Series I*, Vol. 2, pp. 241-253.

2. Euler, L. , Demonstratio theorematis circa ordinem in summis divisorum observatum(1754-1755), *Novi Comment. Acad. Sci. Petropol.* 5 (1760) 75-83. Reprinted in *Opera Omnia Series* I, Vol. 2, pp. 390-398.

3. Euler, L. , Evolutio producti infiniti $(1-x)(1-xx)(1-x^3)(1-x^4)(1-x^5)(1-x^6)$ etc. in seriem simplicem, *Acta Acad. Sci. Imp. Petropol.* I (1780) 47-55. Reprinted in *Opera Omnia Series* I, vol. 3, pp. 472-479.

4. Franklin, F. , Sur le développement du produit infini $(1-x)(1-x^2)(1-x^3)\cdots$, *Comptes Rendus* 82 (1881) 448-450.

5. Sylvester, J. J. , with insertions by Dr A. Franklin, Constructive theory of partitions, arranged in three acts, an interact and an exodion, *Amer. J. Math.* 5 (1882) 251-330.

75. 分拆——最大值和奇偶性

令 $p_{o,e}(n)$ 表示将正整数 n 分拆为不相等部分的分拆数，其中最大部分是奇数且总共有偶数个部分，并且类似定义 $p_{o,o}(n)$、$p_{e,e}(n)$、$p_{o,e}(n)$. 那么

$$p_{o,e}(n) - p_{e,o}(n) = \begin{cases} 1, & n = k(3k-1)/2 \text{ 且 } k \text{ 是偶数,} \\ -1, & n = k(3k+1)/2 \text{ 且 } k \text{ 是奇数,} \\ 0, & \text{其他.} \end{cases}$$

$$p_{o,o}(n) - p_{e,e}(n) = \begin{cases} 1, & n = k(3k-1)/2 \text{ 且 } k \text{ 是奇数,} \\ -1, & n = k(3k+1)/2 \text{ 且 } k \text{ 是偶数,} \\ 0, & \text{其他.} \end{cases}$$

证明 类似之前问题中关于欧拉五角数定理的富兰克林证明，令 F 表示将 n 分拆为不等部分的费雷尔图的集合 D_n 上的对合. 此外，令 $D_{o,e} \subset D_n$ 是最大部分是奇数且部分数为偶数的图的子集. $D_{e,o}(n)$、$D_{o,o}(n)$、$D_{e,e}(n)$ 也是类似定义，所以 $p_{o,e}(n) = |D_{o,e}|$. 正如在问题 74 中所说，F 有至多一个不动点：如果 $n = k(3k-1)/2$，则不动点是 D_k^-；如果 $n = k(3k+1)/2$，则不动点是 D_k^+. 如果 $n \neq k(3k \pm 1)/2$，那么在 D_n 上 F 无不动点. 同样，D_k^- 有最大部分 $2k-1$ 和长度 k，并且 D_k^+ 有最大部分 $2k$ 和长度 k.

通过定义，除了它的不动点外，对合 F 给了 $D_{o,e}(n)$ 和 $D_{e,o}(n)$ 之间，以及 $D_{o,o}(n)$ 和 $D_{e,e}(n)$ 之间的一个一一对应. 因为 k 是偶数时，$D_k^- \subset D_{o,e}(n)$，k 是奇数时，$D_k^- \subset D_{o,o}(n)$；并且如果 k 是奇数，$D_k^+ \subset D_{e,o}(n)$；如果 k 是偶数，$D_k^+ \subset D_{e,e}(n)$，所需公式就可以得到了. □

注记 在这个问题里已经研究了 D_n 的标准四个部分，分别是 $p_{o,e}(n)$、$p_{o,o}(n)$、$p_{e,e}(n)$、$p_{o,e}(n)$. 之前已经证明 $p_{o,e}(n)$ 和 $p_{e,o}(n)$ 是相等的，$p_{o,o}(n)$ 和 $p_{e,e}(n)$ 亦然. 留下来的问题是研究形如 $|p_{o,e}(n) - p_{o,o}(n)|$ 的差值有多大. 若是 n 足够大时，是否存在一个常数 C 使得 $|p_{o,e}(n) - p_{o,o}(n) \leqslant C|$? 如果不存在，那么作为 n 的函数，这个差值能有多大？

76. 周期细胞自动机

令 G 是一个有限图，其中每个点的度是奇数. 那么 G 上任意的多数 Bootstrap 渗流都是周期性的，周期是 1 或 2.

证明 令 $f = (f_t)_0^\infty$ 是 G 上的多数 Bootstrap 渗流. 因为 G 是有限的，所以对于某个周期 $k \geqslant 1$，f 是周期的. 用反证法，$k \geqslant 3$. 可以假设对于任意的 $t \geqslant 0$ 有 $f_{t+k} = f_t$. 为了降低杂乱，记 v_t 为时间 t 时点 v 处的 $f_t(v)$ 的值.

用 Kronecker δ 函数 [如果 $x = y$，则 $\delta(x,y) = 1$，否则 $\delta(x,y) = 0$]，多数更新规则表明对于 $\omega = 0,1$，

$$\sum_{u \in \Gamma(v)} \delta(u_{t-1}, v_t) \geqslant \sum_{u \in \Gamma(v)} \delta(u_{t-1}, \omega)$$

当 $\omega = v_t$ 时取等号，否则 (即 $\omega = 1 - v_t$) 取严格不等号. 特别地，对于所有的 $v \in V(G)$ 以及 $t \geqslant 0$，

$$\sum_{u \in \Gamma(v)} [\delta(u_{t-1}, v_t) - \delta(u_{t-1}, v_{t-2})] \geqslant 0 \tag{31}$$

当且仅当 $v_t = v_{t-2}$ 时取等. 需要说明的是，取模 k 就足够了，特别是，$v_k = v_0, v_{k-1} = v_{-1}$，以此类推.

现在，因为 $k \geqslant 3$，所以对于某个 t，存在一个点 $v \in V$，使得 $v_{t-2} \neq v_t$，特别是不等式

(31) 对于这一对 (v, t) 是严格的. 因此,

$$L = \sum_{t=1}^{k} \sum_{v \in V} \sum_{u \in \Gamma(v)} [\delta(u_{t-1}, v_t) - \delta(u_{t-1}, v_{t-2})] > 0 \qquad (32)$$

注意到在这个三重和中, 任意相邻的对 (u, v) 都出现两次, 一次是先 u 后 v, 一次是先 v 后 u. 将这两种情况放在一起, 以便对边 uv 求和:

$$L = \sum_{t=1}^{k} \sum_{uv \in E(G)} [\delta(u_{t-1}, v_t) - \delta(u_{t-1}, v_{t-2}) + \delta(v_{t-1}, u_t) - \delta(v_{t-1}, u_{t-2})].$$

为了完成证明, 交换求和的顺序, 然后分别求和. 首先, 通过交换求和的顺序, 发现

$$L = \sum_{uv \in E(G)} \sum_{t=1}^{k} [\delta(u_{t-1}, v_t) - \delta(u_{t-1}, v_{t-2}) + \delta(v_{t-1}, u_t) - \delta(v_{t-1}, u_{t-2})].$$

其次, 因为对于所有的 $u, v \in V$, 有 $\delta(u, v) = \delta(v, u)$, 所以有如下等式:

$$\sum_{t=1}^{k} \delta(u_{t-1}, v_t) = \sum_{t=1}^{k} \delta(u_{t-2}, v_{t-1}) = \sum_{t=1}^{k} \delta(v_{t-1}, u_{t-2})$$

并且

$$\sum_{t=1}^{k} \delta(u_{t-1}, v_{t-2}) = \sum_{t=1}^{k} \delta(u_t, v_{t-1}) = \sum_{t=1}^{k} \delta(v_{t-1}, u_t).$$

因此, $L = 0$, 和式 (32) 矛盾, 这样就完成了证明. □

　　注记　这个问题的结论在 1981 年被高勒斯 (Goles) 和欧利沃 (Olivos) 证明; 不久之后, 它被坡贾克 (Poljak) 和苏尔 (Surâ) 重新发现. 实际上, 坡贾克和苏尔比已经陈述的证明多很多. 另外, 在平凡的修改之后, 上面的证明可以给出更多的信息: 可以使用带权边的细胞自动机, 其中每个顶点可以处于有限多个状态. 更新规则由大多数决定, 允许平局后的决胜局.

　　更正式地说, 这是坡贾克和苏尔的变形证明.

　　令 V 是一个有限集, w 是 V 上的一个实对称函数; 因此, $w: V \times V \longrightarrow \mathbb{R}$, 满足 $w(x, y) = w(y, x)$. 令 $f_0, f_1, \cdots$ 是映射 V 到 $\{0, 1, \cdots, p\}$ 的函数; 称每个 f_t 为一个配置, 并且 $f_t(v)$ 为 v 在时间 t 时的状态. 如果更新规则如下, 则一个序列 $(f_t)_0^\infty$ 的结构是一般化的多数 Bootstrap 渗流:

$$f_{t+1}(v) = \max \left\{ i : \sum_{u: f_t(u) = i} w(u, v) \geqslant \sum_{u: f_t(u) = j} w(u, v), \forall j \right\}$$

也就是说, 在时间 $t+1$ 时, 顶点 v 到达最大值的状态, 这个状态在相邻状态中的频率至少和其他地方一样. 这里频率是通过给 w 的权度量的, 并且最大值是用来保证联结被断开. 注意到, 如果 w 只取 0 和 1, 并且对于任意的 x 都有 $w(x,x)=0$, 则 $\{uv : u,v \in V, w(u,v)=1\}$ 是一个图的边集; 此外, 如果任意度是奇数并且 $p=1$, 则回到最初的起点. 多数 Bootstrap 渗流 $f=(f_t)_0^\infty$ 的周期是最小自然数 s, 使得对于足够大的 t, 有 $f_{t+s}=f_t$.

坡贾克和苏尔也证明了这样的多数 Bootstrap 渗流的周期是 1 或 2. 稍微思考可知, 上面的证明做适当调整, 也可以延伸到一般情况.

参 考 文 献

1. Goles, E. and J. Olivos, Comportement périodique des fonctions á seuil binaires et applications, *Discrete Appl. Math.* 3 (1981) 93-105.

2. Poljak, S. and M. Sûra, On periodical behaviour in societies with symmetric influences, *Combinatorica* 3 (1983) 119-121.

77. 相交集合系统

令 $\mathscr{A}=\{A_1,\cdots,A_n\} \subset S^{(\leqslant k)}$ 是使得 S 中没有元素包含于 A_i 的多于 d 个的集合. 则 S 的 p 随机子集 X_p 与 $\mathscr{A}$ 相交的概率至多是

$$(1-q^k)^{n/d},$$

其中, $q=1-p$.

证明 对 n 用归纳法. 因为对于 $n=1$ 是平凡的, 于是转向归纳步骤. 可以假设 $A_1 = [k]=\{1,\cdots,k\}$, 令 E_ℓ 是一个事件, 其中 ℓ 是 $X_p \cap A_1$ 的最小元素. 因此事件 $E_1,\cdots,E_k$ 是不相交的, 并且 $\bigcup_1^k E_\ell$ 满足 $X_p \cap A_1 \neq \varnothing$. 另外, 令

$$\mathscr{A}_\ell = \{A_i \backslash [\ell-1] : \ell \notin A_i\}.$$

注意到 X_p 和 $\mathscr{A}$ 相交当且仅当对于某个 ℓ, $1 \leqslant \ell \leqslant k$, 事件 E_ℓ 成立并且 X_p 和 $\mathscr{A}_\ell$ 相交. 另外, 如果 E_ℓ 成立, 则 $|\mathscr{A}_\ell| \geqslant n-d$, 因为至多 d 个集合 A_i 包含 ℓ. 因此, 由归纳假设,

$$\mathbb{P}(X_p \text{ 和 } \mathscr{A}_\ell \text{ 相交 } |E_\ell) \geqslant (1-q^k)^{(n-d)/d}.$$

最后, 因为

$$\mathbb{P}\left(\bigcup_1^k E_\ell\right) = \sum_{\ell=1}^k P(E_\ell) = 1-q^k,$$

所以

$$\mathbb{P}(X_p \text{ 和 } \mathscr{A} \text{ 相交}) \leqslant (1-q^k)(1-q^k)^{(n-d)/d} = \left(1-q^k\right)^{n/d}.$$

□

注记 这是纽曼 (Newman) 在他的一篇论文中用的一个引理.

参 考 文 献

Newman, D. J. , Complements of finite sets of integers, *Michigan Math.* J. 14 (1967)481-486.

78. 实数的稠密集——贝尔类型定理的一个应用

令 P 是平面 $\mathbb{R}^2$ 的点集使得

$$\{x/y : (x,y) \in P, y \neq 0\}$$

在 $\mathbb{R}$ 中稠密的集合，则存在一个 $\alpha \in \mathbb{R}$，使得

$$\{x + \alpha y : (x,y) \in P\}$$

在 $\mathbb{R}$ 中也稠密.

证明 对于一个自然数 n 和一个有理数 q，定义

$$G_{n,q} = \{\alpha : |x + \alpha y - q| < 1/n, \text{对于某个}(x,y) \in P\}.$$

因为集合 $G_{n,p}$ 是一些开集的并，所以它是开集；此外，因为对于所有的 $(x,y) \in P$，都有 $(q-x)/y \in G_{n,q}$，所以它在 $\mathbb{R}$ 中是稠密的. 因此，由贝尔纲定理，所有这些集合 $G_{n,q}$ 的交集 G 在 $\mathbb{R}$ 中也是稠密的；至少，存在某个实数 α，有 $\alpha \in G$. 对这样一个 α，集合 $\{x+\alpha y : (x,y) \in P\}$ 在 $\mathbb{R}$ 中显然是平凡稠密的.

□

注记 上面的结果是基于麦克穆兰 (McMullen)，他证明了上面的结论是为了解决帕卡 (Pach) 的下面的问题.

令 P 是平面上和任意单位圆盘都相交的点集. 证明：存在一条线 ℓ 使得 P 到 ℓ 的正交投影在 ℓ 是稠密的.

实际上，麦克穆兰从他的定理中推断了下面由帕卡的这个问题引发的更强的结论.

令 P 是平面上的点集，使得当 $\|z\| \to \infty$，有 $d(z,P) = o(\|z\|)$，则存在一条线 ℓ 使得 P 到 ℓ 的正交投影在 ℓ 是稠密的.

当这个问题首先在月刊 (*The Monthly*) 发表，它是由贝克 (Beck)、高文 (Galvin) 和帕卡做的，但是由麦克穆兰给出的这个包含解决方案 (和延伸) 的问题中，麦克穆兰在这个问题中被认为是唯一的作者.

1. Beck, J. , F. Galvin and J. Pach, Problems and Solutions: Advanced Problems: 6421, *Amer. Math. Monthly* 90 (1983) 134.

2. Pach, J. and C. McMullen, Problems and Solutions: Solutions of Advanced Problems:6421, *Amer. Math. Monthly* 91 (1984) 589.

79. 盒子的分拆

一个 n 维组合盒子不能被分拆成少于 2^n 个非平凡的子盒子.

证明 根据提示, 令 $A = A_1 \times \cdots \times A_n$ 是一个 n 维的组合盒子, 令 $\mathcal{B}$ 是它的一个非平凡的子盒子的分拆. 因此 $\mathcal{B}$ 是不交的非平凡的盒子的集合, 并且 $A = \bigcup_{B \in \mathcal{B}} B$. 称一个子盒子 $C = C_1 \times \cdots \times C_n$ 是奇的, 如果它有奇数个元素, 即对于任意的 i, 都有 $|C_i|$ 是奇数. 对于子盒子 B, 令 $\mathcal{O}_B$ 是 A 的奇子盒子中和 B 交于一个奇子盒子的集合; 因此 $\mathcal{O}_A$ 是集合 $\mathcal{O}$ 的所有奇子盒子的集合.

该断言是下面两个观察的结果.

(i) 如果 B 是一个非平凡的子盒子, 则

$$|\mathcal{O}_B| = |\mathcal{O}|/2^n.$$

事实上, 对于任意的非空有限集, 它的一半子集是奇数, 即具有奇数个元素. 因此, 如果 $\varnothing \neq B_i \neq A_i$, 则 A_i 一半的子集都是奇数, 并且四分之一都是奇数并且和 B_i 的交集是一个奇子集.

(ii) 如果 $C \in \mathcal{O}$, 则 $|C| = \sum_{B \in \mathcal{B}} |C \cap B|$ 是奇的, 因此至少有一个和是奇数, 于是

$$\bigcup_{B \in \mathcal{B}} \mathcal{O}_B = \mathcal{O}.$$

把这两个观察结果放在一起, 得到

$$|\mathcal{O}| = \left| \bigcup_{B \in \mathcal{B}} \mathcal{O}_B \right| \leqslant |\mathcal{B}||\mathcal{O}|/2^n,$$

所以 $|\mathcal{B}| \geqslant 2^n$. □

注记 上面漂亮的结论是由科仞斯 (Kearnes) 和琪斯 (Kiss) 猜想的, 而后由阿伦 (Alon)、伯翰 (Bohman)、霍兹曼 (Holzman) 和 D.J. 柯雷特曼 (D.J.Kleitman) 证明.

参 考 文 献

1. Alon, N. , T. Bohman, R. Holzman and D. J. Kleitman, On partitions of discrete boxes, *Discrete Math.* 257 (2002) 255-258.

2. Kearnes, K. A. and E. W. Kiss, Finite algebras of finite complexity, *Discrete Math.* 207 (1999) 89-135.

80. 相异代表元

令 $A_1, \cdots, A_n$ 是有限集，满足

$$\sum_{1 \leqslant i < j \leqslant n} \frac{|A_i \cap A_j|}{|A_i||A_j|} < 1.$$

则集合 A_i 有互不相同的代表元：存在互不相同的元素 $a_1, \cdots, a_n$ 使得对于任意的 i 都有 $a_i \in A_i$.

证明　存在有 $\prod_1^n |A_i|$ 个映射 $f: [n] \to \bigcup_1^n A_i$ 满足 $f(i) \in A_i$. 下面证明这些映射中的一个是单射. 满足 $f(i) = f(j)$ 的映射的数目是

$$|A_i \cap A_j| \prod_{k \neq i,j} |A_i| = \left(\prod_1^n |A_i| \right) \frac{|A_i \cap A_j|}{|A_i||A_j|},$$

这样，回顾条件，非单射映射的数目至多是

$$\left(\prod_1^n |A_i| \right) \sum_{1 \leqslant i < j \leqslant n} \frac{|A_i \cap A_j|}{|A_i||A_j|} < \prod_1^n |A_i|,$$

完成证明.　　　　　　　　　　　　　　　　　　　　　　　　　　　　　□

注记　上面的观察和自然的证明都归功于万克·查特 (Václav Chvátal).

参 考 文 献

V. Chvátal, Problem 2309, *Amer. Math. Monthly* 79 (1972) 775.

81. 分解完全图：格雷厄姆–泊拉克定理 (I)

一个 n 个顶点的完全图不能被分解成 $n - 2$ 个完全二部图.

证明　按提示中所建议的步骤进行证明. 反证法，假设 $[n] = \{1, 2, \cdots, n\}$ 上的一个完全图被分解成 $r \leqslant n - 2$ 个完全二部图 $G_1, G_2, \cdots, G_r$，其中 G_i 划分 U_i 和 W_i. 令集合 $P_i = \sum_{j \in U_i} X_j$ 和 $Q_i = \sum_{j \in W_i} X_j$，故有

$$X_1 X_2 + X_1 X_3 + X_1 X_4 + \cdots + X_{n-1} X_n = P_1 Q_1 + P_2 Q_2 + \cdots + P_r Q_r,$$

即

$$\sum_{i < j} X_i X_j = \sum_{i=1}^r P_i Q_i.$$

因为 $r \leqslant n-2$，所以由 $r+1 \leqslant n-1$ 个等式构成的线性方程

$$P_1 = P_2 = \cdots = P_r = X_1 + X_2 + \cdots + X_n = 0$$

的集合有非平凡的实数解 $(c_1, \cdots, c_n)$：

$$P_i(c_1, \cdots, c_n) = 0, i = 1, \cdots, r,$$

并且

$$c_1 + c_2 + \cdots + c_n = 0.$$

但是这导致了矛盾

$$0 < c_1^2 + \cdots + c_n^2 = (c_1 + \cdots + c_n)^2 - 2\sum_{i<j} c_i c_j$$

$$= -2\sum_{i=1}^{r} P_i(c_1, \cdots, c_n) Q_i(c_1, \cdots, c_n) = -2\sum_{i=1}^{r} 0 \cdot Q_i(c_1, \cdots, c_n) = 0,$$

证毕。 $\square$

注记 这个优美且基础的定理是由格雷厄姆 (Graham) 和泊拉克 (Pollak) 在 1971 年证明的。上述这一简洁的证明是由特威巴克 (Tverberg) 在 1982 年给出的。以我的观点，它是该基础性结果的众多证明中最"自然"的证明方式，因为图分解的存在性等价于多项式恒等式

$$X_1 X_2 + X_1 X_3 + X_1 X_4 + \cdots + X_{n-1} X_n = P_1 Q_1 + P_2 Q_2 + \cdots + P_r Q_r.$$

后面将看到两个更简单的证明。

参 考 文 献

1. Graham, R. L. , and H. O. Pollak, On the addressing problem for loop switching, *Bell System Tech. J.* 50 (1971) 2495-2519.
2. Tverberg, H. , On the decomposition of Kn into complete bipartite graphs, *J. Graph Theory* 6 (1982) 493-494.

82. 矩阵与分解：格雷厄姆–泊拉克定理 (II)

一个 n 个顶点的完全图不能被分解为 $n-2$ 个完全二部图。

证明 (i) 令 H 是一个具有点类 U 和 W 的完全二部图与一个孤立顶点的集合 I 的并，使得 H 的顶点集为 $V = U \cup W \cup I$。为了方便记号，令 $V = [n] = \{1, \cdots, n\}$。令 B 表示 H 的邻接矩阵，令 $C = (c_{ij})_{i,j=1}^{n}$ 是满足下述要求的矩阵

$$c_{ij} = \begin{cases} 1, & i \in U, j \in W, \\ 0, & \text{其他}. \end{cases}$$

则 C 的秩为 1，因为它的第 i 行 $(c_{ij})_{j=1}^{n}$ 要么恒为 0(如果 $i \notin U$)，要么是在 $j \in W$ 时为 1，其他情况为 0. 此外，$B = C + C^{\mathrm{T}}$，其中 C^{T} 是 C 的转置，所以 $B = 2C + (C^{\mathrm{T}} - C) = 2C + D$. 因此，$B$ 是秩为 1 的矩阵 $2C$ 和反对称矩阵 $D = C^{\mathrm{T}} - C$ 的和.

(ii) 令 $(G_i)_1^r$ 表示完全图 K_n 的一个分解，其中 K_n 的点集为 $[n]$，分解为 r 个完全二部图 $G_1, \cdots, G_r$. K_n 的邻接矩阵是 $A = J - I$，其中 J 是全为 1 的矩阵，I 是单位矩阵. 记 B_i 是 G_i 的邻接矩阵，有

$$A = \sum_{i=1}^{r} B_i,$$

由于 G_i 分解了 K_n. 因此，由 (i)，

$$A = \sum_{i=1}^{r}(2C_i + D_i) = \sum_{i=1}^{r} 2C_i + D,$$

其中，C_i 的秩为 1，并且 D_i，以及 D 都是非对称的. 因为 $A = J - I$，所以可知

$$J - \sum_{i=1}^{r} 2C_i = I + D.$$

最后，等号左边的秩至多 $r + 1$，因为它是 $r + 1$ 个秩为 1 的矩阵的和，并且等号右边的秩是 n，因为反对称矩阵 D 仅有虚特征值. 因此，$r \geqslant n - 1$，论断得证.   □

注记   格雷厄姆–泊拉克定理 (The Graham - Pollak Theorem) 的这个证明是由柯雷特曼 (D. J. Kleitman，写为 G. W. Peck) 在 1984 年给出的，它可以被看作之前给出的特威巴格在 1982 年用二次形式证明的矩阵形式.

参 考 文 献

1. Graham, R. L. and H. O. Pollak, On the addressing problem for loop switching, *Bell System Tech. J.* 50 (1971) 2495-2519.
2. Peck, G. W. , A new proof of a theorem of Graham and Pollak, *Discrete Math.* 49 (1984) 327-328.

83. 模式与分解：格雷厄姆–泊拉克定理 (Ⅲ)

一个 n 个顶点的完全图不能被分解为 $n - 2$ 个完全二部图.

证明   按照该问题的原始表述，对于一个给定的 N 和 K_n 的分解，至多存在 $(nN)^{r+1}$ 个模式，而映射 $f : [n] \to [N]$ 的数目是 N^n. 因此，如果 $r \leqslant n - 2$ 并且 $N > n^{r+1}$，则存在两个映射 f 和 g，有相同的模式.

对于 $1 \leqslant i \leqslant n$, 定义 $c_i = f(i) - g(i)$, 则序列 $(c_i)_1^n$ 不恒为 0, 但是

$$\sum_{i \in U_k} c_i = 0, 1 \leqslant k \leqslant r, \text{ 并且 } \sum_1^n c_i = 0.$$

因此,

$$0 < \sum_{i=1}^n c_i^2 = \left(\sum_{i=1}^n c_i\right)^2 - 2\sum_{i<j} c_i c_j$$

$$= -2\sum_{k=1}^r \left(\sum_{i \in U_k} c_i\right)\left(\sum_{j \in W_k} c_j\right) = 2\sum_{k=1}^r 0 \cdot \left(\sum_{j \in W_k} c_j\right) = 0.$$

这个矛盾表明 r 的最大值不可能是 $n-2$. □

注记 格雷厄姆–泊拉克定理的这一巧妙的证明, 是由威士王特 (Vishwanathan) 在 2013 年给出的, 非常接近特威巴格在 1982 年使用的已经复现的二次形式的证明. 在这个证明中, $r+1$ 个方程 $\sum_{i \in U_k} c_i = 0, 1 \leqslant k \leqslant r$ 和 $\sum_1^n c_i = 0$ 的非平凡的解是通过计数得到的, 所以证明失去了它的代数特色.

参 考 文 献

1. Graham, R. L. and H. O. Pollak, On the addressing problem for loop switching, *Bell System Tech. J.* 50 (1971) 2495-2519.
2. Vishwanathan, S. , A counting proof of the Graham-Pollak theorem, *Discrete Math.* 313 (2013) 765-766.

84. 六条共点直线

令 P_1、P_2、P_3 和 P_4 是一个圈上的四个点. 对于 $1 \leqslant i < j \leqslant 4$, 令 ℓ_{ij} 是经过线段 $P_i P_j$ 中点的线, 并且和 $P_h P_k$ 垂直, 其中 $\{i, j, h, k\} = \{1, 2, 3, 4\}$. 则六条线 ℓ_{ij} 是同时相交的.

证明 不妨假设 P_1、P_2、P_3 和 P_4 四个点均是模为 1 的复数, 记作 $z_1, \cdots, z_4$. 令人感到惊讶的是, ℓ_{ij} 这六条线的交点是 z_i 算术平均值的两倍. 因此, 仅需要验证方向为 $z_3 + z_4$ 且经过 $(z_1 + z_2)/2$ 和 $(z_1 + \cdots + z_4)/2$ 的线, 并且和 $z_3 - z_4$ 垂直, 相当于 $(z_3 - z_4)/(z_3 + z_4)$ 是纯虚数. 这并不难验证:

$$\frac{z_3 - z_4}{z_3 + z_4} = \frac{(z_3 - z_4)(\bar{z}_3 + \bar{z}_4)}{|z_3 + z_4|^2} = \frac{z_3 \bar{z}_4 - \bar{z}_3 z_4}{|z_3 + z_4|^2},$$

并且一个复数与其共轭的差是纯虚数. □

注记　本习题适合刚刚学过复数的学生. 大约 12 岁时，我第一次从伊斯特温那里听到这件事，并且我很喜欢做这个题. 在任何一本初等集合的优秀教材中都会给出这一结论，它仅仅是冰山一角.

参 考 文 献

Yaglom, I. M. , *Complex Numbers in Geometry*. Translated from the Russian by Eric J. F. Primrose, Academic Press (1968).

85. 短词的特殊情形

对于 $k \geqslant 2$ 以及 $m \geqslant 1$，记 $n_k(m)$ 为 k 个字母组成的字母表上不可避开的集的最小基数，其中每个单词长度至少为 m. 证明：$n_k(1) = k, n_k(2) = \binom{k+1}{2}$ 并且 $n_2(3) = 4$.

证明　令 $A = \{1, 2, \cdots, k\}$ 为字母表，令 X 是由长度至少为 m 的单词组成的不可避开集，且 $|X| = n_k(m)$. X 中长度大于 m 的单词可以用长度为 m 的因子替换，所以可以假设 X 中每个单词的长度为 m.

(i) 当 $m = 1$ 时. 因为对于 $1 \leqslant i \leqslant k$，$\ell$ 长的单词 i^ℓ 在 X 中有一个因子，$i \in X$. 因此，$|X| \geqslant k$. 此外，$X = \{1, 2, \cdots, k\}$ 显然是平凡不可避开的.

(ii) 当 $m = 2$ 时. 对于 $1 \leqslant i \leqslant j \leqslant k$，满足 $(ij)^2 = ijij\cdots ij$ 的类型的长单词在 X 上有一个因子，所以 ij 和 ji 中至少有一个在 X 中. 因此，$n_k(2) = |X| \geqslant \binom{k+1}{2}$.

反之，集合

$$X_0 = \{ij : 1 \leqslant i \leqslant j \leqslant k\}$$

显然是不可避开的，因为如果一个单词 $w = w_1 w_2 \cdots w_\ell$ 避开了 X_0，则 $w_1 > w_2 > \cdots > w_\ell$，所以 $\ell \leqslant k$. 因为 $|X_0| = \binom{k+1}{2}$，所以可以发现 $n_k(2) = \binom{k+1}{2}$，正如断言所述.

(iii) 最终，取 $k = 2$ 并且 $m = 3$，确定 $n_2(3)$. 首先，集合 $X_0 = \{111, 222, 112, 212\}$ 是不可避开的. 实际上，因为 111 和 112 都在 X 中，所以如果 $\{11, 222, 212\}$ 是不可避开的，那么集合 X_0 是不可避开的. 现在，如果 $i1j$ 是单词 w 的一个因子，则 w 包含 11 或 212，因此 X_0 确实是不可避开的，所以 $n_2(3) \leqslant 4$.

另外，对于 $122122\cdots122$ 和 $112112\cdots112$ 在不可避开的集 X 中都有因子，因此需要 X 中有两个混合单词. 另外，X 一定也包含 111 和 222，如若不然 $11\cdots1$ 或 $22\cdots2$ 避开 X. 因为 $|X| \geqslant 4$，所以 $n_2(3) = 4$. □

注记　希金斯（Higgins）和萨克（Saker）研究了不可避开集，针对该课题，下一个问题中给出了更具一般性的结果.

参 考 文 献

1. Higgins, P. M. , The length of short words in unavoidable sets, *Int. J. Algebra Comput.* 21 (2011) 951-960.

2. Higgins, P. M. and C. J. Saker, Unavoidable sets, *Theoret. Comput. Sci.* 359 (2006) 231-238.

86. 短词的一般情形

设 $k \geqslant 2$，$m \geqslant 1$，并记 $n_k(m)$ 为 k 个字母组成的字母表 A 中不可避开集的最小基数，这个集合中的每个单词的长度至少为 m. 那么

$$k^m/m \leqslant n_k(m) \leqslant k^m. \tag{33}$$

证明 因为长度为 m 的 k^m 个单词的集合 A^m 是不可避开的，因此式 (33) 中的第二个不等式成立. 为了证明第一个，设 X 是含有 $n_k(m)$ 个单词的不可避开集，且集合中每个单词的长度至少为 m. 那么对于某个 $t \geqslant m$，长度至少为 t 的单词都不可避开 X. 此外，如果用长度大于 m 的单词 $x \in X$ 的其中一个长度为 m 的因子来替换 x，那么新的集合也是不可避开的. 因此，可以假设 X 由长度为 m 的单词组成，即 $X \subset A^m$.

如果 $w \in A^m$，那么 $w^t = ww \cdots w$（长度为 m 的周期性单词）不避开 X. 由于 X 由长度（最多）为 m 的单词组成，所以 w^2 也不避开 X. 简而言之，集合

$$S = \{w^2 : w \in A^m\}$$

中没有单词避开 X. 由于每个单词 $x \in X$ 是 S 中至多 m 个单词的因子，因此

$$|S| \leqslant m|X|,$$

即

$$n_k(m) = |X| \geqslant |S|/m = k^m/m,$$

从而完成证明. □

注记 用对偶形式陈述上面的结果. 记 $m_k(n)$ 为最大整数使得每一个基数为 n 的不可避开集都由长度至少为 m 的单词组成. 那么

$$\log_k n \leqslant m_k(n) \leqslant \log_k n + \log_k \log_k n + 1. \tag{34}$$

这里的第一个不等式正是式 (33) 中的第二个不等式，但式 (34) 中的第二个不等式比式 (33) 中的第一个不等式弱一点. 事实上，对于 $k = 2$ 且 $n = 3, 4$，从上一个问题中的 $n_2(2) = 3$ 和 $n_2(3) = 4$ 可以得出不等式 (34) 成立，所以假设 $k = 2$、$n \geqslant 5$ 或 $k \geqslant 3$.

$m \geqslant 1$ 且 $k \geqslant 2$ 时，有 $m \leqslant k^{m-1}$，所以 $m = m_k(n) > \log_k n + \log_k(\log_k n) + 1$. 如果 $k = 2, n \geqslant 5$ 或 $k \geqslant 3$，那么

$$(k-1)\log_k n \geqslant \log_k(\log_k n) + 1.$$

因此可得

$$n \geqslant k^m/m > n(k\log_k n)/[\log_k n + \log_k(\log_k n) + 1] \geqslant n,$$

与式 (33) 产生矛盾.

希金斯和萨克证明了这个对偶形式问题的结果，后来希金斯给出了一个更简单的证明. 当然，上述的证明更简单.

参 考 文 献

1. Higgins, P.M., The length of short words in unavoidable sets, *Int. J. Algebra Comput.* 21 (2011) 951-960.
2. Higgins, P.M., and C.J. Saker, Unavoidable sets, *Theoret. Comput. Sci.* 359 (2006) 231-238.

87. 因子的个数

用 $d(n)$ 表示自然数 n 的因子的个数. 那么 $d(n) \leqslant 2\sqrt{n}$ 且 $d(n) = n^{o(1)}$.

证明　(i) 如果 $r \geqslant 1$ 是 n 的一个因子，那么对某个 $s \geqslant 1$，有 $n = rs$，并且 r 和 s 中至少有一个的值至多为 $\sqrt{n}$. 因此 $d(n) \leqslant 2\sqrt{n}$.

(ii) 记 $p_1 < p_2 < \cdots$ 为素数序列，使得 $p_1 = 2$、$p_2 = 3$，依此类推，设 $n = p_1^{a_1} p_2^{a_2} \cdots p_k^{a_k}$ 是 n 的素因子分解. 因为 n 的因子的集合为

$$\{p_1^{b_1} p_2^{b_2} \cdots p_k^{b_k} : 0 \leqslant b_i \leqslant a_i; i = 1, \cdots, k\},$$

所以 $d(n) = (a_1 + 1) \cdots (a_k + 1)$.

为了构造 n 的素因子分解，从 1 开始，并逐一地包含 n 的素因子. 在每一步中，计算当前数的对数及其因子的个数的对数增加了多少.

假设素数 p 在当前因子分解中的指数为 $a - 1$，其中 $a \geqslant 1$. 现在在素因子分解中，再加一个因子 p，使 p 的指数从 $a - 1$ 增加到 a. 那么，$\log d(n)$ 增加了 $\log[(a+1)/a]$、$\log n$ 增加了 $\log p$. 在这个序列中，每对 (p, a) 最多只能出现一次，并且对于每个 $\varepsilon > 0$，只有有限多对 (p, a) 使得 $\log[(a+1)/a]$ 大于 $\varepsilon \log p$. 所以，在加入这些因子使得第一次得到 n_ε 并继续添加因子到 $n > n_\varepsilon$ 之后，有 $\log d(n) \leqslant \log d(n_\varepsilon) + \varepsilon \log(n/n_\varepsilon)$. 因此 $d(n) \leqslant d(n_\varepsilon)n^\varepsilon$.

对每一个 $\varepsilon > 0$，有 $d(n) = O(n^\varepsilon)$，所以 $d(n) = n^{o(1)}$，得证.　□

注记 这是关于因子的基本结果中一个相当弱的形式. 上述证明是我从保罗·巴利斯坦那里学到的.

1907 年, 维格特 (Wigert) 使用素数定理证明了

$$\limsup \frac{[\log_2 d(n)][\log(\log n)]}{\log n} = 1,$$

即 $\log_2 d(n)$ 的最大阶是 $\log n / \log(\log n)$. 正如哈代和维格特在第 18 章所述, 拉马努金在不使用素数定理的情况下证明了这个结果.

参 考 文 献

1. Hardy, G.H. and E.M. Wright, *An Introduction to the Theory of Numbers*, Sixth edition. Revised by D.R. Heath-Brown and J.H. Silverman. With a foreword by Andrew Wiles. Oxford University Press (2008).

2. Wigert, S., Sur l'ordre de grandeur du nombre de diviseurs d'un entier, *Ark. Mat.* 3 (1906/1907) 1-9.

88. 公共邻顶点

每个顶点数为 n 且边数为 m 的图至少有两个顶点, 它们至少有 $\ell = \lfloor 4m^2/n^3 \rfloor$ 个公共邻顶点.

证明 假设断言是错误的, 即存在 n 个顶点和 m 条边的图 G, 使得 G 中任两个顶点至多有 $l - 1$ 个公共邻顶点. 设 $(d_i)_1^n$ 是 G 的度序列, 那么 $d = \frac{1}{n}\sum_{i=1}^{n} d_i = 2m/n$ 是顶点的平均度. 以两种不同的方式计数长度为 2 的路 (即点的三元组 a、b、c, 其中 b 同时连接 a 和 c), 可以发现

$$\sum_{i=1}^{n} \binom{d_i}{2} \leqslant (\ell - 1)\binom{n}{2}.$$

因为二项式函数 $\binom{x}{2}$ 是凸的, 所以

$$n\binom{d}{2} \leqslant (\ell - 1)\binom{n}{2},$$

即

$$\ell - 1 \geqslant \frac{2m}{n}\left(\frac{2m}{n} - 1\right)/(n-1).$$

这意味着 $\ell > 4m^2/n^3$, 与条件矛盾. □

注记 这是极值组合学中证明的一个常见步骤.

89. 和集中的平方数

设 A 是 n 个整数的集合，包含该集合中两个元素求和得到的前 m 个平方数，那么 $n \geqslant m^{2/3+o(1)}$.

证明　在 A 上定义一个图 G，如下所示. 对于每个 k，$1 \leqslant k \leqslant m$，选择两个数 $a, b \in A$ 满足 $a + b = k^2$，然后用一条边连接 a 和 b. 那么 G 有 n 个点，至少 m 条边. 由上一个问题的结果可知，G 中有两个点 a 和 $b < a$ 使得 a、b 有公共邻点 $c_1, \cdots, c_\ell$，其中 $\ell = \lfloor 4m^2/n^3 \rfloor$. 由 $a + c_i = x_i^2$ 和 $b + c_i = y_i^2$，可知 $a - b = (x_i + y_i)(x_i - y_i)$，$i = 1, \cdots, \ell$. 因此 $a - b$ 可以写成 (至少)ℓ 种不同的两个正整数乘积的形式：$a - b = r_i s_i$，其中对于 $i = 1, \cdots, \ell$，有 $1 \leqslant r_i < \sqrt{a - b} < m$. 因此 $a - b < m^2$ 有至少 2ℓ 个因子. 根据问题 87 的结果可知，

$$m^2/n^3 < 2\ell \leqslant (m^2)^{o(1)} = m^{o(1)},$$

所以 $n \geqslant m^{2/3+o(1)}$，得证.

90. 贝塞尔不等式的拓展——邦贝里和塞尔伯格

设 $\varphi_1, \varphi_2, \cdots, \varphi_n$ 和 $\boldsymbol{f}$ 是内积为 $(,)$ 的实希尔伯特空间 H 中的向量，并且令 $s_i = \sum_{j=1}^n |(\varphi_i, \varphi_j)|$. 证明：

$$\|\boldsymbol{f}\|^2 \geqslant \sum_{i=1}^n (\boldsymbol{f}, \varphi_i)^2/s_i. \tag{35}$$

证明　给定常数 $\xi_1, \xi_2, \cdots, \xi_n$，有

$$0 \leqslant \left\| \boldsymbol{f} - \sum_{i=1}^n \xi_i \varphi_i \right\|^2 = \left(\boldsymbol{f} - \sum_{i=1}^n \xi_i \varphi_i, \boldsymbol{f} - \sum_{j=1}^n \xi_j \varphi_j \right)$$

$$= \|\boldsymbol{f}\|^2 - 2\sum_{i=1}^n \xi_i (\boldsymbol{f}, \varphi_i) + \sum_{i,j=1}^n \xi_i \xi_j (\varphi_i, \varphi_j).$$

因为

$$\xi_i \xi_j \leqslant \frac{1}{2}(\xi_i^2 + \xi_j^2),$$

可以推出

$$\|\boldsymbol{f}\|^2 \geqslant 2\sum_{i=1}^n \xi_i (\boldsymbol{f}, \varphi_i) - \sum_{i,j=1}^n \xi_i^2 (\varphi_i, \varphi_j) = 2\sum_{i=1}^n \xi_i (\boldsymbol{f}, \varphi_i) - \sum_{i=1}^n \xi_i^2 s_i.$$

令 $\xi_i = (\boldsymbol{f}, \varphi_i)/s_i$，可以得到式 (35).　　□

注记　上面的简单不等式来自邦贝里 (Bombieri) 的一篇关于大筛法 (large sieve) 的短篇论文. 邦贝里将这个不等式及其证明归功于塞尔伯格 (Selberg). 借助于这个不等式，邦贝里给出了他和达文波特 (Davenport) 证明的大筛法不等式的一个更简单的证明，得到了一个更好的常数.

参 考 文 献

1. Bombieri, E., A note on the large sieve, *Acta Arith.* 18 (1971) 401-404.
2. Bombieri, E. and H. Davenport, Some inequalities involving trigonometrical polynomials, *Ann. Scuola Norm. Sup. Pisa Cl. Sci.* (3) 23 (1969) 223-241.

91. 均匀染色

设 S 是平面 $\mathbb{R}^2$ 中的有限点集. 那么 S 中的点存在红蓝染色，使得每条 (坐标) 线都是均匀染色的.

证明　通过对 n 归纳来证明断言. 对于 $n=1$ (同样，对于 2、3 和 4)，断言是显然的，所以假设 $n>1$，并且断言对于最多有 $|S|-1$ 个点的集合都成立. 设 X 为平行于 x 轴并且过 S 中至少一个点的直线的集合，设 Y 为关于 y 轴的类似直线的集合. 设 G_S 是顶点划分为 (X,Y) 的二部图，如果一条直线 $\ell \in X$ 与一条直线 $m \in Y$ 的交点是 S 中的点，那么它们在 G_S 中相连. 下面分为两种情况.

(i) 假设 G_S 含有一个圈 $\ell_1 m_1 \ell_2 m_2 \cdots \ell_k m_k$，其中直线 ℓ_i 和直线 m_i 交于 $B_i \in S$，直线 m_i 和直线 ℓ_{i+1} (ℓ_{k+1} 取成 ℓ_1) 交于 $R_i \in S$，如图 44 所示. 将点 B_i 染成蓝色，将点 R_i 染成红色，并从 S 中删除这些点得到 S'. 根据归纳假设，S' 存在一个均匀的红蓝染色：这两种颜色给出了 S 的均匀染色.

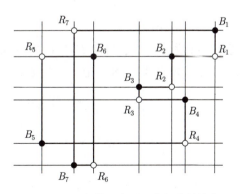

图 44　G_S 中的一个圈及其相应的染色

(ii) 假设 G_S 不含圈，如图 45 所示. 那么取直线 $\ell \in X$ 并均匀染色. 接下来，取所有与 ℓ 相交 (在 S 中的点) 的直线 (在 Y 中)：这些直线都有一个已染色的点，所以这个颜色可以扩展到整条直线的一个均匀染色. 以这种方式继续. 在每一步，取所有尚未完全染色但包含一个已染色点的直线. 由于 G_S 没有圈，这些直线中的每一条都只包含一个已染色点，所以可以将这种 (局部的) 染色扩展到整条直线的一个均匀染色. 当没有新的直线与任何已经染色的直线相交时，这个过程就会停止. 删除这些直线上的点集合，根据归纳假设可证明断言.   □

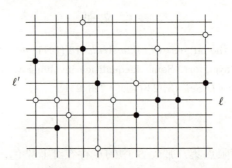

图 45 G_S 没有圈时的一种染色，从 ℓ 开始，然后是 ℓ'

注记   这是关于均匀染色的最简单的问题之一. 人们很自然地会问，是否可以附加一个条件，即红色点的总数与蓝色点的总数最多相差一个. 为了不破坏乐趣，我们不给出答案.

92. 分散的圆盘

设 $D_1, \cdots, D_n$ 是中心分别为 $c_1, \cdots, c_n, n \geqslant 3$ 的单位圆盘 (平面上)，满足每条直线至多与这些圆盘中的两个相交. 那么

$$\sum_{1 \leqslant i < j \leqslant n} \frac{1}{d_{ij}} < \frac{n\pi}{4},$$

其中，$d_{ij} = d(c_i, c_j)$ 是 c_i 和 c_j 之间的距离.

证明   考虑其中一个中心，不妨为 c_i. 对于圆盘 D_j，$1 \leqslant j \leqslant n$，$j \neq i$，设 C_{ij} 是过 c_i 且与 D_j 相切的两条切线构成的双锥，如图 46 所示. 记 φ_{ij} 为 C_{ij} 在其中心 c_i 处的半角，使得 $\varphi_{ij} < \pi/2$，那么

$$\frac{1}{d_{ij}} = \sin \varphi_{ij} < \varphi_{ij}.$$

因为每条直线至多与圆盘 $D_1, \cdots, D_n$ 中的两个相交，所以中心为 c_i 的 $n-1$ 个双锥 $C_{i1}, C_{i2}, \cdots, C_{in}$ 除了公共中心外是不交的. 因此对每个 i，有

$$\sum_{\substack{1 \leqslant j \leqslant n \\ j \neq i}} \varphi_{ij} < \frac{\pi}{2},$$

所以

$$\sum_{1\leqslant i<j\leqslant n}\frac{1}{d_{ij}}<\sum_{1\leqslant i<j\leqslant n}\varphi_{ij}=\frac{1}{2}\sum_{i=1}^{n}\sum_{\substack{j=1\\j\neq i}}^{n}\varphi_{ij}<\frac{n\pi}{4},$$

得证. □

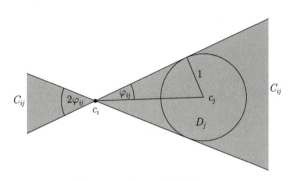

图 46 双锥 C_{ij} 及其角 φ_{ij}

注记 这个简单的问题表面上 (非常表面) 与波利亚的 "果园问题" 有着相似之处. 假设站在半径均为 ε 的圆形树干的森林中, 其中任何两棵树的中心距离都不小于单位距离. 那么能看到多远? 如果中心的排列方式是, 对于每个 $\varepsilon > 0$, 都有一个常数 d, 无论站在哪里, 都看不到比距离 d 更远的地方, 那么这个的森林就被认为是稠密的. 克里斯·毕晓普 (Chris Bishop)、尤瓦尔·佩雷斯 (Yuval Peres)、诺加·阿隆 (Noga Alon) 和其他人已经证明了关于稠密森林的结果.

参 考 文 献

1. Alon, N., Uniformly discrete forests with poor visibility, *Combin. Probab. Comput.* 27 (2018) 442-448.

2. Bishop, C.J., A set containing rectifiable arcs *QC*-locally but not *QC*-globally, *Pure Appl. Math. Q.* 7 (2011) 121-138.

93. East 模型

在 East 模型中, 从空构型开始, 通过 East 过程, 在每一步中至多有 n 个被占用的站点, 用 $V(n)$ 表示这些过程中得到的一系列构型的集合. 对于 $n \geqslant 1$, 定义

$$A(n) = \max\{x : \{x\} \in V(n)\}$$

且

$$B(n) = \max\{x : x \in X, \ X \in V(n)\}.$$

那么 $A(n) = 2^{n-1}$ 且 $B(n) = 2^n - 1$.

证明   正如在提示中所建议的那样，将利用以下两个事实.

事实 (i)：每个过程都是可逆的. 如果在 $V(n)$ 的一个过程中，可以通过 $V(n)$ 中的一系列步骤将 $X \in V(n)$ 变成 $Y \in V(n)$，那么在 $V(n)$ 中，也可以通过 $V(n)$ 中的一系列步骤将 Y 变成 X. 例如，记 124 为集合 $\{1, 2, 4\}$，

$$\varnothing \to 1 \to 12 \to 2 \to 23 \to 234 \to 24 \to 124 \to 14 \to 4$$

是 $V(3)$ 中的过程，反过来也是

$$4 \to 14 \to 124 \to 24 \to 234 \to 23 \to 2 \to 12 \to 1 \to \varnothing.$$

事实 (ii)：如果 $X \in V(n)$ 且 $Y \in V(n - |X|)$，那么对每一个 $x \in X$，有 $X \cup (x+Y) \in V(n)$，其中 $x + Y = \{x + y : y \in Y\}$. 例如，$\{12, 17\} \in V(5)$ 且 $\{3, 5, 6\} \in V(3)$，那么

$$\{12, 17\} \cup \{15, 17, 18\} = \{12, 15, 17, 18\} \in V(5),$$

且

$$\{12, 17\} \cup \{20, 22, 23\} = \{12, 17, 20, 22, 23\}.$$

事实 (i) 可以直接得出，因为如果 $i-1$ 被占用，那么站点 i 的状态可以以任何一种方式改变. 此外，事实 (ii) 也成立，因为如果 $\varnothing \to Y_1 \to Y_2 \to \cdots \to Y_\ell = Y$ 是 $V(n - |X|)$ 中的一个 East 过程，那么对于 $X_i = X \cup (x + Y_i)$，序列 $X \to X_1 \to \cdots \to X_\ell = X \cup (x + Y)$ 也是 $V(n)$ 中的一个过程.

在这些论述之后，下面将通过对 n 的归纳来同时确定 $A(n)$ 和 $B(n)$. 已经看到 $A(1) = B(1) = 1$、$A(2) = 2$ 和 $B(2) = 3$，所以转向归纳步骤. 假设 $n \geqslant 2$，$A(k) = 2^{k-1}$ 且对于 $1 \leqslant k \leqslant n$，有 $B(k) = 2^k - 1$. 下面证明 $A(n+1) = 2^n$ 和 $B(n) = 2^{n+1} - 1$.

下界   a) 令 $X = Y = \{2^{n-1}\}$，使得 $X \in V(n) \subset V(n+1)$ 且 $Y \in V(n) = V(n+1-|X|)$. 因此，由事实 (ii) 可知，

$$\{2^{n-1}, 2^n\} = X \cup \{2^{n-1} + Y\} \in V(n+1).$$

由事实 (i) 可知，$V(n)$ 中有一个 East 过程 $\{2^{n-1}\} \to Z_1 \to \cdots \to Z_\ell = \varnothing$，所以序列 $\{2^{n-1}, 2^n\} \to Z_1 \cup \{2^n\} \to \cdots \to Z_\ell \cup \{2^n\} = \{2^n\}$ 是 $V(n+1)$ 中的过程. 因此 $\{2^n\} \in V(n+1)$，即 $A(n+1) \geqslant 2^n$.

b) 正如所看到的，$X = \{2^n\} \in V(n+1)$，并且由归纳假设，存在集合 $Y \in V(n)$ 使得 $\max Y = 2^n - 1$. 那么由事实 (ii) 可知，$2^n + Y \in V(n+1)$，所以 $B(n+1) \geqslant \max(2^n + Y) = 2^n + (2^n - 1) = 2^{n+1} - 1$.

上界 a) 反证，假设对某个 $x_0 \geqslant 2^n + 1$，有 $\{x_0\} \in V(n+1)$. 由事实 (i) 可知，$V(n+1)$ 中有一个 East 过程 $\{x_0\} \to X_1 \to X_2 \to \cdots \to X_\ell = \varnothing$. 可以假设，对每一个 i，有 $X_i \subset \{1, \cdots, x_0\}$. 令 $m = \min\{i : x_0 \notin X_i\}$，且设 $X_i' = X_i \cap \{1, \cdots, x_0 - 1\}$. 由这个定义可知，$\varnothing \to X_1' \to X_2' \to \cdots \to X_m'$ 也是 $V(n)$ 中的 East 过程. 显然，因为 $x_0 \in X_{m-1}$，但 $x_0 \notin X_m$，所以 $x_0 - 1 \in X_m'$. 因此 $\max X_m' = x_0 - 1 \geqslant 2^n$，与归纳假设 $B(n) = 2^n - 1$ 矛盾. 这个矛盾证明了 $A(n+1) \leqslant 2^n$，因此 $A(n+1) = 2^n$.

b) 最后，在证明 $B(n+1) \leqslant 2^{n+1} - 1$ 之前，在 East 模型上定义另一个函数，

$$C(m) = \max_{X \in V(m)} \min X.$$

断言 $C(n+1) \leqslant 2^n$. 为了得到这个断言，设 $\varnothing \to X_1 \to X_2 \to \cdots \to X$ 是 $V(n+1)$ 中的一个过程，使得 $\min X = C(n+1)$. 如果在这个过程中，将站点大于 $C(n+1)$ 的状态从被占用变为未被占用，那么可以得到 $C(n+1)$ 中的一个以 $\{C(n+1)\}$ 结束的贪婪过程. 因此 $C(n+1) \leqslant A(n+1) = 2^n$，得证.

$B(n+1)$ 的上界是由此得出的一个简单结果. 事实上，$V(n+1)$ 中的每个构型至多有 n 个大于 $C(n+1)$ 的被占用站点，并且至多有 n 个大于 2^n 的被占用站点. 因此，由归纳假设可知，

$$B(n+1) \leqslant C(n+1) + B(n) \leqslant 2^n + (2^n - 1) = 2^{n+1} - 1,$$

得证. $\qquad\qquad\qquad\qquad\qquad\qquad\qquad\qquad\qquad\qquad\qquad\qquad\qquad\qquad$ □

注记 最后一个论断给出了更多关于 East 模型的结果. 事实上，通过放大最后一个式子，可以发现

$$2^{n+1} - 1 = B(n+1) \leqslant C(n+1) + C(n) + \cdots + C(2) + C(1)$$
$$\leqslant 2^n + 2^{n-1} + \cdots + 2 + 1 = 2^{n+1} - 1.$$

因此，对每一个 $k \geqslant 1$，有 $C(k) = 2^{k-1}$.

此外，$B(n)$ 是在唯一构型中得到的，即在构型 $X = \{x_1, \cdots, x_n\} \in V(n)$ 中，使得 $x_1 = 2^{n-1}, x_2 = 2^{n-1} + 2^{n-2}, \cdots, x_n = 2^{n-1} + 2^{n-2} + \cdots + 1 = 2^n - 1$.

East 模型是动力学约束模型大家族中最简单的成员之一，用于解释气体动力学的一些特征——见下面的少量论文. 钟 (Chung)、迪亚科尼斯 (Diaconis) 和格雷厄姆 (Graham) 是第一个定义并找到函数 $A(n)$ 和 $B(n)$ 值的人. 这一结果是他们论文中的一个介绍性结果，他们在论文中研究了 East 模型的熵，即 $V(n)$ 的基数. 他们证明了形式为 $2^{\binom{n}{2}} n! c^n$ 的上界和下界，其中 c 是满足 $0 < c < 1$ 的常数.

参 考 文 献

1. Aldous, D., and P. Diaconis, The asymmetric one-dimensional constrained Ising model: Rigorous results, *J. Statist. Phys.* 107 (2002) 945-975.
2. Chung, F., P. Diaconis and R. Graham, Combinatorics for the East model, *Adv. Appl. Math.* 27 (2001) 192-206.
3. Faggionato, A., F. Martinelli, C. Roberto and C. Toninelli, The East model: Recent results and new progresses, *Markov Process. Related Fields* 19 (2013) 407-452.
4. Martinelli, F., R. Morris and C. Toninelli, Universality results for kinetically constrained spin models in two dimensions, *Comm. Math. Phys.* 369 (2019) 761-809.
5. Valiant, P., Linear bounds on the North-East model and higher-dimensional analogs, *Adv. Appl. Math.* 33 (2004) 40-50.

94. 完美三角形

证明：三角形中一共有五个完美三角形，即每条边的长度都是整数，且面积等于其周长的三角形. 这些完美三角形的边长的三元组如下：$(5,12,13)$、$(6,8,10)$、$(6,25,29)$、$(7,15,20)$、$(9,10,17)$.

证明 设 $a \leqslant b \leqslant c$ 是完美三角形的边长，令 $s = \dfrac{a+b+c}{2}$. 由海伦 (Heron) 公式，这个三角形的面积为 $\sqrt{s(s-a)(s-b)(s-c)}$，所以

$$2s = \sqrt{s(s-a)(s-b)(s-c)}.$$

为了减少公式的杂乱，令 $\ell = s-c$、$m = s-b$、$n = s-a$，那么 $\ell \leqslant m \leqslant n$、$s = \ell+m+n$ 且

$$4(\ell+m+n) = \ell m n. \tag{36}$$

现在找 ℓ、m、n 和 a、b、c 的解. 首先，$\ell \geqslant 4$ 是不可能的，否则有

$$4(\ell+m+n) \leqslant 12n < 16n \leqslant \ell m n,$$

与式 (36) 矛盾. 剩下的三种情况，$\ell = 1,2,3$，下面逐一考虑.

首先，如果 $\ell = 1$，那么式 (36) 变成

$$(m-4)(n-4) = 20,$$

因此 (m,n) 为 $(5,24)$、$(6,14)$ 或 $(8,9)$.

如果 $\ell = 2$，那么式 (36) 可以写成

$$(m-2)(n-2) = 8,$$

所以 (m,n) 可以为 $(3,10)$ 或 $(4,6)$.

最后，如果 $\ell = 3$，那么式 (36) 变成

$$(3m - 4)(3n - 4) = 52.$$

这个等式没有正整数解，因为 52 的因子是 1、2、4、13、26 和 52，所以 $3m - 4$ 至多为 4. 然而，因为 $m \geqslant \ell \geqslant 3$，所以不存在这种情况.

因为找到的 (ℓ, m, n) 三元组可以得到要证明的 (a,b,c) 三元组，所以这就完成了证明. □

注记 这个简单的问题确实很古老. 1865 年，B. 耶茨 (B.Yates) 在《女士与绅士日记》(*The Lady's and Gentleman's Diary*) 的第 49–50 页中将其命名为问题 2019. 独立于此，W.A. 惠特沃斯 (W.A.Whitworth) 和 D. 比德尔 (D.Biddle) 于 1904 年在教育时报 (*Educational Times*) 的第 54–56 页和第 62–63 页上发表了这个问题.

事实上，早些时候，卡尔·弗里德里希·高斯 (Carl Friedrich Gauss) 研究过一个类似但更困难的问题. 假设三角形的边长和外切圆的半径都是整数. 高斯在 1847 年 10 月 21 日写给 H.C. 舒马赫 (H.C. Schumacher) 的一封信中，对这样一个三角形的三条边给出了以下参数：

$$4abfg(a^2 + b^2), \quad |4ab(f + g)(a^2 f - b^2 g)|, \quad 4ab(a^2 f^2 + b^2 y^2).$$

95. 一个三角形的不等式

设 a、b 和 c 分别是三角形的边长，Δ 是三角形的面积. 那么

$$a^2 + b^2 + c^2 \geqslant 4\sqrt{3}\Delta.$$

证明 由海伦公式，$\Delta = (s(s - a)(s - b)(s - c))^{1/2}$，其中 s 是三角形周长的一半. 因此，将要证明的不等式平方，并代入 $s = (a + b + c)/2$，下面的任务是证明

$$(a^2 + b^2 + c^2)^2 \geqslant 3(a + b + c)(-a + b + c)(a - b + c)(a + b - c),$$

即

$$(a^2 + b^2 + c^2)^2 \geqslant 6(a^2 b^2 + b^2 c^2 + c^2 a^2) - 3(a^4 + b^4 + c^4).$$

令 $A = a^2$、$B = b^2$ 和 $C = c^2$，展开不等式的左边，重新排列项并除以 2，这就变成了一个显然正确的不等式

$$(A - B)^2 + (B - C)^2 + (C - A)^2 \geqslant 0,$$

得证. □

注记　尽管这个不等式是由魏岑伯克 (Weitzenböck) 于 1919 年发表，并由芬斯勒 (Finsler) 和哈德维格 (Hadwiger) 于 1937 年进行改进的，但在 20 世纪 40 年代丹尼尔·佩多 (Daniel Pedoe) 重新发现并普及它时，它才为人所知. 这个非常简单的不等式有很多证明，特别是佩多从正交投影的一个练习题中推导出了它，芬斯勒与哈德维格从几何计算中推导了它. 在这里给出了一个普通的 (无须动脑的？) 证明，注意到爱因斯坦说过 "粉笔比头脑廉价".

参 考 文 献

1. Finsler, P. and H. Hadwiger, Relationen im Dreieck *Comment. Math. Helv.* 10 (1937) 316-326.
2. Pedoe, D., Orthogonal projections of triangles, *Math. Gaz.* 25 (1941) 224.
3. Weitzenböck, R., Über eine Ungleichung in der Dreieckgsgeometrie, *Math. Zeit.* 5 (1919) 137-146.

96. 两个三角形的不等式

给出两个三角形：一个三角形的三条边的长度分别为 a、b、c，面积为 Δ，另一个三角形的三条边的长度分别为 a'、b'、c'，面积为 Δ'. 证明：

$$a'^2(-a^2 + b^2 + c^2) + b'^2(a^2 - b^2 + c^2) + c'^2(a^2 + b^2 - c^2) \geqslant 16\Delta\Delta'. \tag{37}$$

证明　下面将使用等式 $c^2 = a^2 + b^2 - 2ab\cos\gamma$ 和 $\Delta = ab(\sin\gamma)/2$，其中 γ 是边长为 c 的边对应的角，另一个三角形有类似的等式. 使用这些等式，式 (37) 的左边可以写成

$$2(a^2 b'^2 + b^2 a'^2) - (a^2 + b^2 - c^2)(a'^2 + b'^2 - c'^2)$$

$$= 2(a^2 b'^2 + b^2 a'^2) - 4aa'bb'\cos\gamma\cos\gamma'$$

$$= 2(a^2 b'^2 + b^2 a'^2) - 4aa'bb'(\cos(\gamma - \gamma') - \sin\gamma\sin\gamma')$$

$$\geqslant (ab' - ba')^2 + 4aa'bb'\sin\gamma\sin\gamma'$$

$$\geqslant 16\Delta\Delta',$$

得证.　　　　　　　　　　　　　　　　　　　　　　　　　　　　　□

注记　将 $a' = b' = c' = 1$ 代入不等式，可以得到三角形的魏岑伯克不等式，如问题 95.

这个不等式是由丹尼尔·佩多给出的，但我们给出的证明来自 E.H. 尼维尔 (E.H. Neville)，佩多在剑桥大学认识了他，并在 1941 年的论文中对他表示了赞赏. 李特尔伍德认为这个证明特别漂亮，多年后，当他告诉我这件事时，他想起了这个证明. (当我想把这个记忆模糊的结果放进现在的问题集合时，我寻找了一个久远的参考资料：我能及时找到是一个奇迹.) 李特尔伍德记得这个结果，它的证明一定与内维尔这个人有很大关系，内维尔于 1909 年成为高级学者，

这是最后一次在数学学位中决定的功绩顺序. 从那以后就没有严格的排序, 所以就没有高级学者了.

1909 年, 关于谁将是最后一位高级学者, 这引起了全国极大的兴趣. 在激烈的竞争中, 丹尼尔 (P.J.Daniell) 名列榜首, 内维尔紧随其后的是路易斯·莫德尔, 他后来成为了一位伟大的数字理论家. (毫无疑问, 莫德尔成了三人中最伟大的一位, 但三人都成了优秀的数学家.) 据说, 莫德尔被派往剑桥, 以确保最后一位高级学者是美国人: 正如莫德尔后来所说, 他在这方面失败了, "只" 获得了第三名.

参 考 文 献

1. Pedoe, D., An inequality connecting any two triangles, *Math. Gaz.* 25 (1941) 310-311.
2. Pedoe, D., An inequality for two triangles, *Math. Gaz.* 26 (1942) 397-398.
3. Weitzenböck, R., Über eine Ungleichung in der Dreieckgsgeometrie, *Math. Zeit.* 5 (1919) 137-146.

97. 随机交集

令 $\mathscr{A} \subset \mathcal{P}_n$, 且集合

$$\mathcal{J} = \mathcal{J}(\mathscr{A}) = \{A \cap B : A, B \in \mathscr{A}\}.$$

那么对于 $0 < p < 1$, 有

$$\mathbb{P}_{p^2}(\mathcal{J}) \geqslant \mathbb{P}_p(\mathscr{A})^2.$$

证明 令 $r = \mathbb{P}_p(\mathscr{A})$, 设 X_p 和 Y_p 是 $[n]$ 的独立 p-随机子集, 使得 $r = \mathbb{P}(X_p \in \mathscr{A})$. 此外, 因为事件 $\{1 \in X_p \cap Y_p\}, \{2 \in X_p \cap Y_p\}, \cdots, \{n \in X_p \cap Y_p\}$ 是独立的, 且每个事件的概率为 p^2, 所以 $X_p \cap Y_p$ 是 $[n]$ 的一个 p^2-随机子集. 因此, 交集族 $\mathcal{J}$ 的 p^2-概率等于 $X_p \cap Y_p$ 属于 $\mathcal{J}$ 的概率. 所以

$$\mathbb{P}_{p^2}(\mathcal{J}) = \mathbb{P}(X_p \cap Y_p \in \mathcal{J}) \geqslant \mathbb{P}(X_p \in \mathscr{A}, \, Y_p \in \mathscr{A})$$

$$= \mathbb{P}(X_p \in \mathscr{A})\mathbb{P}(Y_p \in \mathscr{A}) = r^2,$$

得证. □

注记 埃利斯和纳拉亚南在他们的论文中使用了这个不等式, 他们在论文中证明了彼得·弗兰克尔的旧猜想, 即如果 $\mathscr{A} \subset \mathcal{P}_n$ 是一个对称的三向相交族 (3-wise intersecting family), 那么 $|\mathscr{A}| = o(2^n)$. (因此, 对于所有 $A, B, C \in \mathscr{A}$, 有 $A \cap B \cap C \neq \varnothing$, 且 $\mathscr{A}$ 的自同构群在 $[n]$ 上是可传递的, 即对于所有 $1 \leqslant i < j \leqslant n$, 存在 $[n]$ 的一个置换将 i 映射到 j 中, 并将 $\mathscr{A}$ 中的每个集合映射到 $\mathscr{A}$ 中的一个集合.) 更确切地说, 埃利斯和纳拉亚南在 $p = 1/2$ 的情况下证明

了这一点：在一个研讨会上，纳拉亚南给出了他们对弗兰克尔猜想的证明，保罗·巴利斯特给出了推广和上面的证明.

这个证明平凡地运用到下面的推广. 设 $\mathscr{A}_1, \cdots, \mathscr{A}_k$ 是 $[n]$ 的子集族，并且 $0 < p_1, \cdots, p_k < 1$. 那么

$$\mathcal{J} = \{A_1 \cap \cdots A_k : A_i \in \mathscr{A}_i\}$$

满足

$$\mathbb{P}_{p_k} \geqslant \prod_{i=1}^{k} \mathbb{P}_{p_i}(\mathscr{A}_i).$$

参 考 文 献

Ellis, D., and B. Narayanan, On symmetric 3-wise intersecting families, *Proc. Amer. Math. Soc.* 145 (2017) 2843-2847.

98. 不交正方形

设 $\mathcal{F} = \{Q_1, \cdots, Q_n\}$ 是 $\mathbb{R}^2$ 中的一个标准单位正方形族，满足并集 $A = \bigcup_{i=1}^{n} Q_i$，面积 $|A| > 4k$. 那么 $\mathcal{F}$ 包含 $k+1$ 个两两不相交的单位正方形的子集合.

证明：如果 A 的面积是 $4k$，则不能保证存在 $k+1$ 个两两不相交的正方形.

证明   对于 $(x, y) \in 2\mathbb{Z}^2$，设 $R_{(x,y)}$ 是 $\mathbb{R}^2$ 中中心为 (x, y) 的标准 2×2 的正方形，即顶点为 $(x+1, y+1)$、$(x-1, y+1)$、$(x-1, y-1)$、$(x+1, y-1)$ 的正方形. 对于每一个满足 $A \cap R_{(x,y)} \neq \varnothing$ 的正方形 $R_{(x,y)}$，设 $A_{(x,y)}$ 是将 $A \cap R_{(x,y)}$ 通过 $-(x, y)$ 平移到 $R_{(0,0)}$ 的结果，即

$$A_{(x,y)} = (A \cap R_{(x,y)}) - (x, y).$$

因为平移不改变正方形面积，所以

$$\sum_{(x,y)} |A_{(x,y)}| = \sum_{(x,y)} |A \cap R_{(x,y)}| = |A| > 4k.$$

因为 $R_{(0,0)}$ 的面积为 4，所以它有一个内部点 (u, w)，(u, w) 也是 $k+1$ 个集合的内点

$$A_{(x_1, y_1)}, A_{(x_2, y_2)}, \cdots, A_{(x_{k+1}, y_{k+1})}.$$

这里的点 (x_i, y_i) 是 $2\mathbb{Z}^2$ 的 $k+1$ 个不同的格点. 因为 $A_{(x_i, y_i)} = A \cap R_{(x_i, y_i)} - (x_i, y_i)$, 并且 A 是正方形 $Q_1, \cdots, Q_n$ 的并, 所以存在正方形 $Q_{n_1}, \cdots, Q_{n_{k+1}}$, 使得对每个 i, 有 $(u, w) \in Q_{n_i} - (x_{n_i}, y_{n_i})$, 即 $(u_i, w_i) \in Q_{n_i}$, 其中 $u_i = u + x_{n_i}$, $w_i = w + y_{n_i}$.

由于两个内部包含 $2\mathbb{Z}^2$ 中不同点的单位正方形是不交的, 所以 $Q_{n_1}, \cdots, Q_{n_{k+1}}$ 是不交的, 因此完成证明.

为了证明第二部分, 取 k 个不交的标准 2×2 的正方形, 把每一个分成四个标准单位正方形, 使得这四个正方形只在某些边和点是相交的. 那么这四个正方形的任两个都不相交, 因此得证. $\qquad \square$

注记　显而易见, 第一个断言对于开放正方形 (即非封闭的正方形区域) 同样成立. 然而, 第二个断言有点不同: 总面积 $4k$ 对于标准的开放正方形来说是不够的. 然而, 对于每个 $\varepsilon > 0$, 有 k 组四个正方形, 几乎如上所述, 但略微相交, 使得他们并集的面积至少为 $4k - \varepsilon$, 并且不存在 $k+1$ 个正方形是两两不相交的.

这个练习是蒂博尔·拉多 (Tibor Radó) 在 1928 年提出的以下问题的一个特例. 如果 $\mathbb{R}^2$ 中标准正方形族的面积是 1, 那么不相交正方形的子集的面积是多少? 在上面证明的是, 如果正方形是全等的, 那么面积至少为 1/4. 事实上, 这一结果首先由索科林 (Sokolin) 在 1940 年证明, 并且独立地由理查德·雷达 (Richard Rado)(没有关系!) 在 1949 年证明, 并在 1951 年的后续论文中考虑了原始问题的几个变型. 1958 年, 诺兰德也在练习中重新发现了这一结果.

上述方法适用于 $\mathbb{R}^d$ 中的全等标准立方体族: 它告诉我们, 如果它们的并集具有单位体积, 则存在体积至少为 $1/2^d$ 的两两不相交立方体的子集合.

蒂博尔·拉多猜想不需要正方形全等的条件, 如果 $\mathbb{R}^2$ 中标准正方形族的面积是 1, 那么存在一个不相交正方形的子集, 其并集的面积至少为 1/4. 令人惊讶的是, 45 年后, 阿吉泰 (Ajtai) 为这一猜想构造了一个反例. 贝雷格 (Bereg), 杜米特雷斯库 (Dumitrescu) 和琼 (Joang) 对阿吉泰的例子进行了调整, 证明了面积不超过 $1/4 - 1/384$. 然而, 关于我们能够保证的最大面积的问题仍然是一个悬而未决的问题.

参 考 文 献

1. Ajtai, M., The solution of a problem of T. Radó, *Bull. Acad. Polon. Sci. Sér. Sci. Math. Astronom. Phys.* 21 (1973) 61-63.

2. Bereg, S., A. Dumitrescu and M. Jiang, On covering problems of Rado, *Algorithmica* 57 (2010) 538-561.

3. Norlander, G., A covering problem (in Swedish, with English summary), *Nordisk Mat. Tidskr.* 6 (1958) 29-31.

4. Rado, R., Some covering theorems (I), (II), *Proc. London Math. Soc.* 51 (1949) 241-264 and 53 (1951) 243-267.

5. Radó, T., Sur un problème relatif à un théorlème de Vitali, *Fundam. Math.* 11 (1928) 228-229.

6. Sokolin, A., Concerning a problem of Radó, *C. R.* (*Doklady*) *Acad. Sci. URSS* (*N.S.*) 26 (1940) 871-872.

99. 递增子序列——埃尔德什和塞克雷斯

(i) 设 $a = (a_i)_1^n$ 是 $n = pq + 1$ 个实数的序列，其中 p 和 q 是自然数. 那么 a 有一个长度为 $p+1$ 的严格递增子序列或长度为 $q+1$ 的递减子序列.

(ii) 对于所有的自然数 p、q 和 $n = pq \geqslant 1$，存在一个自然数的序列 $a = (a_i)_1^n$，既不包含一个长度为 $p+1$ 的递增子序列，也不包含一个长度为 $q+1$ 的递减子序列.

证明   (i) 假设 a 不包含一个长度为 $p+1$ 的严格递增子序列. 将 a_i 项染为以 a_i 结尾的严格递增子序列的最大长度. (例如，如果对每一个 j, $1 \leqslant j < i$, 有 $a_j \geqslant a_i$, 那么 a_i 染为 1.) 那么每个 a_i 被染成 $1, 2, \cdots, p$ 中的一个，所以对某个 k，至少有 $\lceil n/p \rceil = q+1$ 个项染相同颜色 k. 显然，如果 $i < j$ 且 a_i 和 a_j 染相同颜色，那么 $a_i \geqslant a_j$，所以颜色为 k 的项形成一个长度至少是 $q+1$ 的递减子序列.

(ii) 对每一个 $i, 1 \leqslant i \leqslant n$, 存在唯一的整数 j, r 使得 $i = jq+r$, 其中 $0 \leqslant j \leqslant p-1, 1 \leqslant r \leqslant q$. 令 $a_i = (j+1)q+1-r$. 序列 $q, q-1, \cdots, 1; 2q, 2q-1, \cdots, q+1; \cdots; pq, pq-1, \cdots, (p-1)q+1$ 显然是满足条件的，对于 $p = 3$ 和 $q = 5$ 的情况，见图 47.   □

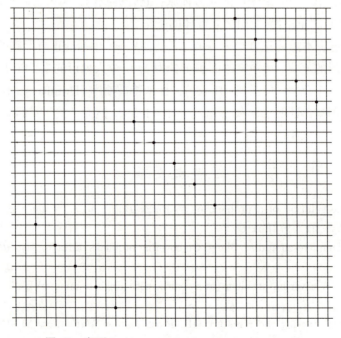

图 47   序列 $5, 4, \cdots, 1; 10, 9, \cdots, 6; 15, 14, \cdots, 11$

注记 (i) 是 (一个略强的版本) 一个非常简单的结果, 来自组合学中最受欢迎的论文之一, 是埃尔德什和塞克雷斯 (Szekeres) 在 1935 年写的一篇基础论文. 这个简单结果的原始版本是《孟菲斯咖啡时光》中的练习 2(iv). 实际上, 在不改变任何其他顺序的情况下, 可以将相等项的子序列更改为严格递减的子序列, 因此原始版本可以立即推出这个版本. 但在这里, 要处理两个微不足道的结果. 稍后将回到埃尔德什–塞克雷斯 (Erdős–Szekeres) 论文的主要结果.

参 考 文 献

Erdős, P. and G. Szekeres, A combinatorial problem in geometry, *Comp. Math.* 2 (1935) 463-470.

100. 一个排列游戏

一位老师在六位学生的额头上各贴一个数字, 使得任意两个数字都不同. 每位学生不知道关于自己数字的任何信息, 但可以看到其他五个数字. 学生们如何最好地将自己分为两组, 比如 A 组和 B 组, 其中一组 (无论是 A 还是 B) 由拥有最大、第三大和第五大数字的学生组成, 另一组由剩下的三名学生组成?

解答 设学生的编号为 $1, 2, \cdots, n$, 尽管在这个问题中 $n = 6$. 通过在额头上贴上各种数字, 老师定义了这些数字的排列 π, 但每个学生只知道不包含自己额头上数字的排列. 对于学生 i, 设 π_i 是 $[n]\backslash\{i\}$ 中 $n-1$ 个数的 $(n-1)$-排列. 因此, 对于 $n = 6$ 且 $\pi = 512\,643$, 我们有 $\pi_6 = 51\,243$ 和 $\pi_4 = 51\,263$.

每个学生通过将自己的数字移动到第一位来构造一个 n-排列, 然后取这个排列的符号. 符号为 $+1$ 的为 A 组, 符号为 -1 的为 B 组. 也就是说, 对于每个 i, 设 ρ_i 是从 i 开始并沿 π_i 继续的 n-排列. (这与将 π 中的 i 移动到第一位相同.) 如果 $\text{sgn}(\rho_i) = 1$, 那么 i 号学生分到 A 组, 如果 $\text{sgn}(\rho_i) = -1$, 那么 i 号学生分到 B 组. 继续上面的例子, $\rho_6 = 651\,243$ 且 $\text{sgn}(\rho_6) = 1$, $\rho_4 = 451\,263$ 且 $\text{sgn}(\rho_4) = -1$, 所以 6 分到 A 组, 4 分到 B 组. 但为什么这总是正确的分组?

简单地说, 如果在原始全排列 π 中, i 之前有 k 项, 那么 $\text{sgn}(\rho_i) = (-1)^k \text{sgn}(\pi)$, 所以序列

$$\text{sgn}(\rho_{\pi(1)}), \text{sgn}(\rho_{\pi(2)}), \cdots, \text{sgn}(\rho_{\pi(n)})$$

是 $+1$ 和 -1 的交错序列. □

注记 经验表明, 这个问题对数学家来说太容易了, 对其他人来说太难了.

101. 杆上的蚂蚁

长度为 1 米的杆上有 50 只蚂蚁. 每个蚂蚁沿固定的方向以 10mm/s 的速度急速前进. 当两个蚂蚁相遇时, 它们转身并以相同的速度向相反的方向前进. 蚂蚁到达杆的末端就会掉落. 所有蚂蚁从杆上掉下来需要的最长时间为 100s.

证明　重新解释蚂蚁的运动. 假设当两只蚂蚁相遇时, 它们没有转身, 而是继续它们的旅程. (由于大多数人都不太善于区分一只蚂蚁和另一只蚂蚁, 所以这个假设是合理的.) 这不会改变系统的动力学. 因此, 杆上没有蚂蚁需要的最长时间等于一只蚂蚁在杆上花费的最长时间, 而蚂蚁从一端跑到另一端需要 1000/10=100s.　□

102. 两个骑自行车的人和一只燕子

两名骑自行车的人, A 和 B, 从距离 60 千米的两地相对而行, A 的速度为 20km/h, B 的速度为 10km/h. 一只燕子以 40km/h 的速度从一个人飞向另一个人, 开始和速度较快的 A 一起, 一到达对面的骑车人就转身. 证明：当两名骑自行车的人相遇时, 燕子将飞行 80km.

解答　两个骑自行车的人将在 $60/(20 + 10) = 2h$ 相遇；在这期间, 燕子将飞行 $2 \times 40 = 80km$.　□

注记　我对 60 年前在一系列谜题中发现的这个古老的理论感兴趣的是, 它与伟大的数学家约翰·冯·诺依曼 (John von Neumann) 有关, 展示了他的思维速度. 据说, 冯·诺依曼在普林斯顿的一次奢华派对上被问到这个问题时, 他毫不犹豫地回答, 并给出了正确的答案. 提问者认为, "啊, 你已经找到窍门了". 冯·诺依曼反驳道, "什么窍门, 我已经算出了等比级数".

冯·诺依曼指的等比级数是什么意思呢? 如果我们以一种缓慢的方式找到答案, 就会出现等比级数. 燕子需要 $60/(40 + 10) = 6/5h$ 和 48km 才能到达 B；这时, 两名骑自行车的人相距 $60 - \frac{6}{5}(20 + 10) = 24km$. 燕子转身后, 将在 $24/(40+20)=2/5h$ 内返回 B, 在此过程中飞行 16km. 这时, 两名骑自行车的人将相距 $24 - \frac{2}{5}(20 + 10) = 12km$, 此时燕子在 B 旁边. 因此, 在燕子飞行了 $48 + 16 = 64km$ 后, 我们又回到了起始状态, 只是两名骑自行车的人相距仅 $12 = 60/5km$, 所以每次往返的路程是前一次的 1/5. 燕子一共飞行

$$64[1 + 1/5 + (1/5)^2 + (1/5)^3 + \cdots] = 64\frac{1}{1 - 1/5} = 80km,$$

即得所求.

当我很小的时候, 我在布达佩斯听到了这个关于冯·诺依曼的故事后感觉被欺骗了. 但在我 20 岁到达剑桥后不久, 我向伟大的物理学家保罗·狄拉克询问了这个故事, 听到这个故事很可能是真的时, 我很惊讶.

103. 自然数的几乎不相交子集

存在自然数集的连续族 $\{M_\gamma : \gamma \in \Gamma\}$, 使得如果 $\alpha, \beta \in \Gamma, \alpha \neq \beta$, 那么 $M_\alpha \cap M_\beta$ 是 M_α 和 M_β 的有限初始段.

第一个证明 设 Γ 是所有无限 0–1 序列 $\gamma = \gamma_0\gamma_1\cdots$ 的集合，其中 $\gamma_0 = 1$，Γ 是指标集. 显然，Γ 不仅是不可数的，而且是具有连续统的基数. 对于 $\gamma \in \Gamma$，集合

$$M_\gamma = \left\{ \sum_{i=0}^n \gamma_i 2^{n-i} : n = 0, 1, \cdots \right\}.$$

例如，如果 $\gamma = 110100\cdots$，那么 $M_\gamma = \{1, 3, 6, 13, 26, 52, \cdots\}$.

为了完成证明，必须验证连续族 $\{M_\gamma : \gamma \in \Gamma\}$ 有要求的性质. 给定 $\alpha, \beta \in \Gamma, \alpha \neq \beta$，如果 $N = \max\{i : \alpha_i = \beta_i\}$，那么

$$M_\alpha \cap M_\beta = \left\{ \sum_{i=0}^n \gamma_i 2^{n-i} : n = 0, 1, \cdots, N \right\},$$

所以 $M_\alpha \cap M_\beta$ 确实是 M_α 和 M_β 的初始段. □

第二个证明 记 Γ 为 1 和 2 之间的实数的开区间 $(1,2) \subset \mathbb{R}$，这是不可数指标集. 正如在第一个证明中一样，Γ 不仅是不可数的，而且是具有连续统的基数. 对于 $\gamma \in \Gamma$，定义

$$M_\gamma = \left\{ \lfloor 2^n \gamma \rfloor : n = 1, 2, \cdots \right\}.$$

显然，$2 \leqslant \gamma(1) < \gamma(2) < \cdots$，所以每一个 M_γ 都可以看作一个无限序列.

为了完成证明，需要验证：如果 $\alpha, \beta \in \Gamma, \alpha \neq \beta$，那么 $M_\alpha \cap M_\beta$ 是 M_α 和 M_β 的有限初始段. 为此，首先假设 $\lfloor 2^m \alpha \rfloor = \lfloor 2^n \beta \rfloor$. 因为 $2^m \leqslant \lfloor 2^m \alpha \rfloor < 2^{m+1}$ 且 $2^n \leqslant \lfloor 2^n \beta \rfloor < 2^{n+1}$，那么 $m = n$. 此外，如果 $\lfloor 2^n \alpha \rfloor \neq \lfloor 2^n \beta \rfloor$，即 $2^n \alpha < N = \lfloor 2^n \beta \rfloor$，那么对每一个 $m \geqslant n$，有

$$\lfloor 2^m \alpha \rfloor < 2^{m-n} N \leqslant \lfloor 2^m \beta \rfloor.$$

因此 $M_\alpha \cap M_\beta$ 确实是 M_α 和 M_β 的有限初始段. □

注记 1964 年，我在剑桥大学从阿尔弗雷德·伦伊那里第一次听说这个问题. 当他问我这个问题时，我给出了上面的第一个证明，然后他给我看了第二个证明. 正如伦伊告诉我的那样，这一断言是阿尔弗雷德·塔斯基 (Alfred Tarski) 的结果的一个特例.

20 世纪 70 年代，当我在剑桥三一学院指导一年级数学本科生时，我经常把这个问题写在我的《对于狂热者》(For the Enthusiast) 示例表上. 这被认为比《孟菲斯咖啡时光》中的问题 10 更难，因为它只要求自然数子集的不可数集，使得任何两个子集只相交于有限多个数. 根据保罗·埃尔德什的说法，后一种断言是 20 世纪上半叶的民间传说，标准例子为 $M_\gamma = \{2^n + \lfloor n^\gamma \rfloor : n = 1, 2, \cdots\}$，其中 γ 是一个正实数.

参 考 文 献

Tarski, A., Sur la décomposition des ensembles en sous ensembles presque disjoint, *Fund. Math.* 14 (1929) 205-215.

104. 本原序列

给定 $b \geqslant 1$，若存在一个本原序列 $(a_i)_1^n$，满足对每个 i，都有 $0 < a_i \leqslant b$，那么 n 的最大值为 $\lfloor (b+1)/2 \rfloor$.

证明   (i) 设 $0 < a_1 < a_2 < \cdots < a_n \leqslant b$ 是一个本原序列，只需要证明 $n \leqslant \lfloor (b+1)/2 \rfloor$.

从观察开始. 设 $\ell \geqslant m$ 是两个非负整数，且 $1 \leqslant i, j \leqslant n, i \neq j$. 那么

$$|2^\ell a_i - 2^m a_j| \geqslant |2^{\ell-m} a_i - a_j| \geqslant 1. \tag{38}$$

回到问题中，对于 $1 \leqslant i \leqslant n$，设 k_i 是满足 $2^{k_i} a_i \leqslant b$ 的最大整数，并设 $b_i = 2^{k_i} a_i$. 那么对每个 i，有 $b/2 < b_i \leqslant b$，根据式 (38) 可知，当 $i \neq j$ 时，有

$$|b_i - b_j| \geqslant 1.$$

记 $b_{\max} = \max_{1 \leqslant i \leqslant n} b_i$ 且 $b_{\min} = \min_{1 \leqslant i \leqslant n} b_i$，我们有

$$b/2 < b_{\min} \leqslant b_{\max} - (n-1) \leqslant b_{\max} \leqslant b,$$

再一次根据式 (38) 可得，

$$2b_{\min} \geqslant b_{\max} + 1.$$

因此

$$2\left[b_{\max} - (n-1)\right] \geqslant b_{\max} + 1,$$

所以

$$2n - 1 \leqslant b_{\max} \leqslant b,$$

可得 $n \leqslant \lfloor (b+1)/2 \rfloor$.

(ii) 为了完成证明，需要验证 n 可以是 $\lfloor (b+1)/2 \rfloor$，也就是说，给定 $b \geqslant 1$，当 $n = \lfloor (b+1)/2 \rfloor$ 时，存在一个本原序列 $(a_i)_1^n$，满足对每个 i，都有 $0 < a_i \leqslant b$.

为了证明这点，对于 $i = 1, \cdots, n$，定义 $a_i = b - (n - i)$，使得 $a_1 < \cdots < a_n = b$. 那么对 $i \neq j$，有 $|a_i - a_j| \geqslant 1$ 且

$$2a_1 = 2(b - n + 1) = b + 1 + (b - 2n + 1) \geqslant b + 1 = b_n + 1,$$

所以 $(a_i)_1^n$ 是一个本原序列.   □

注记   这个问题是《孟菲斯咖啡时光》中问题 2 的第一部分的推广. 事实上，我们证明的比断言更多：对于 $i \neq j$ 且 k 是非负整数，如果序列 $0 < a_1 < \cdots < a_n \leqslant b$ 满足 $|2^k a_i - a_j| \geqslant 1$，那么 $n \leqslant \lfloor (b+1)/2 \rfloor$. 然而，在这种说法下，这个问题将是一个更容易的问题.

105. 网格上的感染时间

从 G_n 中的一组 n 个初始感染位点开始，完全感染的最短时间为 $n-1$.

证明　$n-1$ 个步骤后完全感染是显然的. 从主对角线上的 n 个位点被感染开始. 然后，在 1 步，三条最长对角线上的位点被感染，在 2 步，五条最长对角线上的位点被感染，以此类推，在 $n-1$ 步，平行于主对角线的 $2n-1$ 条最长对角线上的位点被感染. 在这个阶段，所有的位点都被感染了.

与《孟菲斯咖啡时光》中的问题 34 类似，唯一的问题是感染不能更快地发生：无论如何选择 n 个位点来感染整个网格，感染都需要至少 $n-1$ 步.

注意到，网格 G_n 有 n^2 个位点和 $2n(n-1)$ 条边，其中 $(n-2)^2$ 个位点的度为四；$4(n-2)$ 个位点的度为三；四个位点，即四个'角'，的度为二. 把位点替换成单元格，那么一共有 n^2 个单元格，其中 $(n-2)^2$ 个单元格有四个邻居；$4(n-2)$ 个单元格有三个邻居；四个角落单元格有两个邻居.

从《孟菲斯咖啡时光》的问题 34 中知道，要感染 $n \times n$ 网格，至少需要 n 个最初感染的单元格. 此外，如果 n 个最初感染的单元格导致完全感染，那么

(i) 每一个单元格都是通过恰好有两个被感染的邻居而被感染的.

(ii) 每两个相邻的单元格中，最终都是一个感染另一个.

设 S_0 是 G_n 中最初感染的 n 个单元格的集合，这些单元格导致 G_n 完全感染. 条件 (ii) 意味着 S_0 中任意两个单元格都不相邻. 此外，如果一个单元格不在 S_0 中，那么它的其中两条邻边将被用来感染它，并且它将通过其余的边去感染其他单元格. 特别地，除非它是四个角落单元格中的一个，否则，如果它有三个邻居，它会感染另一个单元格，如果它有四个邻居，就会感染另外两个单元格.

对单元格感染的时刻进行标号. 因此，S_0 中的单元格标号为 0，并且标号为 u 和 w 的两个单元格感染的单元格被标号为 $\max\{u, w\} + 1$. 下面的任务是证明一些单元格将被标为 $n-1$.

重述这个标号. 每个标号为 $t \geqslant 1$ 的单元格正好有两个标号至多为 $t-1$ 的邻居，且其中至少有一个标号恰好为 $t-1$，而其他邻居的标号至少为 $t+1$. 特别地，对每个标号为 t_1 的单元格 x_1，都有一条路径 $x_1 x_2 \cdots x_\ell$，使得 x_ℓ 是角落单元格，对于 $i \geqslant 2$，单元格 x_i 被标为 t_i，其中 $t_i > t_i - 1$. 因此 $t_\ell \geqslant t_1 + \ell - 1$.

这个准备足以证明该结论. 记 $t(x)$ 为单元格 x 的标号，因此如果 $x \in S_0$，那么 $t(x) = 0$. 现在根据 n 的奇偶性分为两种情况. 首先，如果 n 是奇数，比如说，$n = 2k+1$，那么网格 G_n 在距离每个角落单元格 $2k = n-1$ 处有一个中心单元格 z_1，如图 48 所示. 因此，如果 $z_1 z_2 \cdots z_\ell$ 是一条路径，使得 z_ℓ 是一个角落单元格，并且 $t(z_1) < t(z_2) < \cdots < t(z_\ell)$，那么 $\ell \geqslant n$，因此

$$t(z_\ell) \geqslant t(z_1) + (\ell - 1) \geqslant n - 1.$$

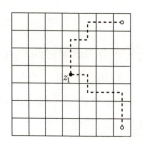 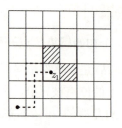

图 48 n 是奇数和偶数的情形

其次，如果 n 是偶数，即 $n = 2k$，考虑网格中由四个"相邻"单元格组成的中心 2×2 正方形，如图 48 所示. 这四个单元格中至少有一个，比如 z_1，最初没有被感染，那么它的感染时刻至少是 1：即 $t(z_1) \geqslant 1$. 已知从 z_1 到角落单元格 z_ℓ 有一条路径 $z_1 z_2 \cdots z_\ell$，使得 $t(z_1) < t(z_2) < \cdots < t(z_\ell)$. 由于 $\ell \geqslant 2k - 1 = n - 1$，所以

$$t(z_\ell) \geqslant t(z_1) + (\ell - 1) \geqslant 1 + (n - 2) = n - 1,$$

得证.   □

106. 三角形的面积：劳斯定理

(i) 给定三角形 ABC，设 D、E 和 F 分别为边 BC、CA 和 AB 上的点. 那么线段 AD、BE 和 CF 是一致的 (即共点的) 当且仅当

$$\frac{AF}{FB} \cdot \frac{BD}{DC} \cdot \frac{CE}{EA} = 1. \tag{39}$$

(ii) 一条直线 ℓ 与三角形 ABC 的边 AB 和 BC 相交于点 D 和 E，与 AC 边的延长线相交于点 F. 那么

$$\frac{AD}{DB} \cdot \frac{BE}{EC} \cdot \frac{CF}{FA} = 1. \tag{40}$$

(iii) 在三角形的边 BC、CA 和 AB 上，取三个点 A'、B'、C' 使得

$$BA' : A'C = p_1 : q_1, \quad CB' : B'A = p_2 : q_2, \quad AC' : C'B = p_3 : q_3.$$

线段 BB' 和 CC'、CC' 和 AA'、AA' 和 BB' 相交于 A''、B''、C''. 那么三角形 $A''B''C''$ 的面积和三角形 ABC 的面积的比值等于

$$(p_1 p_2 p_3 - q_1 q_2 q_3)^2 : (p_2 p_3 + q_2 q_3 + p_2 q_3)(p_3 p_1 + q_3 q_1 + p_3 q_1)(p_1 p_2 + q_1 q_2 + p_1 q_2).$$

证明   (i) 假设 AD、BE 和 CF 是一致的，并把这三条直线的交点记为 O. 取一条经过 B 且平行于边 AC 的直线，与直线 AD 和 CF 分别相交于点 K 和 L，如图 49 所示. 为了推出式 (39)，注意到两对相似的三角形和两个相似的退化四边形：

$$三角形 AFC \backsim 三角形 BFL, \quad 三角形 BDK \backsim 三角形 CDA,$$

$$四边形 CEAO \backsim 四边形 LBKO.$$

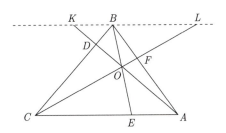

图 49 AD，BE 和 CF 交于 O 点

事实上，由这些相似可得

$$\frac{AF}{FB} = \frac{AC}{BL}, \quad \frac{BD}{DC} = \frac{BK}{AC}, \quad \frac{CE}{EA} = \frac{BL}{BK}.$$

将这三个等式相乘，式 (39) 得证.

相反，假设式 (39) 成立. 设 AD 和 BE 交于点 O，CO 与 AB 交于点 F'，使得 AD、BE 和 CF' 是一致的. 根据刚才的证明可得，$AF'/F'B = AF/FB$，所以 $F = F'$，即线段 CF 也包含 O.

(ii) 过三角形的点 A、B、C 做直线 ℓ 的垂线，垂足分别为 A'、B'、C'，如图 50 所示. 根据三对相似的三角形

$$三角形 ADA' \backsim 三角形 BDB', \quad 三角形 BEB' \backsim 三角形 CEC',$$

$$三角形 CFC' \backsim 三角形 AFA',$$

可以得出

$$\frac{AD}{DB} = \frac{AA'}{BB'}, \quad \frac{BE}{EC} = \frac{BB'}{CC'}, \quad \frac{CF}{FA} = \frac{CC'}{AA'}.$$

将这三个等式相乘，式 (40) 得证.

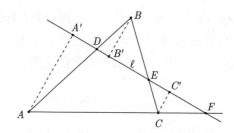

图 50   点 D、E、F、A'、B' 和 C' 在直线 ℓ 上

(iii) 将式 (40) 应用在三角形 ABB' 和经过 C、A''、B'' 和 C' 的直线上，如图 51 所示，有

$$\frac{AC'}{C'B} \cdot \frac{BA''}{A''B'} \cdot \frac{B'C}{CA} = 1,$$

所以

$$\frac{BA''}{A''B'} = \frac{AC}{B'C} \cdot \frac{BC'}{C'A} = \frac{p_2 + q_2}{p_2} \cdot \frac{q_3}{p_3}.$$

因此

$$\frac{\text{三角形}BA''C\text{的面积}}{\text{三角形}BB'C\text{的面积}} = \frac{BA''}{BB'} = \frac{p_2 + q_2}{p_2} \cdot \frac{q_3}{p_3} \Bigg/ \left(\frac{p_2 + q_2}{p_2} \cdot \frac{q_3}{p_3} + 1 \right)$$

$$= \frac{(p_2 + q_2)q_3}{p_2 p_3 + q_2 q_3 + p_2 q_3}.$$

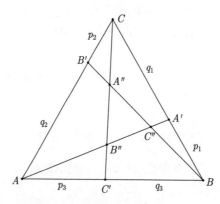

图 51   根据三角形 ABC 构造三角形 $A''B''C''$

此外，

$$\frac{\text{三角形}BB'C\text{的面积}}{\text{三角形}BAC\text{的面积}} = \frac{B'C}{AC} = \frac{p_2}{p_2 + q_2},$$

所以

$$\frac{\text{三角形}\,BA''C\text{的面积}}{\text{三角形}\,BAC\text{的面积}} = \frac{p_2 q_3}{p_2 p_3 + q_2 q_3 + p_2 q_3}.$$

因此可以得到三角形 $CB''A$ 和三角形 $AC''B$ 的面积的类似表达式. 最后, 由于三角形 ABC 是内部互不相交的四个三角形 $BA''C$、三角形 $CB''A$、三角形 $AC''B$ 和三角形 $A''B''C''$ 的并集, 因此

$$\text{三角形}\,A''B''C''\text{的面积} = 1 - \frac{p_2 q_3}{p_2 p_3 + q_2 q_3 + p_2 q_3} - \frac{p_3 q_1}{p_3 p_1 + q_3 q_1 + p_3 q_1} - \frac{p_1 q_2}{p_1 p_2 + q_1 q_2 + p_1 q_2}.$$

整理后, 如果三角形 ABC 有单位面积, 那么三角形 $A''B''C''$ 的面积是

$$\frac{(p_1 p_2 p_3 - q_1 q_2 q_3)^2}{(p_2 p_3 + q_2 q_3 + p_2 q_3)(p_3 p_1 + q_3 q_1 + p_3 q_1)(p_1 p_2 + q_1 q_2 + p_1 q_2)},$$

得证. □

注记　前两部分是初等平面几何中最著名的结果之一: (i) 是塞瓦定理, 由意大利人乔瓦尼·塞瓦 (Giovanni Ceva) 在 17 世纪下半叶证明, (ii) 是公元 1 世纪希腊亚历山大的梅涅劳斯 (Menelaus) 定理. 可悲的是, 这些结果在今天比六十或一百年前要鲜为人知——这就是为什么我把它们放在这个集合中. 事实上, 梅涅劳斯定理通常以符号的形式陈述: 如果 AD 和 DB 指向同一方向, 那么分式 AD/DB 的符号为正, 即 D 在边 AB 上, 否则它的符号为负. 那么, 式 (40) 中三个分式的乘积显然是 -1.

塞瓦定理有一些直接结果, 例如, 三角形的三条中位线是共点的 (在重心相交), 连接每个顶点和其内切圆与另一侧的切点的三个线段也是共点的. 这三条线段相交的点称为三角形的热尔贡 (Gergonne) 点.

我们已经陈述了 (ii) 及其类似结果 (i), 并使用了它们去证明 (iii), 即劳斯 (Routh) 定理. 由于只有 p_i/q_i 的比值是重要的, 所以可以假设 $q_i = 1$. 然后, 将三角形 ABC 的面积取为 1, 劳斯定理表明, 三角形 $A''B''C''$ 的面积是

$$\frac{(p_1 p_2 p_3 - 1)^2}{(p_1 p_2 + p_1 + 1)(p_2 p_3 + p_2 + 1)(p_3 p_1 + p_3 + 1)}.$$

注意到这个结果包含结果 (i), 切瓦定理, 即三角形 $A''B''C''$ 的面积为零, 当且仅当线段 AA'、BB' 和 CC' 是共点的.

劳斯定理有着奇怪的历史. 1891 年, 它首次出现在劳斯某本书的第一版中, 之后在 1896 年, 它又出现在第二版中. 定理的结果仅仅在脚注中说明, 还有一个平凡的观察结果, 即在图 51 的记号下, 根据方向, 取有符号的面积,

$$\frac{\text{三角形 } A''B''C'' \text{的面积}}{\text{三角形 } ABC \text{的面积}} = \frac{p_1p_2p_3 - q_1q_2q_3}{(p_1 + q_1)(p_2 + q_2)(p_3 + q_3)}.$$

劳斯补充到，他以前从未见过这些表达式. 这是最不可能的，因为第 (iii) 部分，即劳斯定理，出现在 1878 年由詹姆斯·格莱舍 (James Glaisher) 设定的学位考试中. 劳斯是剑桥大学有史以来最杰出的老师，连续 22 年教授着每一位资深学者，很可能他曾多次给学生们提起这个问题. 在没有证据的情况下，我的解释是，劳斯在 1878 年之前已经发现了这个定理，初级学者格莱舍在劳斯的同意下将其拿来作为学位考试问题. 1909 年考试后，在关于废除数学学位中严格的功绩顺序 (以及成为高级学者的区别) 的激烈辩论中，1854 年成为高级学者的爱德华·劳斯 (Edward Routh)，与三一学院的三位研究员詹姆斯·格莱舍、安德鲁·福赛斯 (Andrew Forsyth) 和伟大的哈代进行了一场失败的斗争.

最后，补充一下，当 A'、B'、C' 各在三角形的三条边的三分之一处时，劳斯定理经常出现，此时三角形 $A''B''C''$ 的面积是三角形 ABC 面积的七分之一，如图 52 和施泰因豪斯的书所示.

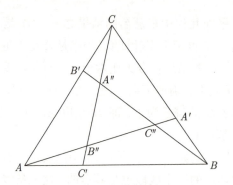

图 52　边的三分之一到面积的七分之一

参 考 文 献

1. Routh, E.J., *Treatise on Analytical Statics with Numerous Examples*, Vol. 1, Second edition, Cambridge University Press (1896) (see p. 82).

2. Glaisher, J.W.L. (ed.), *Solutions of the Cambridge Senate-House Problems and Riders for the Year 1878*, Macmillan (1879).

3. Steinhaus, H., *Mathematical Snapshots*. New edition, revised and enlarged, Oxford University Press (1960).

107. 直线与向量——欧拉和西尔维斯特

(i) 设三角形 ABC 的外心为 O，重心为 M，垂心为 H(即三条高线的交点)，请证明 O、M、H 三点共线，并且 $OH = 3OM$.

(ii) 向量 $\overrightarrow{OA}$、$\overrightarrow{OB}$ 和 $\overrightarrow{OC}$ 的和是 $\overrightarrow{OH}$.

证明 (i) 如果三角形 ABC 是直角三角形或等边三角形，则命题显然成立. 因此，可以假设 $AC \neq BC$，$C \neq H$，C' 是 AB 的中点且 $O \neq C'$. 已知 M 落在 CC' 上且 $CM = 2MC'$. 在图 53 中，将 G 表示为 OM 射线上满足 $MG = 2OM$（即 $OG = 3OM$）的点. 然后，三角形 CGM 和三角形 $C'OM$ 是相似的（比例系数为 2）. 所以，线段 OC' 与 GC 是平行的，因此 CG 垂直于 AB，这意味着 G 在从 C 出发的高线上. 类似地可以证明 G 在每条高线上，所以 $G = H$，这就证明了 O、M、H 三点共线，并且 $OH = 3OM$.

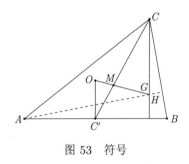

图 53 符号

(ii) 由于 C' 是 AB 的中点，M 位于从 C' 到 C 的三分之一处，

$$\overrightarrow{OC'} = \frac{1}{2}\overrightarrow{OA} + \frac{1}{2}\overrightarrow{OB}$$

且

$$\overrightarrow{OM} = \frac{2}{3}\overrightarrow{OC'} + \frac{1}{3}\overrightarrow{OC},$$

因此有

$$\overrightarrow{OH} = 3\overrightarrow{OM} = 2\overrightarrow{OC'} + \overrightarrow{OC} = \overrightarrow{OA} + \overrightarrow{OB} + \overrightarrow{OC}.$$

□

注记 (i) 部分是由欧拉提出的：通过 O、M、H 的直线称为三角形的欧拉直线；(ii) 部分是首先被西尔维斯特注意到的.

108. 费尔巴赫的著名圆

假设 H 是三角形 ABC 的高线 AD、BE 和 CF 的交点. 请证明三角形 ABC 三条边的中点，线段 AH、BH、CH 的中点以及高线的垂足 D、E、F 在同一个圆上.

证明 令 A'、B'、C' 分别为三角形 ABC 的边 BC、CA 和 AB 的中点. 那么 $B'C' = \frac{1}{2}BC$；此外，由于 $\angle BFC$ 的度数为 $\pi/2$ 且 A' 是 BC 的中点，所以线段 $A'F$ 的长度也是 $\frac{1}{2}BC$（见

图 54 中的第一个三角形). 因此，梯形 $A'B'C'F$ 是等腰梯形，F 在通过三角形 $A'B'C'$ 的圆上. 类似地，D 和 E 也在这个圆上. 换言之，通过 D、E 和 F 的圆经过三角形 ABC 三条边的中点.

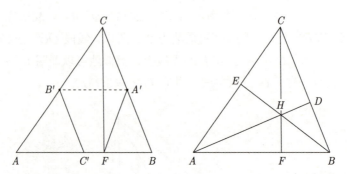

图 54   左侧显示的是梯形 $A'B'C'F$，右侧是三角形 ABH，其中 D、E 和 F 是高线的垂足

对于三角形 ABH 也有类似的结论，这是因为在三角形 ABH 中，高线的垂足与三角形 ABC 中的一样，分别为 D、E 和 F，只不过 E 属于 A，而 D 属于 B，如图 54 中的第二个三角形所示. 因此，通过 D、E 和 F 的圆经过边 AH 和 BH 的中点. 类似地，它也经过 CH 的中点，从而完成了证明.   □

注记   这个非凡的圆在 1765 年就被莱昂哈德·欧拉所知道，但它被称为费尔巴赫圆，因为卡尔·费尔巴赫 (Karl Feuerbach) 在 1822 年重新发现了它. 由于该圆经过三角形边的中点和高线的垂足，因此它的圆心在欧拉直线上 (见问题 107)，恰好位于垂心 H 和外心 O 的中间位置.

109. 欧拉的比例-积-和定理

假设 ABC 为三角形，x、y、z 为正数. 请证明下列两个命题是等价的：

(i) 存在分别位于 BC、AC 和 AB 三边上的点 X、Y 和 Z，使得线段 AX、BY 和 CZ 相交于点 O，并且 $AO/OX = x$，$BO/OY = y$ 和 $CO/OZ = z$.

(ii) x、y 和 z 满足

$$xyz = x + y + z + 2.$$

证明   假设三角形 ABC 的面积为 1. 首先证明下面的断言. 上述命题是该断言的简单推论.

断言   给定正数 x 和 y，在三角形 ABC 中存在唯一的点 O，使得 $AO/OX = x$ 且 $BO/OY = y$.

实际上，如果在 AX 上存在点 O，使得 $AO/OX = x$，其中 X 在 BC 上，那么三角形 BOC 的面积为 $OX/AX = 1/(1+x)$. 同样地，如果 $BO/OY = y$，那么三角形 COA 的面积

为 $1/(1+y)$. 使得三角形 BPC 的面积为 $1/(1+x)$ 的点 P 的轨迹是与 BC 平行的一条直线，并且使得三角形 CQA 的面积为 $1/(1+y)$ 的点 Q 的轨迹是与 AC 平行的一条直线. 这两条直线相交于三角形中唯一的一个点 O, 这就证明了上述断言.

因此，(i) 成立当且仅当由 X 和 Y 确定的点 O 满足 AOB 的面积等于 $1/(1+z)$. 由于三角形 BOC、三角形 COA 和三角形 AOB 构成了三角形 ABC 的划分，因此 (i) 成立当且仅当

$$\frac{1}{1+x} + \frac{1}{1+y} + \frac{1}{1+z} = 1,$$

即

$$xyz = x + y + z + 2.$$

$\square$

注记　　上述结果是由莱昂哈德·欧拉在 1780 年通过代数和三角学证明的. 1999 年，谢泼德给出了更简单的证明，证明了 (i) 可以推出 (ii)，即如果 X、Y 和 Z 是三角形 ABC 的边 BC、CA 和 AB 上的点，并且使得线段 AX、BY 和 CZ 相交于三角形 ABC 的一点 O, 则

$$\frac{AO}{OX} \cdot \frac{BO}{OY} \cdot \frac{CO}{OZ} = \frac{AO}{OX} + \frac{BO}{OY} + \frac{CO}{OZ} + 2.$$

近年来对欧拉的比例–积–和定理的扩展有大量研究：有关这些扩展的内容，见参考文献.

参 考 文 献

1. Euler, L., Geometrica et sphaerica quaedam, *Mem. Acad. Sci. St. Petersb.*, 5 (1815) 96-114; Opera Omnia Series 1, vol. XXVI, pp. 344–358. Original:
   http://eulerarchive.maa.org/docs/originals/E749.pdf.
   English translation: http://eulerarchive.maa.org/Estudies/E749t.pdf.
2. Grünbaum, B., Cyclic ratio sums and products, *Crux Math.* 24 (1998) 20–25.
3. Grünbaum, B., and M.S. Klamkin, Euler's ratio-sum theorem and generalizations, *Math. Mag.* 79 (2006) 122–130.
4. Kozma, J., and Á. Kurusa, Hyperbolic is the only Hilbert geometry having circumcenter or orthocenter generally, *Beitr. Algebra Geom.* 57 (2016) 243–258.
5. Kurusa, Á, and J. Kozma, Euler's ratio-sum formula in projective-metric spaces, *Beit. Algebra Geom.* 60 (2019) 379–390.
6. Papadopoulos, A., and W. Su, On hyperbolic analogues of some classical theorems in spherical geometry. In *Hyperbolic Geometry and Geometric Group Theory*, Advanced Studies in Pure Mathematics 73, Mathematical Society of Japan (2017) pp. 225–253
7. Shephard, G.C., Euler's triangle theorem, *Crux Math.* 25 (1999) 148–153.

110. 巴协的砝码问题

有一个带有两个盘子和 n 个整数砝码的称重器. 在砝码可以放置于任一盘中的前提下，设 W_n 是使得该称重器可以称量任何小于或等于 W_n 的整数重量的最大的整数. 请证明下述两个结论.

(i) $W_n = (3^n - 1)/2$.

(ii) 唯一能够称任何不超过 $(3^n - 1)/2$ 的整数重量的砝码集合是 $\{1, 3, 9, \cdots, 3^{n-1}\}$.

证明   假设 $w_1 \leqslant w_2 \leqslant \cdots \leqslant w_n$ 是 n 个砝码的重量，那么能够称量重量为 p 的物体，当且仅当存在序列 $(\varepsilon_i)_1^n$，其中 $\varepsilon_i \in \{+1, -1, 0\}$，使得

$$p = \sum_{i=1}^{n} \varepsilon_i w_i.$$

实际上，当称重量为 p 的物体时，这个式子是将砝码放置的位置进行了简单的标记：如果将砝码 w_i 放入与物体相同的盘中，则 $\varepsilon_i = -1$；如果将砝码 w_i 放入与物体不同的盘中，则 $\varepsilon_i = +1$；如果砝码 w_i 未放入盘中，则 $\varepsilon_i = 0$.

(i) 显然有 3^n 个序列 $(\varepsilon_i)_1^n$，其中有一个是全零序列，不用于测量任何重量 p，$1 \leqslant p \leqslant W_n$. 其他的 $3^n - 1$ 个序列成对出现，$(\varepsilon_i)_1^n \leftrightarrow (-\varepsilon_i)_1^n$，其中一个用来称重量为正数 p 的物体，另一个则用来称重量为 $-p$ 的物体 (在显而易见的意义下). 因此，最多只能使用一半的序列 $(\varepsilon_i)_1^n$ 来称物体，所以 $W_n \leqslant (3^n - 1)/2$.

另外，对于 $1 \leqslant i \leqslant n$，令 $w_i = 3^{i-1}$，那么每个整数重量 $p \leqslant (3^n - 1)/2$ 都可以被称量. 事实上，每个小于 3^n 的正整数 m 都有一个三进制展开式

$$m = \sum_{i=0}^{n-1} c_i 3^i,$$

其中，$c_i \in \{0, 1, 2\}$. 所以，对于 $1 \leqslant p \leqslant \sum_{i=0}^{n-1} 3^i = (3^n - 1)/2$，有

$$p + \sum_{i=0}^{n-1} 3^i = \sum_{i=0}^{n-1} c_i 3^i,$$

其中，$c_i \in \{0, 1, 2\}$. 因此，

$$p = \sum_{i=0}^{n-1} (c_i - 1) 3^i = \sum_{i=0}^{n-1} \varepsilon_i 3^i,$$

其中，$\varepsilon_i = c_i - 1 \in \{1, -1, 0\}$. 综上，$W_n = (3^n - 1)/2$.

(ii) 设 $1 \leqslant w_1 \leqslant \cdots \leqslant w_n$ 是 n 个砝码的重量，且能够达到 $W_n = (3^n - 1)/2$. 那么 $\sum_{i=1}^{n} w_i = W_n = (3^n - 1)/2$，并且对于 $\varepsilon_i \in \{+1, -1, 0\}$，所有展开式 $\sum_{i=1}^{n} \varepsilon_i w_i$(正整数或负整

数的) 都是不同的. 这意味着所有的 w_i 都是不同的整数, 即 $1 \leqslant w_1 < w_2 < \cdots < w_n$. 另外, 由于能够称量的第二大重量是 $w_2 + w_3 + \cdots + w_n = W_n - 1$, 因此必须有 $w_1 = 1$. 下面对 k 进行归纳来证明 $w_k = 3^{k-1}$, 其中 $1 \leqslant k \leqslant n$.

假设 $w_1 = 1, w_2 = 3, \cdots, w_k = 3^{k-1}$. 使用这 k 个砝码, 可以称量任何小于等于 $(3^k - 1)/2$ 的整数重量, 因此对于每个 $W_n - (3^k - 1) \leqslant p \leqslant W_n$, 都存在展开式

$$p = \sum_{i=1}^{k} \varepsilon_i 3^{i-1} + \sum_{i=k+1}^{n} w_i.$$

这些是唯一包含 $w_{k+1} + w_{k+2} + \cdots + w_n$ 的展开式. 其中最小的一个是

$$-\sum_{i=1}^{k} 3^{i-1} + \sum_{i=k+1}^{n} w_i = W_n - 3^k + 1.$$

比这个小 1 的重量的展开式一定是

$$\sum_{i=1}^{k} 3^{i-1} + \sum_{i=k+2}^{n} w_i = W_n - 3^k,$$

所以

$$w_{k+1} = 2\sum_{i=1}^{k} 3^{i-1} + 1 = 3^k.$$

这就完成了归纳, 证毕. □

注记 这个问题可能是最著名的砝码问题. 通常归功于克劳德–加斯帕尔·巴协 (Claude–Gaspar Bachet), 他在 1612 年提出了称量所有重量在 1 到 40 磅之间的物体的问题: "如果给定一个重量, 从 1 到 40 磅 (不包括分数), 那么至少需要多少个不同的砝码才能称量出这个给定的重量". 这就是上面问题中 $n = 4$ 的情况.

该问题由麦克马洪少校在 1886 年的一篇论文中得到了推广, 并在他于 1915 年首次出版的著名书籍中进一步探讨. 最近人们发现将其称为巴协的砝码问题是一个错误, 因为这个问题要古老很多. 克诺布洛赫 (Knobloch) 告诉我们, 40 磅的称重问题最早是由斐波那契, 也称作莱昂纳多·皮萨诺 (Leonardo Pisano), 在 1202 年解决. 事实上, 斐波那契可能是中世纪最伟大的数学家, 在他著名的《算盘书》(*Liber Abaci*) 中考虑了这个问题.

克诺布洛赫对这个问题的历史进行了深入的研究: 他列出了在巴协之前解决这个问题的其他十二个人和 17 世纪独立解决该问题的其他六个人. 因此, 正如克诺布洛赫所指出的, 分拆理论并不是从欧拉关于 "数的分拆" 工作开始的.

有关这个问题更多有趣的事实, 请参考奥谢 (O'Shea) 在 2010 年发表的论文.

参 考 文 献

1. Bachet, C.-G., *Problèmes Plaisants et dÉlectables, qui se font par lesNombres*, 5ième éd. Revue, simplifiée et augmentée par A. Labosne, Librairie Scientifique et Technique Albert Blanchard (1959).

2. Knobloch, E., Zur Überlieferungsgeschichte des Bachetschen Gewichtsproblems, *Sudhoffs Arch.* 57 (1973) 142–151.

3. MacMahon, P.A., Certain special partitions of numbers, *Q. J. Maths* 21 (1886) 367–373. O'Shea, E., Bachet's problem: As few weights to weigh them all, ArXiv:1010.5486, 2010, 15 pp.

4. Pisano, L., *Fibonacci's Liber Abaci*. A translation into modern English of Leonardo Pisano's *Book of Calculation*, translated from the Latin and with an introduction, notes and bibliography by L.E. Sigler. Sources and Studies in the History of Mathematics and Physical Sciences, Springer-Verlag (2002).

111. 完美分拆

有一个带有两个盘子的称重器. 一个盘子用于放整数砝码, 另一个盘子用于放想要称重的物体.

在这些条件下, 给定一个质数 p 和整数 $\alpha \geqslant 1$, 有 $2^{\alpha-1}$ 种将 $n = p^\alpha - 1$ 磅分成整数砝码的分拆方式, 使得对于每一种分拆, 只有一种方式称出从 1 到 n 的任何具有整数重量的物体. (相同重量的砝码被认为是相同的.) 特别地, 当 $n = 31$ 时, 有 16 种分拆方式.

证明 整数 n 的分拆是将其表示为自然数之和. 例如, $31 = 8+8+8+2+2+2+1$ 是 31 的一个分拆. 加数的顺序是无关紧要的, 通常从最大的加数开始写. 惯例上, 通过将加数重复次数放到指数上来缩写一个分拆, 因此 31 的这个分拆可以写成 $(8^3 2^3 1)$. 如果考虑加数的顺序, 则称为 n 的组成. 因此, $2,1,2$ 和 $1,2,2$ 是 5 的不同组成. 显然, 5 有 2 个不同的三个数字的分拆, 以及 6 个不同的三个数字的组成.

称 $n = \sum_{i=1}^{r} \alpha_i n_i$ 的分拆 $(n_1^{\alpha_1} \cdots n_r^{\alpha_r})$ 是完美的, 如果它满足问题的条件, 即如果使用这些加数作为砝码的重量, 可以用唯一的方式称量从 1 到 n 磅的任何整数重量. 那么 $(8^3 2^3 1)$ 是 31 的一个完美分拆等价于多项式恒等式

$$(1+X^8+X^16+X^24)(1+X^2+X^4+X^6)(1+X) = 1+X+X^2+\cdots+X^{31}.$$

一般地, 一个分拆 $(n_1^{\alpha_1} \cdots n_r^{\alpha_r})$ 是完美的当且仅当

$$\prod_{i=1}^{r} \left(\sum_{k=0}^{\alpha_i} X^{kn_i} \right) = 1+X+X^2+\cdots+X^n.$$

实际上, 这个恒等式成立, 当且仅当对于每个幂 $X^m (1 \leqslant m \leqslant n)$, 都有唯一的序列 $(k_i)_1^r$ 使得 $m = k_1 n_1 + k_2 n_2 + \cdots + k_r n_r$, 其中 $0 \leqslant k_i \leqslant \alpha_i$.

在这种情况下，当 $n = p^\alpha - 1$ 时，可以证明这样的因式分解来自以下形式的乘积：

$$\frac{1-X^{p^\alpha}}{1-X^{p^{\alpha_1}}} \cdot \frac{1-X^{p^{\alpha_1}}}{1-X^{p^{\alpha_2}}} \cdots \cdot \frac{1-X^{p^{\alpha_s}}}{1-X},$$

其中，$\alpha - \alpha_1, \alpha_1 - \alpha_2, \cdots, \alpha_{s-1} - \alpha_s, \alpha_s$ 是 α 的一个组成. 反过来，α 的每个组成都会给出一个合适的因式分解，从而得到 $p^\alpha - 1$ 的完美分拆，即

$$\left((p^{\alpha_1})^{p^{\alpha-\alpha_1}-1}, (p^{\alpha_2})^{p^{\alpha_1-\alpha_2}-1}, \cdots, 1^{p^{\alpha_s}-1} \right).$$

例如，$\alpha = 5$ 的一个组成 $2,1,2$ 给出 $p^\alpha - 1$ 的完美分拆

$$(p^3)^{p^2-1}(p^2)^{p-1}1^{p^2-1},$$

$1,3,1$ 给出 $p^\alpha - 1$ 的完美分拆

$$(p^4)^{p-1}(p)^{p^3-1}1^{p-1}.$$

上面已经证明了 $p^\alpha - 1$ 的完美分拆与 α 的组成之间存在一一对应关系. 最后，需要证明一个整数 α 有 $2^{\alpha-1}$ 个组成. 为了证明这一点，请注意 α 的组成对应于序列 $12\cdots\alpha$ 的"分割线"集合. 例如，对于 $\alpha = 9$，分割线在 2、3、5 和 8 之后，即 $12|3|45|678|9$，给出 9 的组成 $2,1,2,3,1$. 因此，α 有 $2^{\alpha-1}$ 个组成，证毕. □

注记 以上的结果归功于少校珀西·亚历山大·麦克马洪，来自他关于"组合分析"的两卷著作的第一卷，第 217–223 页. 麦克马洪少校 (他晚年总是被这样称呼) 并没有获得他应有的知名度，他是一位重要的数学家 (应该说是大数学家?)，曾在分拆方面做出了很多工作，并写了英国第一本组合数学书籍. 自从我第一次从李特尔伍德那里听到他的事迹以来 (我很惭愧，之前我没有听说过他)，我一直对他评价很高. 他是剑桥最谦恭的数学家之一，特别是对年轻人，他总是热心帮助，也是斯里尼瓦萨·拉马努金的大力支持者. 众所周知，拉马努金得到了哈代和李特尔伍德的提拔，但很少有人知道麦克马洪也尽了一切努力来帮助拉马努金. 哈代将才华横溢的拉马努金带到三一学院，哈代和李特尔伍德是该学院的研究员，而麦克马洪则在圣约翰学院. 在他的书中，就在拉马努金来到剑桥之后不久，他通过撰写一个完整的"拉马努金恒等式"章节来称赞拉马努金.

哈代和拉马努金在分拆函数 $p(n)$ 上，也就是 n 的不同分拆的数目，做出了一些对他们来说最好的工作，这可能与麦克马洪有很大关系，因为麦克马洪在他们之前就已经对 $p(n)$ 进行了多年的研究. (为了保险起见，请注意 $p(4) = 5$，因为 4 的分拆为 4、$3+1$、$2+2$、$2+1+1$ 和 $1+1+1+1$.) 麦克马洪对 $p(n)$ 的数值研究启发了哈代和拉马努金得到了一个非常紧的 $p(n)$ 的渐近展开式. 该渐近公式的前六项为

$$p(200) = 3\,972\,999\,029\,388.004.$$

为了检验这个展开式的准确性，麦克马洪进行了后续的手动计算，得到了：

$$p(200) = 3\,972\,999\,029\,388,$$

与渐近公式非常接近.

　　我一直对麦克马洪少校怀有同情的另一个原因是，他曾经遭受了严重的不公正待遇. 1897 年 3 月西尔维斯特去世后，牛津大学的萨维尔几何学教授职位空缺. 麦克马洪申请这个职位，但最终失败了，而被任命的人则明显是不公平的. 尽管他获得了几个荣誉博士学位，包括剑桥大学的一个，但这种不公正的感觉一直伴随着他的一生，就像保罗·埃尔多什遭遇的不幸一样.

参 考 文 献

MacMahon, P.A., *Combinatory Analysis, Vols.* I and II. Originally published in two volumes (1915, 1916) by Cambridge University Press. Reprinted as one volume, 1960, Chelsea Publishing Company (see pp. 217-223 of Vol. I).

112. 可数多个玩家

　　有可数多个玩家 $P_1, P_2, \cdots$ 排成一排，每个人头顶的帽子上都有一个实数，对于每个人来说，只有在他前面的玩家才能看见. 因此，玩家 P_3 不知道 P_1、P_2 和 P_3(他自己) 的数字是多少，但可以看到 P_4、P_5 等人的数字. 玩家的任务是猜测自己帽子上的数字，并将其写在其他玩家看不见的纸上. 在分配数字之前，玩家可以商定策略，但一旦数字放到帽子上，就不允许交流. 通过制定合适的策略，玩家们能做到除了有限个人之外，其他所有人都猜对自己的数字.

　　解答　如果两个实数序列在除有限项外都相同，则称它们是等价的. 所以 $a = (a_n)_1^\infty \equiv b = (b_n)_1^\infty$，如果存在一个阈值 $n_0 = n_0(a,b)$，使得当 $n \geqslant n_0$ 时，都有 $a_n = b_n$. 这显然是一个等价关系，因此每个序列 a 确定一个等价类 E_a. 这四个关系：$a \equiv b$、$a \in E_b$、$b \in E_a$、$E_a = E_b$ 显然是等价的 (!).

　　在游戏开始之前，玩家们会挑选每个等价类中的一个元素，并称其为该类的"典型代表". 挑选该类中的任何元素都可以，唯一的条件是每个玩家都应该知道该类的典型代表是哪个元素. 因此，如果 E 是一个等价类，那么玩家们就会决定用某个特定的元素 $z_E \in E$ 来代表它，并且只取决于 E.

　　游戏开始后，假设 $x = (x_n)_1^\infty$ 是玩家们帽子上的数字序列. 第 n 个玩家知道这个序列中除了前 n 个位置之外的所有数字，所以他知道等价类 $E = E_x$，以及该类的典型代表 $z = z_E$. 玩家 n 只需要猜测自己帽子上的数字是 z_n：当 $n \geqslant n_0(x, z)$ 时，这个猜测就是正确的.

□

注记 这个问题往往是"无穷多帽子"问题的标准介绍. 它确实展现了等价类的典型代表的作用.

113. 一百个玩家

这个游戏由一百个玩家来玩, 和通常情况下一样, 玩家在游戏开始前可以商定策略, 但在开始后不允许交流. 每个玩家逐一进入房间, 房间里面有无限个抽屉 $D_1, D_2, \cdots$, 其中抽屉 D_n 包含一个实数 x_n, 任何玩家都不知道这个数字. 每个玩家可以打开尽可能多的抽屉, 但在某个阶段, 他必须指向一个未打开的抽屉, 并猜测其中的实数. 之后, 已打开的抽屉全部关闭, 下一个玩家进入房间.

令人惊讶的是, 玩家们可以保证至少有一个玩家会猜中. 事实上, 更为惊人的是, 他们可以保证至少有 99 个玩家会猜中.

证明 与前一个问题类似, 玩家 $P_1, \cdots, P_{100}$ 商定每个实数序列等价类 E 的典型代表 z_E, 即对于每个等价类, 他们选择其中的一个特定元素. 玩家们将集合 $\mathbb{N}$ 划分为 100 个无限序列, 例如通过进行以下操作:

$$N_i = \{n \in \mathbb{N} : n \equiv i \text{ 模 } 100\} = \{i + 100(n-1) : n = 1, 2, \cdots\},$$

其中, $i = 1, \cdots, 100$. 一个实数序列 $a = (a_n)_1^\infty$ 由一系列以 N_i 为索引的序列 $a^{(i)}$ 构成, 其中 $i = 1, \cdots, 100$; 实际上, $a^{(i)} = (a_n^{(i)})_{n=1}^\infty$, 其中 $a_n^{(i)} = a_{i+100(n-1)}$. 注意到序列 $b = (b_n)_1^\infty$ 与 a 等价, 当且仅当对每个 i 都有 $a^{(i)}$ 与 $b^{(i)}$ 等价.

下面是玩家们的操作步骤. 令 $x = (x_n)_1^\infty$ 是由抽屉里的数字形成的实数序列, z 是 x 的等价类 E_x 的典型代表. 当游戏开始时, 没有任何一个玩家知道 z 是什么. 进入房间后, 玩家 P_i 打开以 N_j 为索引的抽屉, 其中 $j \neq i$, 从而确定 99 个序列 $x^{(j)}$ 以及它们的等价类 $E_{x^{(j)}}$ 和这些类的典型代表 $z^{(j)}$, $j \neq i$. 此外, P_i 确定了 $x^{(j)}$ 和 $z^{(j)}$ 一致超过的阈值 t_j, 并设置 $T_i = \max_{j \neq i} t_j$. 注意到, 这些量都不依赖于 i, 唯一的条件是 $j \neq i$.

之后, P_i 将注意力转向索引为 N_i 的抽屉, 并打开由集合 $\{i + 100n : n > T_i\}$ 索引的抽屉. 此时, P_i 已经知道了除有限个位置之外的 x 序列, 因此, 他知道了 x 的等价类 E_x 的典型代表 z. 最后, P_i 猜测抽屉 D_{i+100T_i} 中包含数字 z_{i+100T_i}. 这个猜测什么时候是正确的? 如果 $z^{(i)}$ 和 $x^{(i)}$ 从 T_i 开始一致, 那么这个猜测就一定是正确的, 即

$$t_i \leqslant T_i = \max_{j \neq i} t_j.$$

如果存在一个 $j \neq i$, 使得 $t_j \geqslant t_i$, 则这一定成立. 因此, 总体来说, 如果最大值 $\max t_i$ 在 t_i 处达到, 则除了玩家 P_i 可能猜错之外, 其他玩家都会猜对; 而如果这个最大值在多个 t_i 处达到, 则每个玩家都会猜对. □

注记   我是通过伊姆雷·里德 (Imre Leader) 想起这个问题的，但我不知道应该把这个问题归功于谁. 我第一次听说这个问题是从保罗·埃尔德什那里，他喜欢基于等价类的论证，但他并不是发明这个问题的人. 上面的证明有点正式，也许太正式了，读者可以尝试以更加随意的风格重新书写它. 据伊姆雷·里德说，他在三一学院教学中使用这个问题时，他的大多数学生都觉得很难.

114. 过河 (I)：约克的阿尔库因

(i) 非常重的男人和女人. 一个男人和一个女人带着两个孩子过河，男人和女人的重量分别为一车载 (车载为重量单位)，两个孩子的总重量为一车载. 他们找到了一艘只能装一车载重量的船. 虽然看起来不太可能，但是通过适当的安排，他们可以在不让小船沉没的情况下过河.

(ii) 一只狼、一只山羊和一堆卷心菜. 一个人必须把一只狼、一只山羊和一堆卷心菜运过一条河. 他唯一找到的船一次只能装载两个物品 (包括人). 经往返几次，他试图把所有这些物品都完好无损地运到对岸.

解答   这些问题的美妙之处不在于其所涉及的数学知识有多么困难或优雅，而在于它们的年代. 两个问题都来自约克的阿尔库因 (Alcuin) 在公元 799 年前后编写的谜题集，旨在"磨练年轻人的头脑". 在这个问题中，首先介绍阿尔库因在他的谜题集中给出的解决方案，这些解决方案由约翰·哈德利 (John Hadley) 翻译，并由西格马斯特和哈德利于 1992 年出版；然后将对所涉及的"数学"给出一些评论.

(i) 阿尔库因的解法. 首先，两个孩子上船，渡过了河流，其中孩子 A 将船划回来. 妈妈乘船过河，孩子 B 将船划回来. 两个孩子再次一起渡过河流，然后孩子 A 将船划回来. 爸爸过河，孩子 B 将船划回来，两个孩子再次一起渡过河流. 通过这样的安排，即可完成渡河而不出现沉船的情况.

这个问题是阿尔库因"过河"问题中最简单的一个. 由于父母必须独自乘船过河，因此孩子的角色只是将船带到起始岸边，避免被困. 阿尔库因的解法看起来很平凡，实际上，这是唯一没有浪费步骤的解决方案.

(ii) 阿尔库因的解法. 我先带着山羊过河，把狼和卷心菜留在原地. 然后我返回来，带着狼过河. 把狼放到对岸后，我会把山羊带回来. 把山羊留在这边后，我会带着卷心菜过河. 然后我会再次划船返回，把山羊接上过河. 通过这种方法，可以把所有这些物品都完好无损地运到对岸.

这个问题比 (i) 要复杂一些：至少不能指望立即给出答案. 但是只要思考一下，就不会出错，尤其是如果意识到唯一的条件是要照顾好山羊. 山羊要么独自在一边，要么与人在一起. 因此，思考往返的过程，除了最后一次：① 人带着山羊过去；② 人带着狼过去，带回山羊；③ 人带着卷心菜过去；④ 人带着山羊过去，不返回.

□

注记 我们已经提到，上述两个问题来自阿尔库因的数学谜题集，这是拉丁文中最古老的数学问题集. W.W. 罗斯·鲍尔 (W.W. Rouse Ball) 在他的《数学史简介》(*Account of the History of Mathematics*) 中写道："这个问题集 …… 是一个具有非凡天赋的人的作品 ……"类似阿尔库因提出的问题在中世纪被塔尔塔利亚 (Tartaglia) 和其他人接手，并在 19 世纪末再次复兴. 有关此主题的更多近期论文，请见下面的参考文献.

阿尔库因是中世纪的重要人物，他是一位神职人员、数学家、天文学家、诗人、圣经学者和全面的教育家. 他被广泛认为是世界上最有学问的人之一. 他写了关于算术、几何和天文学的文本，极大地促进了欧洲学习的复兴.

阿尔库因在加入约克大教堂团体时还是个孩子，后来他在那里教书，并最终成为大教堂学校的负责人，将其变成了一个神学、人文科学、文学和科学的中心. 他通过三学科 (trivium) 和四学科 (quadrivium) 使学校恢复，并写了一本有关三学科的手稿.

他代表北安布里亚 (Northumbria) 国王前往罗马 (Rome)，回程途中在帕尔马 (Parma) 遇见查理曼大帝 (Charlemagne, 749—814)，并被邀请前往他的宫廷. 阿尔库因在 8 世纪 80、90 年代的大部分时间都在亚琛 (Aachen) 度过，他教授了查理曼大帝本人、他的儿子佩平 (Pepin) 和路易 (Louis)，以及许多其他人，并成为查理曼大帝的朋友和顾问. 他改进了宫廷学校的课程，提高了学术水平，鼓励了人文科学的研究. 他还开始完善卡洛林体 (Carolingian) 小写字母，这是今天罗马字体的前身.

他中途离开亚琛一年，返回英格兰并重新组织了约克的旧学校的学习. 在 801 年，他请求退休，但查理曼大帝任命他为图尔 (Tours) 的圣马丁修道院院长，并要求他在需要时随时待命. 在图尔，阿尔库因和他的修士们继续致力于卡洛林体小写字母的工作. 在生命的晚期，他感慨地写道："在我年轻精力充沛的时候，我在英国播下了种子，现在，在我的晚年，我仍在法国播种，希望两者都能生长，让其他人沉醉于古老学问的陈酿之中."

在他的墓志铭上，还写道：

现在只剩下尘土、蠕虫和灰烬……

我的名字是阿尔库因，我一直热爱智慧，

请读者为我的灵魂祈祷.

参 考 文 献

1. Alcuin of York, Propositiones ad acuendos juvenes (Problems to sharpen the young). An annotated translation of the oldest mathematical problem collection in Latin, translated by J. Hadley, commentary by D. Singmaster and J. Hadley, *Math. Gaz.* 76 (1992) 102-126.

2. Ball, W.W. Rouse, *A Short Account of the History of Mathematics*, Macmillan (1888).

3. Fraley, R., K.L. Cooke and P. Detrick, Graphical solution of difficult crossing puzzles, *Math. Mag.* 39 (1966) 151-157.

4. Pressman, I. and D. Singmaster, The jealous husbands and the missionaries and cannibals, *Math. Gaz.* 73 (1989) 73-81.

5. Schwartz, B.L., An analytic method for the "difficult crossing" puzzles. *Math. Mag.* 34 (1960/61) 187-193.

115. 过河 (Ⅱ)：约克的阿尔库因

三个朋友和他们的姐姐. 三个朋友，每个人都有一个姐姐，这六个人要过河. 现有一只能容纳两个人的小船. 请问他们如何才能过河，而不出现一个朋友和其他两个朋友的姐姐同船的情况？

解答 正如前文已经提到的，过河问题的美妙之处不在于其困难或优雅，而在于它们来源于阿尔库因在公元 799 年左右为"磨练年轻人的头脑"而编写的谜题集. 上述问题是阿尔库因给出的四个过河谜题中的第一个，也是四个谜题中最不平凡的一个. 这里给出阿尔库因自己的解决方案，下面是约翰·哈德利的翻译.

首先，我和我的姐姐会上船渡过河流；然后我的姐姐下船，我再次渡过河流. 然后留在岸边的两个姐姐上船，她们到达对岸并下船后，我的姐姐会上船把它划回到我们这边. 我的姐姐下船后，两位朋友会上船渡过河流. 然后其中一位朋友和他的姐姐一起乘船回到我们这边. 然后我和这位朋友会再次过河，留下我们的姐姐. 我们到达对岸后，刚才没有和我一起过河的朋友，他和他的姐姐现在和我们在一边，他的姐姐现在驾船过河，接上我的姐姐，把船划回到我们这边. 现在还有一位朋友的姐姐没有过来，然后这位朋友乘船返回，并带回他的姐姐. 这样就完成了整个过河的过程，而不出现一个朋友和其他两个朋友的姐姐同船的情况.

注记 现在用符号表达上述解决方案，即从 $[AaBbCc, \varnothing)$ 开始按照一定路线前往 $(\varnothing, AaBbCc]$，其中方括号表示船的位置. 上述解决方案是按照以下顺序进行的，其中 $\leftarrow \{Bb\} \leftarrow$ 表示船从右岸带着 B 和他的姐姐 b 到左岸：

$$[AaBbCc, \varnothing) \to \{Aa\} \to (BbCc, Aa] \leftarrow \{A\} \leftarrow [ABbCc, a) \to \{bc\} \to (ABC, abc]$$

$$\leftarrow \{a\} \leftarrow [AaBC, bc) \to \{BC\} \to (Aa, BbCc] \leftarrow \{Bb\} \leftarrow [AaBb, Cc) \to \{AB\} \to$$

$$(ab, ABCc] \leftarrow \{c\} \leftarrow [abc, ABC) \to \{ac\} \to (b, AaBCc] \leftarrow \{B\} \leftarrow [Bb, AaCc) \to$$

$$\{Bb\} \to (\varnothing, AaBbCc].$$

有关过河问题的更多信息，无论是数学上的还是历史上的，可以参考普雷斯曼 (Pressman) 和西格马斯特在 1989 年发表的精彩文章. 特别地，正如他们所指出的，1879 年，一位年轻的学生德·方丹纳伊 (Cadet de Fontenay) 少校观察到，如果他们可以借助河中的一个小岛，那么四对或更多对的朋友与姐姐就可以渡河. 对于 $n \geqslant 4$ 对朋友与姐姐, 德·方丹纳伊少校给出了一个需要 $8n-6$ 次渡河的解决方案. 普雷斯曼和辛格马斯特证明, 如果使用两人船并且不允许岸对岸的渡河, 则这是最优解. 他们还证明, 如果允许岸对岸的渡河, 则对于 $n > 4$, 最少需要 $4n+1$ 次渡河. 普雷斯曼和辛格马斯特还表明, 如上所述, 具有 11 次渡河的原始问题的解决方案中, 需要三个人来划船; 如果只有两个划船的人, 则最少需要 13 次渡河.

在 19 世纪, 针对这些问题, 出现了几种变形, 其中有许多令人难忘的名称: 嫉妒的丈夫、传教士和食人族、男人带着他们的后宫旅行、主人和不诚实的仆人、仆人和恶毒的主人等. 以下是一个基本变形: n 名传教士和 n 名食人族必须穿过一座带有小岛的河流, 使用一艘两人船, 以使食人族永远不会超过传教士的人数, 否则传教士会被食人族吃掉. 普雷斯曼和辛格马斯特证明, 如果禁止岸对岸的渡河, 则最少需要 $8n-6$ 次渡河; 如果 $n \geqslant 3$ 并且允许岸对岸的渡河, 则最少需要 $4n-1$ 次渡河. 读者可以尝试证明 $n=3$ 的情况, 这可能会很有趣.

参 考 文 献

1. Alcuin of York, Propositiones ad acuendos juvenes (Problems to sharpen the young). An annotated translation of the oldest mathematical problem collection in Latin, translated by J. Hadley, commentary by D. Singmaster and J. Hadley, *Math. Gaz.* 76 (1992) 102-126.

2. Fraley, R., K.L. Cooke and P. Detrick, Graphical solution of difficult crossing puzzles, *Math. Mag.* 39 (1966) 151-157.

3. Pressman, I. and D. Singmaster, The jealous husbands and the missionaries and cannibals, Math. Gaz. 73 (1989) 73-81.

4. Schwartz, B.L., An analytic method for the "difficult crossing" puzzles, *Math. Mag.* 34 (1960/61) 187-193.

116. 斐波那契与中世纪数学竞赛

1225 年在比萨 (Pisa), 皇帝弗雷德里克二世举行数学竞赛, 以测试莱昂纳多·斐波那契的技能. 其中两个问题如下:

(i) 找到一个有理数, 使得它的平方无论增加还是减少 5, 都仍然是一个平方数.

(ii) 三个人 A、B、C 拥有一笔钱 u, 他们所占份额的比例为 $3:2:1$. A 拿走自己的份额 x, 自己留下一半, 并将余额存入 D; B 拿走自己的份额 y, 自己留下三分之二, 并将余额存入 D; C 拿走剩下的钱 z, 自己留下六分之五, 并将余额存入 D. 最终发现 D 的存款中, A、B、C 所占的份额相等. 请求出 u、x、y 和 z.

解答 (i) 斐波那契的答案是 $41/12$. 因为 $(41/12)^2+5 = (1681+720)/12^2 = (49/12)^2$ 且 $(41/12)^2-5 = (1681-720)/12^2 = (31/12)^2$.

(ii) 三个人拥有的总额为 $u=x+y+z$, 其中 A、B 和 C 分别拥有 $u/2$、$u/3$ 和 $u/6$. 经上述分配过程之后, A、B 和 C 分别拥有 $x/2$、$2y/3$ 和 $5z/6$, 所以 D 持有 A 的 $u/2-x/2$ 的

资金、B 的 $u/3 - 2y/3$ 的资金和 C 的 $u/6 - 5z/6$ 的资金. 因此, 有以下结论:

$$\frac{x+y+z}{2} - \frac{x}{2} = \frac{x+y+z}{3} - \frac{2y}{3} = \frac{x+y+z}{6} - \frac{5z}{6}.$$

固定 z, 并解出上述两个方程式, 得到 $x = 33z$ 和 $y = 13z$. 特别地, $u = 47$、$x = 33$、$y = 13$ 和 $z = 1$ 也是一个解.

$\square$

注记　关于这次数学竞赛的详细介绍, 请参阅沃尔特·威廉·劳斯·鲍尔 (Walter William Rouse Ball, 1850—1925) 的书第 169–170 页. 他是一位数学家、律师和热情的业余魔术师, 1874 年获得了排名第二的优等生, 随后成为史密斯奖学金排名第一的优等生. 从 1875 年到去世, 他一直是剑桥大学三一学院的研究员. 他写了一本关于数学娱乐的有趣的书, 以及一本关于数学历史的书. 作为一名长期的导师 (在当时, 导师比今天更加重要, 拥有更多的权力), 他非常关心自己的学生, 甚至在自己的花园里建了一个小房子, 用于放置台球桌供他们使用.

他是三一学院、牛津大学和剑桥大学的慷慨捐助者. 他在这些地方创立了劳斯·鲍尔数学教授职位, 并在牛津大学设立了劳斯·鲍尔英国法律教授职位. 担任这些职位的人员都非常杰出, 例如在剑桥大学, 李特尔伍德是第一任劳斯·鲍尔数学教授; 他之后是 A.S. 贝西科维奇 (A.S. Besicovitch)、哈罗德·达文波特 (Harold Davenport)、约翰·G. 汤普森 (John G. Thompson)、尼格尔·希钦 (Nigel Hitchin) 和蒂莫西·高尔斯 (Timothy Gowers) 爵士.

参 考 文 献

Ball, W.W. Rouse, *A Short Account of the History of Mathematics*, Macmillan (1888).

117. 三角形与四边形——雷吉奥蒙塔努斯

(i) 设 ABC 是一个三角形, AD 是其高, 垂足为 D. 假设 $AC - AB = 3$、$DC - DB = 12$ 且 $AD = 10$. 请证明底边 BC 的长度为 $\frac{\sqrt{321}}{3}$.

(ii) 假设存在四边形, 其边长按顺时针为 a、b、c 和 d. 请证明可以构造这样一个内接于圆中的四边形.

解答　这些问题只需要简单的高中数学知识即可解决, 可能会让读者感到有些低级, 但下面仍将提供常规且直接的解法, 然后再谈一下这些问题的历史.

(i) 如图 55 所示, 设 $x = BD$、$y = AB$, 则 $AC = y + 3$ 且 $DC = x + 12$. 由于 ADB 和 ADC 是直角三角形 (直角在 D 处), 根据勾股定理, 有

$$x^2 + 10^2 = y^2$$

且

$$(x + 12)^2 + 10^2 = (y + 3)^2.$$

将两个方程相减，发现

$$y = 4x + \frac{45}{2}.$$

将其代入第一个方程，得到

$$x^2 + 100 = 16x^2 + 180x + \frac{2025}{4}.$$

解这个二次方程，得到 $x = \dfrac{\sqrt{321}}{6} - 6$，所以 $BC = \dfrac{\sqrt{321}}{3}$.

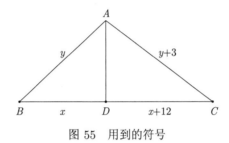

图 55 用到的符号

(ii) 如果一个边长为 $a_1, \cdots, a_k$ 的多边形有一个半径为 r 的外接圆，那么对于这些边长的任意排列，都有唯一的具有这些边的圆周多边形 (并且外接圆的半径相同). 特别地，给定长度 $a_1, \cdots, a_k$，其中 $\max a_i = a_1$，则当且仅当 $a_1 < a_2 + \cdots + a_k$ 时，存在一个具有这些边长的圆周多边形；此外，这个圆周多边形是唯一的 (即其外接圆的半径是唯一的).

这表明可以假设 $a \geqslant b \geqslant c \geqslant d$ 且 $b + c + d > a$. 设四边形 $ABCD$ 是唯一的圆周四边形，其中 $AB = a$、$BC = b$、$CD = c$ 和 $DA = d$. 令 $\beta \leqslant \pi/2$ 为 B 点处的角度，则 D 点处的角度为 $\pi - \beta$. 将从三角形 ABC 和三角形 ADC 两方面来计算对角线的长度，并利用两个表达式相等以确定 β 的值.

在三角形 ABC(如图 56 所示) 中，CF 是从 C 点出发的高，可以看到

$$AC^2 = AF^2 + FC^2 = (a - b\cos\beta)^2 + b^2\sin^2\beta = a^2 + b^2 - 2ab\cos\beta,$$

类似地，从三角形 CFA 中可以得到

$$AC^2 = c^2 + d^2 - 2cd\cos(\pi - \beta) = c^2 + d^2 + 2cd\cos\beta.$$

因此，

$$\cos\beta = \frac{a^2 + b^2 - c^2 - d^2}{2(ab + cd)}. \tag{11}$$

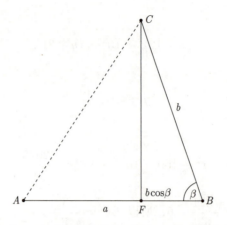

图 56   三角形 ABC 中用到的符号，其中 F 是过点 C 的高的垂足

现在只需要根据式 (41) 来构造角度 β，其中 $\cos\beta$ 给出两个正方形和矩形面积的组合之比. 首先，将所有面积都转换为具有一个边为 a 的矩形的面积，使得式 (41) 中的比率作为两个长度的比率. 作为一般步骤，给定 r、t 和 u，设置 $OR = r$、$OT = t$ 和 $OU = u$，如图 57 所示. 构造 S，使 ST 平行于 RU，并设置 $s = ST$. 然后，令 $rs = tu$，即一个具有边长 t 和 u 的矩形已经变成了一个面积相同且一边为 r 的矩形. 其次，将 $\cos\beta$ 转换为两个长度的比率，只需回想一下余弦的定义即可.

□

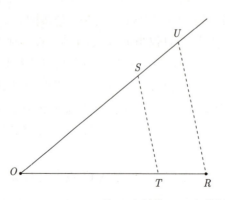

图 57 $OR = r$，$OT = t$，$OU = u$，且 S 在射线 OU 上使得 ST 与 RU 平行

注记   这些问题来自《三角学全书》(*De Triangulis*)，这是约翰·雷吉奥蒙塔努斯 (Johann Regiomontanus) 于 1464 年撰写的第一部系统阐述三角学的著作 (并于 1533 年在纽伦堡 (Nürnberg) 印刷出版). 雷吉奥蒙塔努斯于 1436 年出生在格尼斯堡 (Königsberg)，原名为约翰内斯·穆勒 (Johannes Müller)，但按照当时的习俗，他使用拉丁名字 (取自他的出生地) 写作.

雷吉奥蒙塔努斯的证明有些复杂，这并不奇怪，因为他必须用语言表达所有内容. 我们使用的公式在 1464 年还不可用. 在第一部分，雷吉奥蒙塔努斯只使用数字 3、12 和 10 来说明他的方法：正如我们所见，这些数字甚至没有带来一个特别好的解决方案．上面的推导中值得注意的是，雷吉奥蒙塔努斯毫不犹豫地使用代数方法解决几何问题．

118. 点和直线的交叉比

(i) 令 A、B、C 和 D 是直线 ℓ 上的点，O 是直线 ℓ 外的一点．证明：

$$O[ABCD] = [A, B; C, D]. \tag{42}$$

(ii) 令 A、B、C、D、O 和 O' 是共圆的六个点．如图 59，证明：

$$O[ABCD] = O'[ABCD]. \tag{43}$$

(iii) 令 $[A, B; C, D] = [A', B; C, D]$，其中两组点都是共线的，且 A、C、D 和 A'、C、D 的顺序相同．证明：$A = A'$．此外，证明对于直线及其交叉比也有类似的断言．

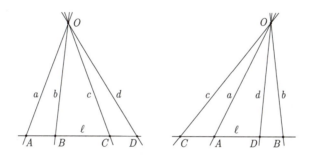

图 58 点 A、B、C、D 和直线 a、b、c、d 的两种排列方式

证明   (i) 在图 58 中，用 a、b、c 和 d 分别表示线段 OA、OB、OC 和 OD 所在的直线，并用 (a)、(b)、(c) 和 (d) 表示直线 ℓ 和直线 a、b、c 和 d 之间的夹角．这些角度都在 0 和 π 之间，可以取 (a) 或 $\pi - (a)$ 等．同时，令 (ac) 是三角形 OAC 在 O 处的角度，(ad) 是三角形 OAD 在 O 处的角度，以此类推．根据正弦定理得

$$AC = \sin(ac)\frac{OA}{\sin(c)}, \quad BC = \sin(bc)\frac{OB}{\sin(c)},$$

$$AD = \sin(ad)\frac{OA}{\sin(d)}, \quad BD = \sin(bd)\frac{OB}{\sin(d)}.$$

因此，

$$[A, B; C, D] = \frac{AC}{AD}\bigg/\frac{BC}{BD} = \frac{\sin(ac)}{\sin(ad)}\bigg/\frac{\sin(bc)}{\sin(bd)} = O[ABCD],$$

式 (42) 得证.

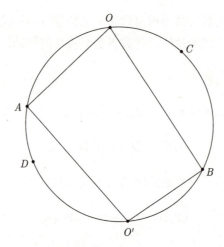

图 59　共圆的六个点

(ii) $\angle AOB$ 和 $\angle AO'B$ 这两种类型的角要么相等，要么和为 π，因此正弦函数在它们上具有相同的值，这可以推出式 (43).

(iii) 只需要证明对于固定的点 C 和 D 以及 $A \neq C$、D，比值 AC/AD 取每个值最多一次. 实际上，由于 $A \neq C$、D 且这些点都不是在无穷远处，因此，AC/AD 取除了 0、1 和 ∞ 之外的每个值都恰好一次. 事实上，假设 ℓ 是 x 轴，$C = (0,0)$、$D = (1,0)$ 且 $A = (x,0)$，$x \neq 0,1$，则 $AC/AD = x/(x-1) \neq 0,1$. 现在，如果 $x/(x-1) = t \neq 0,1$，则 $x = t/(t-1) \neq 0,1,\infty$.　□

注记　上述介绍的交叉比有些平凡：在这里用稍微复杂一些的方式重复一下，将实平面替换为复数域 $\mathbb{C}$. 给定 4 个复数，$z_1,\cdots,z_4 \in \mathbb{C}$，它们的交叉比是

$$[z_1, z_2; z_3, z_4] = \frac{(z_1 - z_3)(z_2 - z_4)}{(z_1 - z_4)(z_2 - z_3)}.$$

显然，复数 (在复平面上的点) 的交叉比取决于它们在上述表达式中的顺序，因此对于一组四个数字，可能有 24 个不同的值. 然而，4 个排列 (包括恒等排列) 保持比值不变，即

$$[z_1, z_2; z_3, z_4] = [z_2, z_1; z_4, z_3] = [z_3, z_4; z_1, z_2] = [z_4, z_3; z_2, z_1],$$

因此，最多只能有 6 个不同的值. 事实上，如果 $[z_1, z_2; z_3, z_4] = \lambda$，则 24 个排列产生的比值有 λ、$1/\lambda$、$1 - \lambda$、$1/(1 - \lambda)$、$1 - 1/\lambda = (\lambda - 1)/\lambda$ 和 $\lambda/(\lambda - 1)$. 其实不一定有 6 个不同的值：例如，当 $\lambda = e^{\pm\frac{i\pi}{3}}$ 时，只有两个值，$e^{\frac{i\pi}{3}}$ 和 $e^{-\frac{i\pi}{3}}$. 也可以像以前一样定义直线的交叉比.

严格来说，交叉比是定义在黎曼球面 $\mathbb{C}\cup\infty$ 上的. 例如，$[z_1, z_2; z_3, \infty] = (z_1 - z_3)/(z_2 - z_3)$，因此 $[z, 1; 0, \infty] = z$. 很容易看出，每个默比乌斯 (Möbius) 变换或分式线性变换都保持交叉比不变，即形式为 $z \mapsto (az + b)/(cz + d)$ 的变换，其中 $ad - bc \neq 0$.

给定三个不同的复数 $z_2, z_3, z_4 \in \mathbb{C}$，交叉比 $g(z) = [z, z_2; z_3, z_4]$ 恰好是一个默比乌斯变换，即

$$g(z) = [(z_2 - z_4)z + (z_3z_4 - z_2z_3)]/[(z_2 - z_3)z + (z_3z_4 - z_2z_4)].$$

为了验证 g 是一个默比乌斯变换，注意到

$$(z_2 - z_4)(z_3z_4 - z_2z_4) = (z_2 - z_3)(z_3z_4 - z_2z_3)$$

成立，当且仅当

$$(z_2 - z_3)(z_3 - z_4)(z_4 - z_2) = 0.$$

由于默比乌斯变换 $(az + b)/(cz + d)$ 的逆变换是默比乌斯变换 $(-dz + b)/(cz - a)$，因此 (iii) 得证.

四个不同点 (即复数) 的交叉比是实数，当且仅当这些点在一个圆锥曲线 (椭圆、双曲线或抛物线) 上. 事实上，两个圆锥曲线可以通过默比乌斯变换相互映射，四个点 (其中三个共线) 的交叉比是实数当且仅当这四个点都共线. 因此，(ii) 不仅适用于圆，也适用于圆锥曲线.

交叉比最早是由法国数学家拉扎尔·尼古拉·玛格丽特·卡诺 (Lazare Nicolas Marguérite Carnot，1753—1823)、查尔斯·朱利安·布里昂雄 (Charles Julien Brianchon，1783—1864) 和德国数学家奥古斯特·费迪南德·默比乌斯 (August Ferdinand Möbius，1790—1868) 在 19 世纪初定义的. 后来在瑞士杰出几何学家雅各布·施泰纳以及英国代数学家阿瑟·凯莱和威廉·金顿·克利福德 (William Kingdon Clifford，1845—1879) 的工作中获得了重要地位.

凯莱是一位成果非常多的数学家，也是 19 世纪英国最伟大的纯数学家，他曾是剑桥大学三一学院的学生，于 1842 年以高分毕业，并获得三一学院的奖学金.

尽管他曾经担任律师长达十四年，但在此期间他仍然写了大约 250 篇数学论文. 1863 年，他回到剑桥大学担任萨德利尔教授 (Sadleirian Professor)，并在几年后再次成为三一学院院士，直到去世.

克利福德 (Clifford) 也是三一学院的学生，他于 1867 年以第二名的成绩毕业，并获得了该学院的奖学金. 从 1871 年到他去世的七年半时间里，他一直是伦敦大学学院的教授. 正是克利福德发明了"交叉比"的名称.

有关投影几何 (以及使用交叉比) 的精彩介绍，请参阅巴尔图斯 (Baltus) 在 2020 年出版的有关圆锥曲线的书.

参 考 文 献

1. Baltus, C., *Collineations and Conic Sections – An Introduction to Projective Geometry in its History*, Springer (2020).

2. Brianchon, C.J., *Mémoire sur les Lignes du Second Ordre*, Bachelier (1817).

3. Möbius, A., *Der Barycentrische Calcul: ein neues Hülfsmittel zur analytischen Behandlung der Geometrie*, Barth (1827).

119. 圆中的六边形 (I)：帕斯卡的六边形定理

假设 A、B、C、D、E 和 F 共圆，并且假设六边形 $ABCDEF$ 的对边相交于点 G、H 和 I. 证明：点 G、H 和 I 在一条直线上.

证明　利用上一个问题中有关交叉比的结果. 回想一下，给定点 P、Q、R、S 和 O，其中没有包含 O 的四个点共线，$O[PQRS]$ 表示通过 OP、OQ、OR 和 OS 四条线的交叉比.

使用图 60 给出的符号. 标记了两个附加点：J(CD 和 EF 的交点) 以及 K(DE 和 FA 的交点).

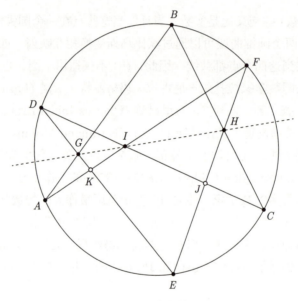

图 60　用到的符号

于是断言

$$I[EJFH] = C[EJFH] = C[EDFB] = A[EDFB]$$

$$= A[EDKG] = I[EDKG] = I[EJFG].$$

为了证明这个断言，需要证明上面的六个等式，但不是按顺序证明. 首先，注意到 $I[EJFH] = C[EJFH]$ 和 $A[EDKG] = I[EDKG]$，因为 E、J、F 和 H 共线，所以 E、D、K 和 G 也共线. 其次，$C[EJFH] = C[EDFB]$，因为它们表示相同一组线的交叉比；同样，可以得出 $A[EDFB] = A[EDKG]$ 和 $I[EDKG] = I[EJFG]$. 最后，$C[EDFB] = A[EDFB]$，因为六个

点 A、B、C、D、E 和 F 位于一个圆锥曲线上. 将这些等式放在一起, 就得出了该断言.

刚刚证明的等式 $I[EJFH] = I[EJFG]$ 可以推出帕斯卡定理. 实际上, 由于直线 IE、IJ、IF 和 IH 的交叉比与 IE、IJ、IF 和 IG 的交叉比相同, 因此直线 IG 和 IH 是相同的, 即 I、G 和 H 共线. $\qquad\square$

注记 布莱兹·帕斯卡 (Blaise Pascal, 1623—1662) 是有史以来最伟大的数学家之一, 他在 16 岁时证明了上面的六边形定理. 上面的证明与帕斯卡无关, 因为当时交叉比还没有被引入, 这是我学生时代学到的证明, 可以说是最简单的一种证明, 因为它只需要最少的创造力. 交叉比的使用还告诉我们, 我们已经证明了更多的内容: 如果我们取一个圆锥曲线 (椭圆、抛物线或双曲线) 而不是一个圆, 这个命题仍然成立. 通常, 这个更一般的定理被称为帕斯卡的六边形定理. 这个定理实际上也是初等代数几何中的一个简单练习.

帕斯卡的六边形定理是通往帕斯卡的六芒星神秘图 (Pascal's Hexagrammum Mysticum) 的阶梯. 圆锥曲线上的六个点可以以 $5!/2 = 60$ 种不同的方式连接成一个"六边形". 将帕斯卡的六边形定理应用于这些六边形, 我们得到 60 条通过三个点的直线: 这个形状是帕斯卡的六芒星神秘图, 这在 19 世纪是一个著名的结果.

帕斯卡不仅是一个几何学天才, 而且还是一位物理学家、哲学家、技术专家, 他设计并构建了一台计算机, 规划并开创了巴黎的第一个公益服务, 也是概率论出现之前的概率学家、影响经济学和社会科学的科学家, 以及一位重要的天主教神学家. 可惜的是, 他从未发表过关于天主教哲学的著作, 而是留下了一些被称为他的"思想"(Pensées) 的碎片: 一系列相关性不大的想法, 特别是关于对上帝的信仰. 这部作品中的语言通常被认为是最好的法语.

还有另一位非常出色但今天差不多被遗忘的帕斯卡, 那就是匈牙利电影导演加布里埃尔·帕斯卡 (Gabriel Pascal, 1894—1954). 帕斯卡不是他的姓氏, 他从未透露过自己的出身: 根据他的妻子所说, 他喜欢用矛盾的话语来加深神秘感. (我不想相信维基百科上的信息.) 他的生活, 尤其是他的青年时期, 非常浪漫.

加布里埃尔·帕斯卡是唯一与乔治·伯纳德·肖 (George Bernard Shaw, 1856—1950) 合作过的电影导演. 肖非常看重帕斯卡: "加布里埃尔·帕斯卡是偶尔出现的非凡人才之一——比如一个世纪才出现一次——可以称为神赐的艺术家." 他们在 1945 年拍摄的《凯撒和克利奥帕特拉》(*Caesar and Cleopatra*) 是一次十足的享受.

参 考 文 献

Pascal, B., *Pensées* (1670). Translated with an Introduction by A.J. Krailsheimer, Penguin Classics (1995).

120. 圆中的六边形 (Ⅱ)：帕斯卡的六边形定理

假设六边形的顶点位于一个圆上，并且三对对边相交. 证明：相交点在一条直线上.

证明   前文给出的详细提示对证明有很大帮助，但这里将提供所有细节.

由于有三种不同类型的点，因此需要相应地选择符号. 令 $A_0 A_1 \cdots A_5$ 是在一个圆内的六边形，即"第一个圆". 令 $A_0 A_1$ 与 $A_3 A_4$ 相交于点 P_0、$A_1 A_2$ 与 $A_4 A_5$ 相交于 P_1、$A_2 A_3$ 与 $A_5 A_0$ 相交于 P_2. 考虑一个通过 A_1、A_4 和 P_1 的"第二个圆"；除了 A_4 之外，令这个圆也在通过 A_4、A_3 和 P_0 的直线上与 B_3 相交；除了 A_1 之外，令这个圆也在通过 A_0、A_1 和 P_0 的直线上与 B_0 相交；除了 A_4 之外，令这个圆也在通过 A_3、A_4 和 P_0 的直线上与 B_3 相交. 如图 61 和图 62 所示，以获取两种不同的排列.

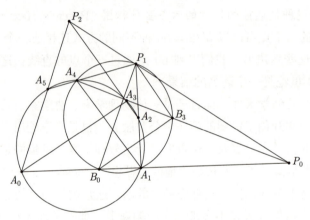

图 61   一个六边形内切于一个圆，并标注了其他附加点

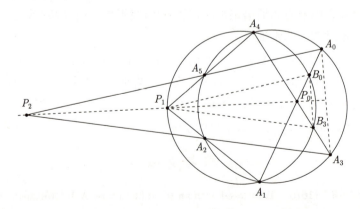

图 62   三角形 $A_0 A_3 P_2$ 和 $B_0 B_3 P_1$ 从 P_0 来看是透视的

为了证明帕斯卡定理，只需要证明三角形 $A_0 A_3 P_2$ 和三角形 $B_0 B_3 P_1$ 是相似的. 实际上，由于直线 $A_0 B_0$ 和 $A_3 B_3$ 交于点 P_0，这两个三角形从 P_0 来看是透视的，特别地，点 P_0、P_1

和 P_2 共线.

要证明两个三角形是相似的, 需要追踪角度, 并利用一个事实: 在一个圆中, 同一弧上的两个角相等, 在补充弧上的两个角之和为 2π. 因此, 不同的排列需要稍微不同的论证, 在这里, 考虑图 62 中的排列. 首先, 取第二个圆的弧 A_1B_3, 然后取第一个圆的弧 A_1A_3, 于是有:

$$\angle_1 P_1 B_0 B_3 = \angle_1 A_1 A_4 B_3 = \angle_1 A_4 A_3 P_2 = \angle_1 A_0 A_3 B_0,$$

所以边 A_0A_3 和 B_0B_3 平行.

其次, 考虑第二个圆的弧 A_4P_1, 然后考虑第一个圆的弧 A_2A_4, 发现:

$$\angle_4 B_3 P_1 A_1 = \angle_4 A_1 P_1 A_4 = \angle_4 A_4 A_1 A_2 = \angle_4 A_3 A_2 P_1 = \angle_4 A_4 A_3 P_2.$$

由于点 A_4、A_3 和 B_3 共线, 因此边 P_1B_3 和 P_2A_3 是平行的.

最后, 考虑第二个圆的弧 P_1B_3 和第一个圆的弧 A_3A_5, 发现:

$$\angle_1 B_0 B_3 A_4 = \angle_1 A_4 B_3 A_0 = \angle_5 A_1 A_4 A_3 = \angle_5 A_0 A_3 A_4 = \angle_2 A_0 A_3 A_5.$$

由于边 A_0A_3 和 B_0B_3 是平行的, 因此边 A_0P_2 和 B_0P_1 也是平行的. 因此, 三角形 $A_0A_3P_2$ 和 $B_0B_3P_1$ 是相似的, 证毕. □

注记 这个非常简单的帕斯卡定理的证明是由范伊泽伦 (van Yzeren) 在 1993 年发现的. 并不是说这个证明很容易找到——相反, 我认为使用"第二个圆"的方法是天才之举.

不排除这是帕斯卡自己给出的证明, 正如范伊泽伦所写: "帕斯卡是否给出了他的证明还有待讨论, 但似乎这个证明在 350 年内没有被发现." 关于这个证明, H.S.M. "唐纳德"考克斯特 (H.S.M. "Donald" Coxeter, 1907—2003) 写信给范伊泽伦说: "这个优雅的证明在 350 年内没有被发现, 的确是非常了不起的事情, 而且 1967 年古根海默 (Guggenheimer) 几乎接近了它, 然后感到有必要引入一个奇特的引理."

尽管在 1925 年考克斯特被剑桥大学国王学院录取, 准备参加数学三角学学位考试, 但他决定等待一年, 以便获得剑桥大学三一学院的奖学金. (数学家没有竞争力!) 在 1928 年, 他在三角学学位考试中名列前茅, 如果哈代和他的同事没有取消成绩排名, 他本可以成为剑桥大学数学系第一名. 三年后, 他获得了博士学位和三一学院的 A 类 (初级研究) 研究员奖学金. 经过两次长期访问普林斯顿大学后, 他搬到了多伦多大学, 在那里度过了余生. 他经常被称为"拯救几何学的人"和"20 世纪最伟大的几何学家"; 他的考克斯特群 (Coxeter group) 已经被广泛应用.

参 考 文 献

1. Guggenheimer, H.W., *Plane Geometry and its Groups*, Holden-Day, Inc (1967).

2. Roberts, S. and A.I. Weiss, Obituary: Harold Scott Macdonald Coxeter, FRS, 1907–2003, Bull. Lond. *Math. Soc.* 41 (2009) 943-960.

3. van Yzeren, J., A simple proof of Pascal's hexagon theorem, *Amer. Math. Monthly* 100 (1993) 930-931.

121. $\mathbb{Z}_p$ 中的序列

设 p 是一个素数，$a_1, \cdots, a_{p-1}$ 是 $\mathbb{Z}_p$ 中的一个序列，使得 $\sum_{i \in I} a_i \neq 0$，其中 I 是任意一个非空的指标集. 证明这个序列是常数序列，即 $a_1 = \cdots = a_{p-1}$.

证明 对于 $j = 1, \cdots, p-1$，令 $s_j = \sum_{i=1}^{j} a_i$. 如果存在某个 j，使得 $s_j = 0$，则可以取 $I = \{1, \cdots, j\}$. 如果存在某个 $1 \leqslant j < k \leqslant p-1$，使得 $s_j = s_k$，则可以取 $I = \{j+1, \cdots, k\}$. 因此，这两种情况都不会发生，所以序列 $s_1 = a_1, s_2 = a_1 + a_2, \cdots, s_{p-1} = a_1 + \cdots + a_{p-1}$ 是 $\mathbb{Z}_{p-1}$ 的非零元素 $1, 2, \cdots, p-1$ 的置换. 从序列 $a_2, a_1, a_3, \cdots, a_{p-1}$ 得到序列 $s'_1 = a_2, s'_2 = a_1 + a_2 = s_2, s'_3 = s_3, \cdots, s'_{p-1} = s_{p-1}$ 也是如此. 由于 (s'_j) 和 (s_j) 的最后 $p-2$ 个元素相同，所以第一个元素也相等，即 $s'_1 = a_2 = s_1 = a_1$，这表明 $a_1 = a_2$. 由于这对于序列 (a_i) 的任何重新排列都成立，所以所有的 a_i 都是相同的.   □

注记 这个断言对于较短的序列显然是错误的，比如长度为 $p-2$ 的序列 $1, 1, \cdots, 1, 2$. （这里有 $p-3$ 个元素等于 1，一个元素等于 2. ）

122. 素数阶元素

设 G 是一个有限群，其阶数 N 能被一个素数 p 整除. 证明：G 中阶数为 p 的元素的数目与 -1 模 p 同余.

证明 设 $K \subseteq G^p = G \times \cdots \times G$ 由一些向量 $\boldsymbol{v} = (x_1, \cdots, x_p)$ 构成，其中 $\boldsymbol{v}$ 满足 $x_1 \cdots x_p = e$，e 是 G 单位元. 显然，$|K| = N^{p-1}$，因为 $\boldsymbol{v} = (x_1, \cdots, x_p) \in K$ 的前 $p-1$ 个坐标是可以任意选的，x_p 由这些元素决定，即 $x_p = (x_1 \cdots x_{p-1})^{-1}$. 特别地，$|K|$ 是 p 的倍数.

注意到，如果 $x_1 \cdots x_p = e$，即 $x_2 \cdots x_p = x_1^{-1}$，那么 $x_2 \cdots x_p x_1 = x_1^{-1} x_1 = e$. 换言之，如果 $(x_1, \cdots, x_p)$ 属于 K，那么其循环置换 $(x_2, \cdots, x_p, x_1)$ 也属于 K. 这表明循环群 $\mathbb{Z}_p$ 通过置换的方式对 K 进行作用，即 $i \in \{0, 1, \cdots, p-1\}$ 将 $(x_1, \cdots, x_p)$ 映射到 $(x_{i+1}, x_{i+2}, \cdots, x_p, x_1, \cdots, x_i)$. 显然，集合 K 是各个元素轨道的不交并集，即任意两个元素的轨道要么相等，要么不交.

向量 $\boldsymbol{v} = (x_1, \cdots, x_p)$ 的轨道 $O_{\boldsymbol{v}}$ 有多大？如果不是所有的 x_i 都相同，则 $|O_{\boldsymbol{v}}| = p$，即没有非平凡的循环置换能使 $\boldsymbol{v}$ 不变. 此外，常向量 $\boldsymbol{v}_x = (x, \cdots, x)$ 属于 K，当且仅当 $x^p = e$，在这种情况下，向量 $\boldsymbol{v}_x$ 的轨道是平凡的，即 $O_{\boldsymbol{v}_x} = \{\boldsymbol{v}_x\}$. 特别地，单点轨道（即只包含一个

元素的轨道) 的数目 t 比阶为 p 的元素的数目多 1. 由于 $|K|$ 是 p 的倍数，每个非平凡轨道都有 p 个元素，因此 t 确实是 p 的倍数，证毕. □

123. 平坦三角剖分

将多边形的三角剖分称为平坦的，如果每个内部顶点的度都是 6，如图 63 所示，并将 $f(n)$ 记作 n 边形的平面三角剖分中三角形数目的最大值. 那么 $f(n) \leqslant n^2/6$，当且仅当 n 是 6 的倍数时等号成立.

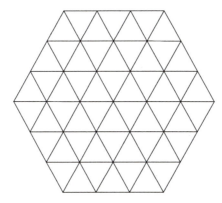

图 63 一种由 54 个三角形组成的 (退化的)18 边形的三角剖分

证明 通过对 n 进行归纳来证明这个命题. 可以证明，对于 $3 \leqslant n \leqslant 5$，有 $f(n) = n - 2$，因此不等式成立. 然后，假设对于 $m \leqslant n - 1$，有 $f(m) \leqslant m^2/6$.

设 T_n 是一个由 m 个内部顶点和 $k = f(n)$ 个三角形组成的 n 边形 P_n 的平坦三角剖分，并且设 $d_1, \cdots, d_n$ 是 P_n 的顶点度数. 可以假设每个 d_i 至少为 3，否则删除 T_n 中一个适当的三角形会得到一个 $(n-1)$ 边形的平坦三角剖分，因此根据归纳假设，$f(n) \leqslant 1 + f(n-1) \leqslant 1 + (n-1)^2/6 < n^2/6$.

于是断言

$$\sum_{i=1}^{n} d_i = 4n - 6.$$

为了证明该断言，将 T_n 扩展为一个球面三角剖分 T_n'，方法是在多边形 P_n 外添加一个顶点，并将其与 P_n 的所有顶点连边. 设 V 为 T_n' 的顶点数，E 为其边数，F 为其平面表示中的面数，使得 $V = n + m + 1$，$2E = 6m + \sum_{i=1}^{n} d_i + 2n$. 根据欧拉多面体公式，有 $V + F = E + 2$；同时，由于 T_n' 的每个面都是三角形，所以 $2E = 3F$. 因此，$V + 2E/3 = E + 2$，所以 $2E = 6V - 12$，即 T_n' 的顶点度之和是

$$6m + \sum_{i=1}^{n} d_i + 2n = 6(n + m + 1) - 12.$$

整理这个公式，断言得证.

现在，为了利用归纳假设，将 T_n 中至少与 P_n 的一个顶点相交的所有三角形剥去. T_n 中剩下的三角形构成一些多边形的平坦三角剖分，它们分别有 $n_1, \cdots, n_r$ 个顶点. 对于这些多边形的每条边 xy，存在一个三角形 xyz 属于三角剖分 T_n，其中 z 是 P_n 的一个顶点，但 xz 和 yz 都不是 P_n 的边. 由于 P_n 的顶点 z 的度 $d(z) \geqslant 3$，它属于 $d(z) - 3$ 个这样的三角形，所以

$$\sum_{i=1}^{r} n_i \leqslant \sum_{i=1}^{n} (d_i - 3) = n - 6.$$

考虑到这一点，从 T_n 中剥去的三角形数目最多为

$$n - 6 + n = 2n - 6,$$

因为 T_n 在 P_n 的边上有 n 个三角形. 因此，根据归纳假设，

$$k = f(n) \leqslant 2n - 6 + f(n-6) \leqslant 2n - 6 + (n-6)^2/6 \leqslant n^2/6.$$

最后，如果 $n = 6\ell$，则三角部分的一个六边形部分 (六边形的每条边上都有 ℓ 个三角形) 是一个 n 边形的平坦三角剖分，其中有 $n^2/6$ 个三角形，如图 63 所示. □

124. 三角形台球桌

设 ABC 是一张锐角三角形台球桌，并且点 P、Q 和 R 分别位于边 BC、CA 和 AB 上. 那么，当且仅当 P、Q 和 R 是三角形 ABC 的三条高的垂足时，从点 P 向点 Q 发射的台球才会表现出周期为 3 的多边形路径 $PQRPQR\cdots$.

证明   令 α、β、γ 为三角形 ABC 的三个角的度数.

(i) 假设台球沿着 $PQRPQR\cdots$ 的三角形路径无限运动. 令 φ、ψ、ξ 是反射角，使得 $\angle BPR = \angle CPQ = \varphi$ 等等，如图 64 所示. 由三角形 ARQ、BPR 和 CQR 可知，

$$\alpha + \xi + \psi = \beta + \varphi + \xi = \gamma + \psi + \varphi = \pi,$$

所以 $\varphi = \alpha$、$\psi = \beta$ 且 $\xi = \gamma$.

在矩形 $ABPQ$ 中，A 点的角度为 α，P 点的角度为 $\pi - \varphi = \pi - \alpha$. 所以，$ABPQ$ 是一个圆周四边形 (即一个内接于圆的四边形). 因此，$\angle APB = \angle BQA$. 类似地，$\angle BQC = \angle CRB$ 且 $\angle CRA = \angle APC$. 在这六个角中，P 点处的两个角加和为 π，Q 点处的两个角加和为 π，R 点处的两个角加和也为 π. 所以有

$$\angle APB = \angle BQA = \pi - \angle BQC = \pi - \angle CRB = \angle CRA = \angle APC = \pi - \angle APB,$$

所以这六个角都是 π/2. 因此，P、Q 和 R 确实是三角形 ABC 的三条高的垂足.

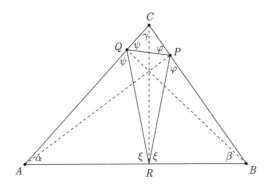

图 64　当台球沿着路径 $PQRPQR\cdots$ 运动时，三角形 ABC 中的角度分布情况

(ii) 反过来，设 P、Q 和 R 是三角形 ABC 的三条高的垂足，如图 65 所示. 则四边形 $ABPQ$、$BCQR$ 和 $CARP$ 是圆周四边形，因为，例如 $\angle APB = \angle AQB = \pi/2$.（这两个角是 π/2 并不重要，只要它们相等就可以了.）现在，由于 $ABPQ$ 是圆周四边形，所以 $\angle BQC = \angle QBA = \beta$，而由于 $BCQR$ 是圆周四边形，所以 $\angle BQA = \angle QBR = \beta$. 因此 $\angle BQC = \angle BQA$，所以，从 P 发射到 Q 的球会反弹到 R. 类似地，从 R 反弹到 P，然后到 Q，以此类推. 因此，球沿着 $PQRPQR\cdots$ 的三角形路径无限运动.　　□

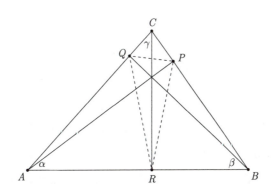

图 65　P、Q 和 R 是三角形 ABC 的三条高的垂足

125. 椭圆的弦：蝴蝶定理

设 AB 是一个椭圆的弦，M 是其中点，PQ 和 RS 是另外两条通过 M 的弦. 在 AB 上分别用 T 和 U 表示弦 PS 和 RQ 与 AB 的交点. 证明：M 是线段 TU 的中点.

证明　这个定理的关键部分是问题 119 中帕斯卡定理证明的简化版. 和那里一样，用缩写符号 $[ABCD]$ 表示点 A、B、C 和 D 的交叉比. 这并没有什么帮助，但请注意，可以假设这里的椭圆实际上是一个圆，如图 66 所示.

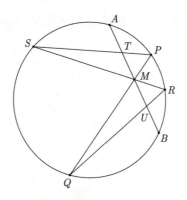

图 66　圆中的一个蝴蝶

以下是证明过程. 首先要注意的是

$$[A,T;M,B] = S[ATMB] = S[APRB] = Q[APRB] = Q[AMUB]$$

$$= [A,M;U,B] = [B,U;M,A].$$

事实上，第一个等式只是点和线的交叉比之间的联系，倒数第二个等式也是如此；第二个和第四个等式成立，是因为所讨论的线是相同的；第三个等式成立，是因为不仅 A、P、R 和 B 在椭圆 (或圆) 上，S 和 Q 也在上面. 最后一个等式可以直接从交叉比的定义中得到：

$$\frac{(z_1-z_3)(z_2-z_4)}{(z_1-z_4)(z_2-z_3)} = \frac{(z_4-z_2)(z_3-z_1)}{(z_4-z_1)(z_3-z_2)}.$$

最后，由于 $[z_1,u;z_3,z_4] = [z_1,w;z_3,z_4]$ 意味着 $u=w$，并且 AMB 与 BMA 全等，因此可以得到 $ATMB$ 与 $BUMA$ 全等. 因此，M 确实是 TU 的中点.　　　　□

注记　这个问题因为曾经被用作莫斯科国立大学 (Moscow State University) "特殊学生"入学考试题目而变得臭名昭著. 这些学生大多数是犹太人，在苏联时期，这个问题被用来拒绝他们进入大学.

参 考 文 献

1. Shen, A., Entrance examinations to Mekh-Mat, *Math. Intell.* 16 (1994) 6-10.

2. Vardi, I., Mekh-Mat entrance examination problems. In *You Failed Your Math Test, Comrade Einstein*, M. Shifman (ed.), World Scientific (2005).

3. Vershik, A., Admissions to the mathematics faculty in Russia in the 1970s and 1980s, *Math. Intell.* 16 (1994) 4-5.

126. 分拆函数的递归关系

分拆函数满足以下递推关系

$$np(n) = \sum_{k=1} \sum_{v=1} vp(n-kv) \tag{44}$$

且

$$p(n) = p(n-1) + p(n-2) - p(n-5) - p(n-7) + p(n-12) \pm \cdots$$
$$= \sum_{k=1}(-1)^{k+1}\left[p\left(n - \frac{k(3k-1)}{2}\right) + p\left(n - \frac{k(3k+1)}{2}\right)\right]. \tag{45}$$

在上面的求和中，k 取所有不会使分拆函数出现负参数的正值；因此，在第二个求和中，k 大约可取到 $\sqrt{2n/3}$ 个值.

证明 (i) 为了证明式 (44)，考虑由分拆给出的所有 $p(n)$ 种恒等式. 例如，当 $n=5$ 时，可以列出下面的恒等式

$$5 = 5,$$
$$5 = 4 + 1,$$
$$5 = 3 + 2,$$
$$5 = 3 + 1 + 1,$$
$$5 = 2 + 2 + 1,$$
$$5 = 2 + 1 + 1 + 1,$$
$$5 = 1 + 1 + 1 + 1 + 1.$$

将这 $p(n)$ 个恒等式相加，左边的结果为 $np(n)$. 那右边 R 的值是多少呢？

假设 $1 \leqslant kv \leqslant n$，则 n 的分拆中至少包含 k 个 v 的分拆的数目为 $p(n-kv)$. 此外，如果 n 的一个分拆 λ 恰好包含 m 个 v，那么它对 R 的贡献为 mv，所以 λ 被计入至少 1 个 v、至少 2 个 v、$\cdots$、至少 m 个 v 的分拆中，因此，它对 $\sum_{k=1}\sum_{v=1} vp(n-kv)$ 的贡献为 mv. 所以，

$$R = \sum_{k=1}\sum_{v=1} vp(n-kv),$$

这就完成了第一个递推关系的证明.

回到示例中，当 $n = 5$ 时，有三个分拆包含 2，只有一个分拆包含 2 的重数为 2，即 2 对 R 的贡献为 $3 \times 2 + 1 \times 2 = 8$. 此外，有五个分拆包含 1，其中三个至少包含两个 1，两个至少包含三个 1，一个至少包含四个 1，一个至少包含五个 1. 因此，1 对 R 的贡献为 $5 \times 1 + 3 \times 1 + 2 \times 1 + 1 \times 1 + 1 \times 1 = 12$.

(ii) 从问题 26 中欧拉的简单结论可知，

$$\sum_{n=0}^{\infty} p(n) x^n = \prod_{k=1}^{\infty} (1 + x^k + x^{2k} + x^{3k} + \cdots)$$

$$= \prod_{k=1}^{\infty} \frac{1}{1 - x^k}.$$

根据问题 74 中欧拉的五边形定理，

$$\prod_{k=1}^{\infty} (1 - x^k) = 1 + \sum_{k=1}^{\infty} (-1)^k \left(x^{k(3k-1)/2} + x^{k(3k+1)/2} \right),$$

所以

$$\left(\sum_{n=0}^{\infty} p(n) x^n \right) \left[1 + \sum_{k=1}^{\infty} (-1)^k \left(x^{k(3k-1)/2} + x^{k(3k+1)/2} \right) \right] = 1.$$

对于 $n \geqslant 1$，左侧的 x^n 系数是

$$p(n) + \sum_{k=1}^{\infty} (-1)^k \left[p\left(n - \frac{k(3k-1)}{2} \right) + p\left(n - \frac{k(3k+1)}{2} \right) \right],$$

这就完成了第二个递推关系的证明.   □

注记   第二个递推式等价于欧拉的五边形定理：这是麦克马洪少校手工计算分拆函数的许多值的递推式. 第一个递推式给出了一种速度较慢的方法，但它具有每个项都为正数的优点.

127. 分拆函数的增长

分拆函数 $p(n)$ 满足不等式

$$p(n) \leqslant e^{c\sqrt{n}}, \tag{46}$$

其中，$c = \pi \sqrt{2/3} = 2.565 \cdots$.

证明   在证明中，将使用以下不等式：如果 $0 < x < 1$，则

$$e^{-x}/(1 - e^{-x})^2 < 1/x^2. \tag{47}$$

首先证明这个不等式. 对于 $0 < x < 1$, 有

$$e^{-x} < 1 - x + x^2/2 - x^3/6 + x^4/24 < 1 - x + x^2/2 - x^3/8$$

因为 $1/6 - 1/24 = 1/8$, 所以,

$$x^2 e^{-x} < x^2(1 - x + x^2/2 - x^3/8) = x^2 - x^3 + x^4/2 - x^5/8$$

$$< (x - x^2/2 + x^3/8)^2 < (1 - e^{-x})^2,$$

因此不等式 (47) 成立.

接下来证明不等式 (46), 对 n 进行归纳. 不难看出, 当 $0 \leqslant n \leqslant 8$ 时, 不等式 (46) 显然成立, 且仅在 $n = 0$ 时等号成立. [由于已经列举了 $p(n)$ 的值与式 (46) 中的上界之间的差距明显加大, 因此可以自由地假设 n 很大.] 为了证明归纳步骤, 回忆递推关系式

$$np(n) = \sum_{k=1} \sum_{v=1} vp(n - kv), \tag{48}$$

这是在上一个问题中证明过的. 在右侧的双重求和中, k 和 v 的取值需满足 $kv \leqslant n$ 的条件. 等价地, k 和 v 可以取任何值, 因为当且仅当 $n \geqslant 0$ 时, $p(n) \geqslant 1$; 否则 $p(n) = 0$.

假设 $n > 1$ 且式 (46) 对于较小的 n 成立, 由式 (48) 可知

$$np(n) \leqslant \sum_{v=1}^{\infty} \sum_{k=1}^{\infty} ve^{c(n-kv)^{1/2}} < \sum_{v=1}^{\infty} \sum_{k=1}^{\infty} ve^{cn^{1/2} - ckv/2n^{1/2}}$$

$$= e^{cn^{1/2}} \sum_{k=1}^{\infty} \frac{e^{-kc/2n^{1/2}}}{(1 - e^{-kc/2n^{1/2}})^2},$$

其中, 在第一个求和式中, 取 $kv \leqslant n$. 将 $x = kc/2n^{1/2}$ 代入式 (47) 中, 并回忆欧拉在巴塞尔问题 (Basel problem) 中的解决方法, 即 $\sum_k 1/k^2 = \pi^2/6$, 于是发现

$$np(n) < e^{cn^{1/2}} \sum_{k=1}^{\infty} \frac{4n}{c^2 k^2} = ne^{cn^{1/2}},$$

式 (46) 得证. $\qquad\qquad\qquad\qquad\qquad\qquad\qquad\qquad\qquad\qquad\qquad\qquad\square$

注记 这个问题的结果是由埃尔德什在 1942 年证明的. 正如他所指出的, 类似的论证还可以给出一个下界, 因此这两个界表明

$$\log p(n) \sim c\sqrt{n}, \tag{49}$$

其中, $c = \pi\sqrt{2/3}$.

当埃尔德什发表他的论文时，这已经是一个古老的结果：埃尔德什的目的是给出哈代和拉马努金在 1918 年证明的一个大定理的弱化版本的初等证明. 哈代和拉马努金的定理的一个简单推论是 $p(n)$ 的渐近公式，即

$$p(n) \sim \frac{1}{4n\sqrt{3}} \mathrm{e}^{c\sqrt{n}}. \tag{50}$$

在他 1942 年的论文中，埃尔德什给出式 (50) 的以下弱化版本的初等证明，这远远超过了式 (49)

$$p(n) \sim \frac{a}{n} \mathrm{e}^{c\sqrt{n}},$$

其中，a 是一个常数，但他不能证明 $a = 1/4\sqrt{3}$. 这个问题中的初等论证的一个有趣的推论是，它解释了 $p(n)$ 公式中神秘的 $\pi\sqrt{2/3}$：这个常数是欧拉经典结果 $\sum_k 1/k^2 = \pi^2/6$ 的一个简单推论.

到 20 世纪初，人们对分拆函数的增长非常感兴趣. 通过手工计算，麦克马洪少校表明 $p(20) = 627$，$p(50) = 204{,}226$ 和 $p(80) = 15{,}796{,}476$，很明显这个函数增长得很快，但没有发现任何规律. 确定 $p(n)$ 的合理精度的问题被认为是一个艰巨的问题. 直到 1918 年，哈代和拉马努金才发表了他们惊人的 $p(n)$ 的渐近公式，其误差项随着 $n \to \infty$ 而减小为 0. 他们通过基本方法证明了这一点，这种方法由哈代和李特尔伍德进一步完善，并用于解决其他几个问题，因此被称为哈代–李特尔伍德圆方法.

哈代–拉马努金定理给出了一个逼近 $p(n)$ 的级数，这个级数由相当复杂的项组成，但它的精确度令人震惊. 正如哈代和拉马努金在他们的论文中写道：

还有一个最后的问题 ⋯ 我们希望找到一个公式，其误差的阶数小于任何指数函数 ⋯ 甚至是有界的. 然而，当我们通过麦克马洪少校慷慨地提供给我们的数字数据来测试这个假设时，我们发现实际值和近似值之间的对应关系非常准确，以至于我们可以寄予更多希望. 以 $n = 100$ 为例，我们发现我们公式的前六项给出了 $190{,}568{,}944.783 + 348.872 - 2.598 + 0.685 + 0.318 - 0.064 = 190{,}569{,}291.996$，而 $p(100) = 190{,}569{,}292$；因此六项后的误差仅为 0.004.

这些结果强烈地表明可能存在一种公式来计算 $p(n)$，它不仅展示了它的数量级和结构，还可以对任何 n 用来计算精确值. 以下定理证明了这一点.

随后，哈代和拉马努金继续陈述了他们的伟大定理，确实给出了一个级数，该级数仅用了几项就确定了分拆函数的精确值. 1937 年，拉德马赫 (Rademacher) 改进了哈代–拉马努金定理，即对于每个 n，都有一个收敛于 $p(n)$ 的级数. 然后在 1943 年，他通过构建一条新的积分路径来代替哈代和拉马努金最初引入的圆形路径，并给出了一个相当简单的证明.

参 考 文 献

1. Erdős, P., On an elementary proof of some asymptotic formulas in the theory of partitions, *Ann. Math.* (2) 43 (1942) 437-450.

2. Hardy, G.H. and S. Ramanujan, Asymptotic formulae in combinatory analysis, *Proc. London Math. Soc.* 17 (1918) 75-115.

3. Rademacher, H., On the partition function $p(n)$, *Proc. London Math. Soc.* 43 (1937) 241-254.

4. Rademacher, H., On the expansion of the partition function in a series, *Ann. Math.* (2) 44 (1943) 416-422.

5. Uspensky, J.V., Asymptotic formulae for numerical functions which occur in the theory of partitions, *Bull. Acad. Sci. URSS* 14 (1920) 199-218.

128. 稠密轨道

在经典序列空间 ℓ^1 上存在有界线性算子 T，使得对于某个向量 $\boldsymbol{x} \in \ell^1$，其轨道 $\{T^n\boldsymbol{x} : n = 1, 2, \cdots\}$ 在 ℓ^1 中是稠集的.

证明　设 $(\boldsymbol{e}_i)_{i=1}^\infty$ 是 ℓ^1 中的标准基，$Z = \{\boldsymbol{z}_1, \boldsymbol{z}_2, \cdots\}$ 是一个可数的稠密向量集. 注意到，如果 $Z' = \{\boldsymbol{z}_1', \boldsymbol{z}_2', \cdots\}$ 是使得当 $i \to \infty$，$d(\boldsymbol{z}_i, \boldsymbol{z}_i') = \|\boldsymbol{z}_i - \boldsymbol{z}_i'\| \to 0$ 的，那么 Z' 在 ℓ^1 中也是稠集的. 定义 ℓ^1 上的两个有界线性算子. 第一个，T 是左移算子的两倍，即 $T(\sum_{i=1}^\infty \lambda_i \boldsymbol{e}_i) = 2\sum_{i=2}^\infty \lambda_i \boldsymbol{e}_{i-1}$；第二个，$S$ 是右移算子的一半，即 $S(\sum_{i=1}^\infty \lambda_i \boldsymbol{e}_i) = \frac{1}{2}\sum_{i=1}^\infty \lambda_i \boldsymbol{e}_{i+1}$.

先来看一下这些算子的一些平凡的性质. 首先，$\|T\| = 2$ 且 $\|S\| = 1/2$，事实上，对于每个 $x \in \ell^1$，$\|S\boldsymbol{x}\| = \|\boldsymbol{x}\|/2$. 其次，对于 $1 \leqslant i \leqslant n$，有 $T^n \boldsymbol{e}_i = 0$. 最后，对于每个 m，$T^m S^m$ 是单位算子，因此当 $m \leqslant n$ 时，有 $T^m S^n = S^{n-m}$.

为了定义其轨道是稠密的向量 $\boldsymbol{x}$，设 $n_0 = 0$，并逐一定义 $n_1 < n_2 < \cdots$，使得对于每个 $j \geqslant 1$，

$$\|S^{n_j - n_{j-1}} \boldsymbol{z}_j\| < 2^{-j}.$$

由于 $\|S^{n_j} \boldsymbol{z}_j\| < 2^{-j}$，因此 $\sum_{j=1}^\infty S^{n_j} \boldsymbol{z}_j$ 收敛到一个范数最大为 1 的向量，即向量 $\boldsymbol{x}$

$$\boldsymbol{x} = \sum_{j=1}^\infty S^{n_j} \boldsymbol{z}_j.$$

由于 $T^{n_i}\boldsymbol{x}$ 可以扮演 $\boldsymbol{z}_i$ 的角色，因此 $(T, \boldsymbol{x})$ 可以做到. 实际上，

$$T^{n_i}\boldsymbol{x} = T^{n_i}\left(\sum_{j=1}^{i-1} S^{n_j}\boldsymbol{z}_j + S^{n_i}\boldsymbol{z}_i + \sum_{j=i+1}^\infty S^{n_j}\boldsymbol{z}_j\right)$$

$$= \boldsymbol{z}_i + \sum_{j-i+1}^\infty T^{n_i}S^{n_j}\boldsymbol{z}_j = \boldsymbol{z}_i + \sum_{j=i+1}^\infty S^{n_j - n_i}\boldsymbol{z}_j.$$

所以，

$$||T^{n_i}\boldsymbol{x} - \boldsymbol{z}_i|| = ||\sum_{j=i+1}^{\infty} S^{n_j - n_i} \boldsymbol{z}_j|| \leqslant \sum_{j=i+1}^{\infty} ||S^{n_j - n_i} \boldsymbol{z}_j||$$

$$\leqslant \sum_{j=i+1}^{\infty} ||S^{n_j - n_{j-1}} \boldsymbol{z}_j|| < \sum_{j=i+1}^{\infty} 2^{-j} = 2^{-i},$$

因此，$(T^n \boldsymbol{x})_1^{\infty}$ 在 ℓ^1 中是稠集的.

$\square$

注记　这道题目是 1979 年我所教授的线性分析课程中的一道例题. 尽管这不是最难的问题之一，但只有一名学生查尔斯·约翰·里德 (Charles John Read, 1958—2015) 成功地解决了它. 实际上，他轻而易举地就解决了这个问题，并在第一时间提交了他的解答. 不难想象，这是里德对于快速增长序列的迷恋开端，这种"技巧"在他构建没有非平凡闭不变子空间的算子时得到了非常巧妙的应用.

约翰·里德在 1976 年以最高奖学金的获得者进入剑桥三一学院. 在他的本科生涯中，他非常有创造力，但有些不守规矩. 他是我的一个优秀、有趣的研究生，总是急于获得他的研究结果. 作为一名数学家，他先是成为三一学院的研究员，然后成为利兹大学的教授. 不幸的是，他在从英国来到温尼伯进行研究访问不久后，在慢跑时去世了. 失去了我最喜欢的前学生和一位亲密的朋友，这对我和我的妻子来说是一个沉重的打击.

里德在巴拿赫空间的不变子空间问题上做了很多工作，与佩尔·恩弗洛 (Per Enflo) 分别独立地解决了这个问题，而佩尔的工作不幸地花费了数年时间才得以发表. 后来，里德大大简化了自己的证明，并将其推广，先是自己，然后与加利亚多–古铁雷斯 (Gallardo–Gutiérrez) 合作，在一篇追悼文章中发表了他们的研究成果. 不幸的是，在他第一次解决这个问题的不久之后，一些基于虚假信息和恶意的不公正的评论被发表了.

参 考 文 献

1. Enflo, P., On the invariant subspace problem in Banach spaces, *Acta Math.* 158 (1987) 213-313.

2. Read, C.J., A solution to the invariant subspace problem, *Bull. Lond. Math. Soc.* 16 (1984) 337-401.

3. Read, C.J., A short proof concerning the invariant subspace problem, *J. Lond. Math. Soc.* 34 (1986) 335-348.

4. Gallardo-Gutiérrez, E.A., and C.J. Read. Operators having no non-trivial closed invariant subspaces on ℓ^1: A step further, *Proc. Lond. Math. Soc.* (3) 118 (2019) 649-674.